数据库 技术丛书

MySQL运维
进阶指南

贺春旸 著

机械工业出版社
China Machine Press

图书在版编目（CIP）数据

MySQL 运维进阶指南 / 贺春旸著 .-- 北京：机械工业出版社，2022.8
（数据库技术丛书）
ISBN 978-7-111-71207-7

I. ① M…　II. ① 贺…　III. ① SQL 语言 – 程序设计 – 指南　IV. ① TP311.138-62

中国版本图书馆 CIP 数据核字（2022）第 124066 号

MySQL 运维进阶指南

出版发行：机械工业出版社（北京市西城区百万庄大街 22 号　邮政编码：100037）

责任编辑：杨绣国　　　　　　　　　　　　　责任校对：付方敏

印　　刷：保定市中画美凯印刷有限公司　　　版　　次：2022 年 10 月第 1 版第 1 次印刷

开　　本：186mm×240mm　1/16　　　　　　印　　张：22

书　　号：ISBN 978-7-111-71207-7　　　　　定　　价：109.00 元

客服电话：(010) 88361066　68326294

为什么要写这本书

数据对于一个企业来说至关重要。DBA（数据库管理员）就是管理这些数据的人员，企业每日要处理成千上万的资金流水，这离不开 DBA 团队的支持，一旦数据库出现故障，后果可想而知。试想一下，你在银行用 ATM 取钱时，账户中的金额一瞬间被重置为零，你会是什么心情。

DBA 的核心目标是保证数据库管理系统的稳定性、安全性、完整性和高性能，保证数据库服务可以 7×24 小时稳定、高效运转。DBA 是没有休息日的，不论是周末还是节假日，我们都得随时待命，就算是去医院给孩子看病，也都会随身携带着笔记本电脑，以便及时响应突发的各种问题。这种匠心精神可以从以下三方面来诠释。

（1）DBA 精神是责任心的体现

作为一名合格的 DBA，我们必须随时思考备份是否有遗漏，监控能否更全面，有没有漏掉必须设置的安全权限限制，出问题时，有没有第一时间分析并给出解决方案等。

（2）DBA 精神是服务心的体现

DBA 应该发自内心地主动对数据库不断进行优化，及时监控磁盘报警、内存不足、CPU 过载等情况。

（3）DBA 精神是学习心的体现

DBA 要能随时发现问题，分析并解决问题，要基于故障出现的场景，结合自己的经验和积累的知识来寻找问题的根源以及解决办法，这就注定我们要持续学习，除了沉淀经验，还要去探索未知的知识，只有不断充实自己，才能不断成长。

我个人非常赞同"专业的事要交给专业的人来做"这句话，毕竟"闻道有先后，术业有专攻"。舒马赫不会研发发动机，但并不妨碍他取得 F1 方程式赛车的冠军。在部分创业型的小公司里，并没有 DBA 这个职位，一切皆由开发人员负责，但我遇到过很多开发人员误删除数据的事故，因为这并非他的本职工作，他将大量的时间都花在了编写代码上，再让他作为 DBA 操作数据库，免不了会出现拿不准的情况，结果就导致了悲剧的发生。人的精力是有限的，身兼数职必然会提高误操作概率。从另一个角度来说，DBA 的工作对实践经验和工作能力的要求较高，没有经过大量的实践是很难胜任的。

本书以构建高性能的 MySQL 服务器为核心，详细介绍了 MariaDB 10.5 和 MySQL 8.0 的新特性，并从故障诊断与优化、性能调优、备份与恢复、MySQL 高可用集群搭建与管理、MySQL 性能与服务监控、SQL 自助上线等角度深入讲解了如何管理与维护 MySQL 服务器。

书中实战相关的内容均是基于笔者多年的实践经验整理而成，对于有代表性的疑难问题，则给出了实用的情景模拟以及解决方案。不论你目前有没有遇到过此类问题，相信本书都会对你有借鉴意义。

数据库技术在不断发展，本书截稿后，相关的更新仍在继续，我基于最近的更新撰写了一些文章，包括：

- ❏ MariaDB Xpand 分布式数据库发布
- ❏ MariaDB 10.6（GA）的新特性和改进
- ❏ MariaDB 10.8（GA）Alter 修改表结构实现从库无延迟并行复制
- ❏ MHA 复刻版轻松实现 MySQL 高可用故障转移
- ❏ Ansible 简易版
- ❏ 循环分批次更改 10 万行数据记录
- ❏ mydumper 支持流式备份恢复
- ❏ 借助 LogAnalyzer 打造轻量级数据库审计日志平台

考虑到出版周期，暂未将上述内容纳入书中，读者可通过网址 https://github.com/hcymysql/mysql_book 获取。

读者对象

本书是基于应用撰写的数据库运维图书，主要面向使用 MySQL InnoDB 存储引擎作为后端数据库的运维人员。书中的大部分示例来源于生产环境中，要想更好地学习本书的内容，读者需要具备以下条件：

- ❏ 有一定的 SQL 基础。
- ❏ 掌握基本的 MySQL 操作和 Linux 操作，以及数据库基本原理。
- ❏ 接触过 PHP、Python 和 Shell 脚本语言。

如何阅读本书

本书共 10 章，分为四部分。

第一部分（第 1 章和第 2 章）详细介绍了 MariaDB 10.5 和 MySQL 8.0 的新特性，包括安装步骤、升级方法和注意事项等内容。

第二部分（第 3 ~ 6 章）为故障诊断与性能调优。本篇内容基于生产环境下 MySQL 的故障处理方案整理而成，包括表设计阶段范式的理解、字段类型的选取、采用表锁还是行锁、MySQL 默认的隔离级别与传统数据库（如 SQL Server、Oracle）的区别、SQL 语句的优化以及合理利用索引等。

第三部分（第 7 ~ 9 章）介绍如何搭建高可用架构，内容包括 MariaDB MaxScale 高可用架构的实现与读写分离、MySQL 组复制集群管理，基于 TSpider 中间件实现分库分表等。

第四部分（第 10 章）介绍了 MySQL Monitor 和 MySQL Slowquery。

每个部分都可以单独作为一本迷你书阅读，如果你从未接触过 MariaDB 10.5 或 MySQL 8.0，建议从第一部分开始阅读。

勘误和支持

由于我的写作水平有限，书中难免会出现一些错误或者不准确的地方，恳请读者批评指正。你可以将书中的错误发到 https://github.com/hcymysql/mysql_book，我将尽力提供满意的解答。如果你有更多宝贵的意见，也欢迎发送邮件至邮箱 chunyang_he@139.com，期待收到你的真挚反馈。

致谢

在凡普公司 7 年多的时间里，我得到了很多帮助，在这里感谢部门总监对我的信任，让我始终挑战运维一线，使我不断成长；也感谢工作中与我对接的研发同事，关于数据库运维基础平台的搭建，他们给了我许多建设性的意见，没有他们的帮助，本书会缺少许多精彩的内容。

感谢 dbaplus 社群、51CTO 博客提供了知识展示的平台，拓展了我的视野，同时也感谢韩锋、邱文辉、石鹏、杨建荣、杨志洪等朋友的支持。

谨以此书，献给我最亲爱的家人王丹、贺可昕，以及众多热爱 MySQL 的朋友。

贺春旸

中国，北京，2022 年 8 月

目 录 *Contents*

第一部分 *Part 1*

MariaDB 与 MySQL 的新特性

Chapter 1 第 1 章

MariaDB 10.5 的新特性

本书以目前最新版的 MariaDB 10.5 和 MySQL 8.0 为主要讲解对象,为了让广大读者更好地了解 MariaDB,前两章将围绕 MariaDB 和 MySQL 的新特性进行介绍和对比,以便大家在生产业务中进行数据库选型时参考。

1.1　MariaDB 概述

MariaDB 是 MySQL 源代码的一个分支,主要由开源社区维护,它采用的是 GPL 授权。开发这个分支的原因之一是甲骨文公司收购了 MySQL 之后,可能会将 MySQL 闭源,因此开源社区采用分支的方式来规避潜在的风险。

MariaDB 与 MySQL 的绝大多数功能都是兼容的,前端应用(比如 PHP、Perl、Python、Java、Golang、.NET、MyODBC、Ruby)几乎感觉不到两者之间有什么不同之处。事实上,MariaDB 并不只是 MySQL 的替代品,它更是 MySQL 技术的创新和改进。

在存储引擎方面,MariaDB 10.1 版本使用 Percona XtraDB(后文简称 XtraDB)来代替 MySQL 的 InnoDB,XtraDB 是 InnoDB 存储引擎的增强版,它完全兼容 InnoDB,创建一个 InnoDB 表时,MariaDB 内部默认会将其转换成 XtraDB。XtraDB 可以更好地发挥最新的计算机硬件系统的性能,同时还包含一些适用于高性能环境的新特性。XtraDB 存储引擎是完全向下兼容的,在 MariaDB 中,XtraDB 存储引擎被标识为 "ENGINE=InnoDB",这一点与 InnoDB 是一样的,所以直接用 XtraDB 替换 InnoDB 并不会产生任何问题。相较于 InnoDB,XtraDB 具有更多的特性、参数指标和扩展功能。从实践的角度来看,在 CPU 多核的条件下,XtraDB 能够更有效地使用内存,并且性能更高。MariaDB 从 5.1 版本开始,就默认使用 XtraDB 存储引擎了。

　　但是，随着技术的更新，InnoDB 又迎头赶上来了，MariaDB 从 10.2 版本开始，对基于 MySQL 5.7 的 InnoDB 进行了大幅度的改进，而 XtraDB 5.7 这时只是针对写入密集型 I/O 的使用场景进行了改进，并且移植 XtraDB 是一项非常复杂的任务，会延迟版本的发布周期，因此 MariaDB 又与 Percona XtraDB 分道扬镳了。在 MariaDB 10.3.7 和更高的版本中，使用的是 InnoDB，它的实现与 MySQL 中的 InnoDB 有很大的不同。在这些版本中，InnoDB 不再与 MySQL 发行版本相关联。

　　MariaDB 中的 InnoDB 存储引擎与 MySQL 中的存在如下差异。

　　1）MariaDB 10.1（基于 MySQL 5.6 版本）在 MySQL 5.7 版本发布之前就已经实现了 InnoDB 存储引擎加密。

　　2）MariaDB 10.2（基于 MySQL 5.7 版本）在 MySQL 8.0 GA 发行版之前就已经引入了持久性 auto_increment，即 MySQL 重启后，该值不再丢失。

　　例如，有这样一道经典面试题：一张 InnoDB 表里面包含了 ID 自增主键，在向表中插入 17 条记录之后，删除第 15 ~ 17 条记录，然后重启 mysqld 服务进程，再向该表中插入一条记录，这条记录的 ID 是 18 还是 15？

　　答案是在 MySQL 5.7 及更早版本中，该记录的 ID 是 15。在 MySQL 8.0 版本中，该记录的 ID 是 18。原因是在 MySQL 5.7 及更早版本中，自增值计数器仅存储在内存中，而不是磁盘上，而 MySQL 8.0 版本修复了 auto_increment 值重启后丢失的问题。每当 auto_increment 的值发生更改时，当前自增值计数器的最大值都会写入重做（redo）日志，并保存到每个检查点的引擎专用系统表中。这种变更使得 auto_increment 当前的最大值能在重启时保持不变。这很容易成为业务陷阱，因为某些业务依赖自增 ID 来生成唯一值，在删除一些记录并重启 MySQL 后，新生成的 ID 可能会与之前的 ID 重复，从而导致 ID 冲突，插入失败。因此我们要慎重对待任何依赖于 auto_increment 值的业务逻辑，要充分了解 auto_increment 的实现方式，避免"踩坑"。

　　3）MariaDB 10.3（基于 MySQL 5.7 版本）在 MySQL 8.0 GA 发行版之前就已经引入了 "INSTANT ADD COLUMN"（即时加字段）算法。

　　这意味着在很多情况下，卸载 MySQL 后若安装了 MariaDB，那么通过 mysql_upgrade 命令即可完成升级。

1.2　MariaDB 10.5 与 MySQL 8.0 的比较

　　本节主要从性能、安全和功能等方面对 MariaDB 和 MySQL 这两个数据库进行对比，并列举出在选择数据库时需要慎重考虑的事项。

1.2.1　存储引擎

　　除了包含标准的 InnoDB、MyISAM、BLACKHOLE、CSV、MEMORY、ARCHIVE 和

MERGE 存储引擎之外，MariaDB 10.5 还额外提供了以下存储引擎。

❑ ColumnStore：大规模并行分布式计算 MPP 数据架构，专为大数据扩展而设计，用于分析 PB 级的数据。

❑ MyRocks：具有出色压缩性能的存储引擎（由于 TokuDB 已经被 Percona 废弃，因此推荐使用 MyRocks）。

❑ Aria：在处理内部的临时表时，用 Aria 引擎代替 MyISAM 引擎，可以使某些 GROUP BY 和 DISTINCT 请求的速度更快，因为相较于 MyISAM，Aria 的缓存机制更好。

❑ Spider：水平分片存储引擎（TSpider 是基于 MariaDB 10.3.7 上的开源存储引擎 Spider 定制研发的，它是腾讯游戏场景中规模最大的分布式 MySQL 存储引擎）。

1.2.2 扩展和新功能

MariaDB 对服务层做了大量改进，增加了很多新的特性，如果一个补丁或功能是有用的、安全的、稳定的，那么 MariaDB 官方就会尽一切努力在 MariaDB 发行版中加入它。

MariaDB 最显著的功能列举如下（MySQL 里没有这些功能）。

❑ 集成了 Galera Cluster 高可用集群插件，能够保证数据不丢失。

❑ 系统版本表能有效防止因误删除或误更改而导致的数据丢失，它里面存储了所有更改的历史数据，而不仅仅是当前时刻的有效数据。例如，同一行数据一秒内被更改了 10 次，那么系统版本表中就会保存 10 份不同时间的版本数据。

❑ mysqlbinlog 增加了闪回功能（仅支持在 DML 语句 INSERT、DELETE、UPDATE 上闪回）。

❑ "SQL_MODE = ORACLE" 支持 Oracle 的 PL/SQL。

❑ 隐藏列将不会出现在 "SELECT *" 语句的结果中。

❑ 动态列支持以 JSON 格式存储数据（注意，这里动态列的实现方式与 MySQL 5.7 的不一样）。

❑ 半同步复制插件内置在 MariaDB 服务器中，并且不再以插件的方式提供。这就意味着不用再通过 "INSTALL SONAME 'semisync_master'" 和 "INSTALL SONAME 'semisync_slave'" 的方式来安装插件了。

❑ 支持 EXCEPT、INTERSECT 语法。

❑ 对 CREATE OR REPLACE TABLE 和 CREATE OR REPLACE DATABASE 语法进行了扩展。

❑ DELETE 语句支持数据回滚功能，可以将单个表中已删除行的结果集返回给客户端。

❑ INFORMATION_SCHEMA.PROCESSLIST 表中添加了一个额外的列 TIME_MS，用于查看毫秒时间。

❑ 支持虚拟列（函数索引）。

❑ 对 kill 命令进行了扩展，可以指定杀死某个 user 用户的所有查询（例如 "kill user

hechunyang"）。

❑ 支持基于表的组提交并行复制（注意，这里的实现方式与 MySQL 5.7 的不一样）。

❑ 二进制日志支持压缩功能，可以通过设置 log_bin_compress 参数启用事件的 DML/DDL 语句压缩。

❑ 修改表结构时可以显示执行进度。

❑ 慢查询日志里增加了执行计划。

1.3　如何将 MySQL 迁移至 MariaDB 中

MySQL 8.0 若要升级为 MariaDB 10.5，需要基于 mysqldump 命令进行一次全库导出再导入操作，按照官方文档的阐述，卸载 MySQL 之前需要先导出数据，启动 MariaDB 后再导入数据，然后通过 mysql_upgrade 命令完成迁移。

但 MySQL 5.7 升级为 MariaDB 10.5 却非常轻松，不需要通过 mysqldump 命令导出和导入数据，只需要卸载 MySQL，再用 MariaDB 启动，然后执行 mysql_upgrade 命令即可。

存在这种差异的原因是 MySQL 8.0 的数据格式变了。

1. 需要注意的地方

迁移过程中，在处理内部临时表时，MariaDB 用 Aria 引擎代替 MyISAM 引擎，可以通过设置参数 "default_tmp_storage_engine = 'Aria'" 将 Aria 作为内部临时表存储引擎。如果临时表很多，则要增加 aria_pagecache_buffer_size 参数的值（注意，不是 key_buffer_size 参数的值），该参数用于设置缓存数据和索引的大小，默认是 128MB。至于 key_buffer_size，建议设置为一个非常低的值（比如 16KB），因为该值不被使用。从 MariaDB 10.4 开始，所有系统表都默认使用 Aria 存储引擎。

Aria 是早期 MariaDB 版本的默认存储引擎，自 2007 年以来，它的版本一直都在更新，当前版本是 Aria 1.5，下一个版本是 Aria 2.0。Aria 引擎的前身为 Maria，后来为了避免与 MariaDB 数据库混淆，又重新命名为 Aria。Aria 是增强版的 MyISAM，其解决了 MyISAM 崩溃后安全恢复的问题，也就是说，当 mysqld 的进程崩溃时，Aria 能够恢复所有表。

据官方透露，Aria 未来将全面支持事务，不过这还只是一项计划，并不在其内部开发的优先级列表中。不仅如此，目前官方也已暂停了 Aria 引擎的开发，当前的重点都放在了改善 MariaDB 上，目标是保持 MariaDB 的稳定性，发现漏洞并修复。

与其他内存管理器相比，官方推荐使用的 jemalloc 内存管理器可以获取更好的性能。安装 jemalloc 的命令如下：

```
# yum install jemalloc* -y
```

注意，若使用的是 CentOS 系统，需要先安装 epel.repo 源。

将下面的参数加入 my.cnf 里，可使 jemalloc 内存管理器在 MySQL 启动时生效，如

图 1-1 所示。

```
[mysqld_safe]
malloc-lib = /usr/lib64/libjemalloc.so
```

```
MariaDB [(none)]> show variables like '%malloc%';
+-----------------------+------------------------------------------------------------+
| Variable_name         | Value                                                      |
+-----------------------+------------------------------------------------------------+
| version_malloc_library | jemalloc 3.6.0-0-g46c0af68bd248b04df75e4f92d5fb804c3d75340 |
+-----------------------+------------------------------------------------------------+
1 row in set (0.001 sec)

MariaDB [(none)]> select version();
+---------------------+
| version()           |
+---------------------+
| 10.5.8-MariaDB-log  |
+---------------------+
1 row in set (0.000 sec)
```

图 1-1 jemalloc 内存管理器已启用

2. 同步复制兼容性

MariaDB 和 MySQL 这两个数据库都提供了将数据从一个服务器复制到另一个服务器的功能。它们的主要区别是大多数 MariaDB 版本允许从 MySQL 中复制数据（这就意味着你可以轻松地将 MySQL 迁移到 MariaDB 中），但反过来却没有那么容易，因为大多数 MySQL 版本都不允许从 MariaDB 中复制数据，如图 1-2 所示。

Master→ Slave ↓	MariaDB-5.5	MariaDB-10.1	MariaDB-10.2	MariaDB-10.3	MariaDB-10.4	MySQL-5.6	MySQL-5.7	MySQL-8.0
MariaDB-5.5	☑	⊖	⊖	⊖	⊖	⊖	⊖	⊖
MariaDB-10.1	☑	☑				☑		
MariaDB-10.2	☑	☑	☑			☑	☑	
MariaDB-10.3	☑	☑	☑	☑		☑	☑	
MariaDB-10.4	☑	☑	☑	☑	☑	☑	☑	
MySQL-5.6						*	*	*
MySQL-5.7						*	*	*
MySQL-8.0						*	*	*

图 1-2 同步复制兼容性

从 MySQL 8.0 迁移到 MariaDB 10.5 时，请注意以下不兼容的情况。

1）若 MariaDB 是主库，MySQL 是从库，在 GTID 模式下，从 MariaDB 同步复制数据时，GTID 与 MySQL 不兼容，同步将报错。

2）若 MySQL 是主库，MariaDB 是从库，MariaDB 无法从 MySQL 8.0 主服务器复制，因为 MySQL 8.0 具有不兼容的二进制日志格式。

同步报错信息如下：

```
Last_SQL_Error: Error 'Character set '#255' is not a compiled character set and
    is not specified in the '/usr/local/mariadb/share/charsets/Index.xml' file' on
    query.Default database: 'product'. Query: 'BEGIN'
```

参考官方手册：https://mariadb.com/kb/en/mariadb-vs-mysql-compatibility/。

1.4　MariaDB 10.5 新特性详解

虽然目前 MariaDB 10.5 已是 GA 稳定版本，但不推荐直接将其应用于生产环境中，因为该版本还有许多未知 BUG 有待修复，建议待小版本更新到 10.5.20 之后再开始应用，本节也只是介绍该版本部分功能上的新特性。

为了不误导读者，保证本书内容的准确性，下文将结合 MariaDB 10.5 官方手册来讲解，帮助读者了解 MariaDB 10.5 中一些较为重要的改变，其中难免会有疏漏的地方，不当之处请大家访问 https://mariadb.com/kb/en/documentation/ 参考相关的官方文档。需要特别说明的是，以下介绍的功能为 MariaDB 所特有！

1.4.1　客户端连接层的改进

1. 增加了身份验证插件 auth_socket

当用户通过本地 Unix 套接字文件连接到 MariaDB 的时候，auth_socket 身份验证插件允许用户使用操作系统的凭证进行登录访问，也就是说，使用 Linux 操作系统的账号登录即可访问 MariaDB 数据库。

在 MariaDB 10.4.3 及更高版本中，默认情况下已经安装了 auth_socket 身份验证插件，因此无须执行下面的命令：

```
INSTALL SONAME 'auth_socket';
```

下面就通过示例代码来演示 auth_socket 身份验证插件的使用方法。

1）创建数据库账号 hechunyang，并赋予权限，命令如下：

```
MariaDB [(none)]> CREATE USER hechunyang@'localhost' IDENTIFIED VIA unix_socket;
Query OK, 0 rows affected (0.002 sec)
MariaDB [(none)]> GRANT ALL on *.* to hechunyang@'localhost';
Query OK, 0 rows affected (0.002 sec)
```

2）创建操作系统账号 hechunyang，命令如下：

```
# useradd  hechunyang
# echo  "123456"  | passwd  --stdin  hechunyang
```

3）以系统账号 hechunyang 登录操作系统，并访问 MariaDB 数据库，如图 1-3 所示。

在此示例中，用户 hechunyang 已登录操作系统，并具有完全 Shell 访问权限。由于该用户已经使用操作系统进行了身份验证，并且其 MariaDB 账户已配置为使用 auth_socket 身份验证插件，因此无须再在数据库中进行身份验证。MariaDB 接受该用户的操作系统凭证并允许其进行连接。其他用户由于没有登录该操作系统，因此没有权限执行任何操作。

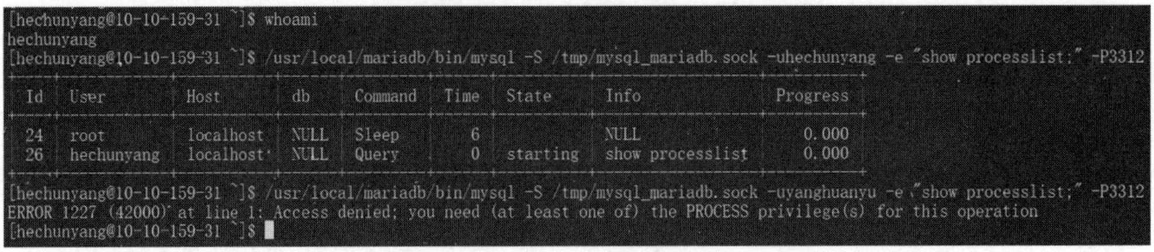

图 1-3　使用 auth_socket 身份验证插件访问数据库

2. 支持账户锁定功能

MariaDB 支持管理员锁定、解锁用户账户，如果账户被锁定（现有连接不受影响），那么新的客户端将会不允许连接。

下面就通过示例代码来演示账户锁定的使用方法。

1）账户锁定，命令如下：

```
MariaDB [(none)]> ALTER USER 'hechunyang'@'localhost' ACCOUNT LOCK;
Query OK, 0 rows affected (0.002 sec)
```

锁定账户后，通过该账户再次登录时，会提示如下信息：

```
# mysql -S /tmp/mysql_mariadb.sock -uhechunyang
ERROR 4151 (HY000): Access denied, this account is locked
```

2）查看账户的锁定信息，命令如下：

```
show create user hechunyang@'localhost';
SELECT CONCAT(user, '@', host, ' => ', JSON_DETAILED(priv)) FROM
mysql.global_priv   WHERE user='hechunyang';
```

执行上述代码后会出现"ACCOUNT LOCK"的提示信息，代表账户已经被锁定，如图 1-4 所示。

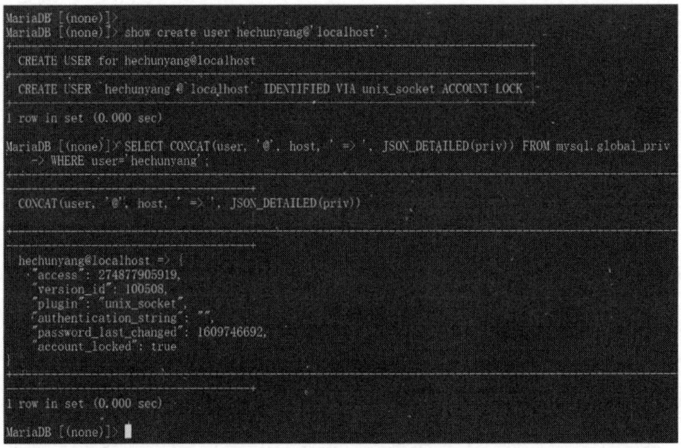

图 1-4　账户被锁定

3）解锁此账户，命令如下：

```
MariaDB [(none)]> ALTER USER 'hechunyang'@'localhost' ACCOUNT UNLOCK;
Query OK, 0 rows affected (0.002 sec)
```

3. 增加了用户密码到期功能

下面通过示例代码演示用户密码到期功能的使用方法。

1）设置用户密码到期时间，命令如下：

```
CREATE USER 'hechunyang'@'%' PASSWORD EXPIRE INTERVAL 1 DAY;
ALTER USER 'hechunyang'@'%' PASSWORD EXPIRE INTERVAL 1 DAY;
```

注意，单位默认只有 DAY（天），最小为 1 天。

在用户密码到期后，登录时系统会提示修改密码，命令如下：

```
hechunyang@127.0.0.1[(none)]>show processlist;
ERROR 1820 (HY000): You must SET PASSWORD before executing this statement
ERROR 1820 (HY000): You must SET PASSWORD before executing this statement
ERROR 1820 (HY000): You must SET PASSWORD before executing this statement
```

2）查看用户密码过期时间，命令如下：

```
SHOW CREATE USER 'hechunyang'@'%';
```

以下查询代码可用于检查所有用户的当前密码过期时间：

```
WITH password_expiration_info AS (
  SELECT User, Host,
  IF(
   IFNULL(JSON_EXTRACT(Priv, '$.password_lifetime'), -1) = -1,
   @@global.default_password_lifetime,
   JSON_EXTRACT(Priv, '$.password_lifetime')
  ) AS password_lifetime,
  JSON_EXTRACT(Priv, '$.password_last_changed') AS password_last_changed
  FROM mysql.global_priv
)
SELECT pei.User, pei.Host,
  pei.password_lifetime,
  FROM_UNIXTIME(pei.password_last_changed) AS password_last_changed_datetime,
  FROM_UNIXTIME(
   pei.password_last_changed +
   (pei.password_lifetime * 60 * 60 * 24)
  ) AS password_expiration_datetime
  FROM password_expiration_info pei
  WHERE pei.password_lifetime != 0
   AND pei.password_last_changed IS NOT NULL
UNION
SELECT pei.User, pei.Host,
  pei.password_lifetime,
  FROM_UNIXTIME(pei.password_last_changed) AS password_last_changed_datetime,
  0 AS password_expiration_datetime
  FROM password_expiration_info pei
  WHERE pei.password_lifetime = 0
   OR pei.password_last_changed IS NULL;
```

上述代码段的执行结果如图 1-5 所示。

图 1-5　用户密码过期时间查询

3）解除用户密码到期限制，命令如下：

```
ALTER USER 'hechunyang'@'%' PASSWORD EXPIRE NEVER;
```

4. 支持角色授权与取消功能

在数据库中，为了便于对用户及其权限进行管理，可以将一组具有相同权限的用户组织在一起，这一组具有相同权限的用户就称为角色。在实际工作中，通常会有大量用户的权限是一样的，如果数据库管理员在每次创建完用户后，都要分别对各个用户进行授权，那么这将会是一件非常麻烦的事情，但如果把具有相同权限的用户集中在角色中进行管理，则会方便很多。

对一个角色进行权限管理，就相当于是对该角色中的所有成员进行管理。使用角色的好处是数据库管理员只需要对权限的种类进行划分，然后将不同的权限授予不同的角色即可，而不必关心具体有哪些用户。除此之外，当角色中的成员发生变化时，比如添加或删除成员，数据库管理员也无须为此进行任何关于权限的操作。

下面就通过示例代码来演示角色授权与取消功能的使用方法。

1）创建一个角色 develop，命令如下：

```
create role develop;
```

2）为角色 develop 授予 select、insert、update、delete 权限，命令如下：

```
grant select,insert,update,delete on *.* to develop;
```

3）为用户 zhangsan@'%' 赋予角色 develop，并创建密码"123456"，命令如下：

```
grant develop to 'zhangsan'@'%' identified by '123456';
```

4）将用户 zhangsan 的默认角色设置为 develop，命令如下：

```
set default role develop for zhangsan;
```

注意，set default role 语句允许为用户设置默认角色，用户连接时会自动启用此角色，即建立连接后立即执行隐式语句 set role develop。

5）查看角色，命令如下：

```
select * from mysql.roles_mapping;
SELECT * FROM information_schema.APPLICABLE_ROLES;
```

执行结果如图 1-6 所示。

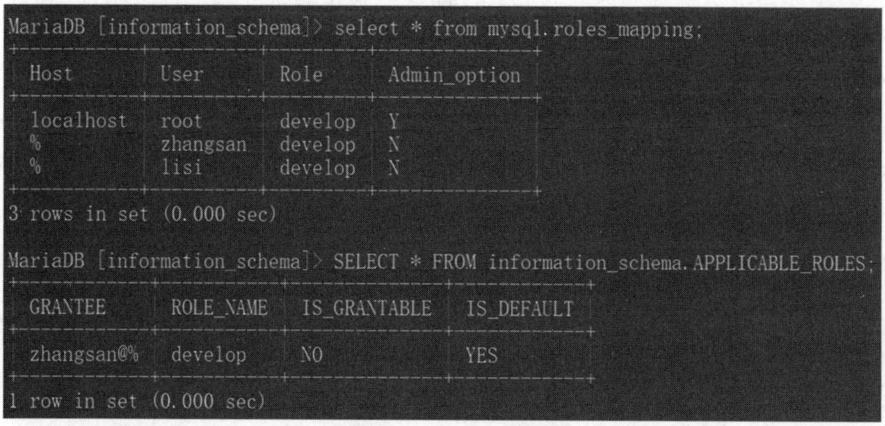

```
MariaDB [information_schema]> select * from mysql.roles_mapping;
+-----------+----------+---------+--------------+
| Host      | User     | Role    | Admin_option |
+-----------+----------+---------+--------------+
| localhost | root     | develop | Y            |
| %         | zhangsan | develop | N            |
| %         | lisi     | develop | N            |
+-----------+----------+---------+--------------+
3 rows in set (0.000 sec)

MariaDB [information_schema]> SELECT * FROM information_schema.APPLICABLE_ROLES;
+------------+-----------+--------------+------------+
| GRANTEE    | ROLE_NAME | IS_GRANTABLE | IS_DEFAULT |
+------------+-----------+--------------+------------+
| zhangsan@% | develop   | NO           | YES        |
+------------+-----------+--------------+------------+
1 row in set (0.000 sec)
```

图 1-6　角色信息查询

6）若要临时取消用户 zhangsan 的角色 develop，可使用如下命令：

```
set default role none for zhangsan;
```

注意，临时取消用户的角色后，如果需要再次为用户赋予角色，就需要重新使用 set default role 语句对用户赋权。

7）回收用户 zhangsan 的角色 develop 的命令如下：

```
revoke develop from zhangsan;
```

注意，使用 revoke 命令回收角色后，如果需要再次为用户赋予角色，就需要重新使用

grant 命令对用户赋权。

8）删除角色 develop 的命令如下：

```
drop role develop;
```

5. 支持线程池技术

默认情况下，数据库会为每个客户端连接分配一个线程（即" thread_handling=one-thread-per-connection"），该线程负责处理该客户端发来的所有指令，但随着并发请求数的增加，该模式的性能会下降。

为了满足不断增长的用户、查询和数据通信量对性能和扩展性的持续需求，MariaDB 引入了线程池技术。线程池提供了一种具有高扩展性的线程处理模型，旨在减少客户端连接和语句执行线程的开销，减少 CPU 上下文的切换操作，非常适合高并发 PHP 短连接的应用场景。

注意，该技术不适用于长连接！如果生产环境采用的是阿里巴巴集团开源的 druid 连接池，则不需要开启线程池。

下面通过现实中的例子来解释线程池的作用。堵车的时候，所有人都想先走，你不让我，我不让你，结果就是谁都没法过去，都被堵着，这就好比是没有线程池的情况（如图 1-7 所示）。但如果有一个交警来指挥堵车路段的交通，大家按照次序排着队逐个通过，就能解决堵车的问题，这里交警的作用就好比是线程池的作用（如图 1-8 所示）。

使用线程池技术时，在 my.cnf 配置文件里设置参数 thread_handling=pool-of-threads 和 thread_pool_size=128（其中 thread_pool_size 的值大小约为 CPU 内核数 × 2）可以显著提高性能（重启 mysqld 服务即可生效，不用设置其他参数）。

图 1-7　没有线程池的情况

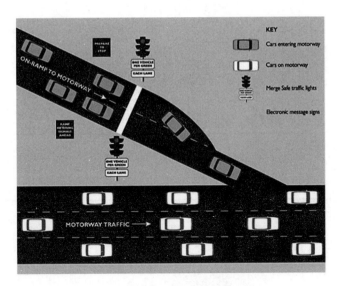

图 1-8　有线程池的情况

　　下面看看使用线程池技术后若出现连接数不断增长的并发请求，以及通信量较大的在线应用，其性能和扩展性持续改善的效果（具体见表 1-1 和表 1-2）。Facebook 官方性能压力测试报告如图 1-9 和图 1-10 所示。

　　在 sysbench 只读模式下，未开启线程池和开启线程池每秒处理请求的次数（QPS）见表 1-1 中的测试数据。

表 1-1　sysbench 只读模式下的测试数据

客户端连接数	16	32	64	128	256	512	1024	2048	4096
未开启线程池的 QPS	3944	4725	4878	4863	4732	4554	4345	4103	1670
开启线程池的 QPS	3822	4955	4991	5017	4908	4716	4610	4307	2962

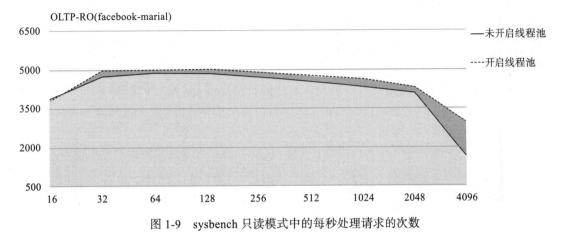

图 1-9　sysbench 只读模式中的每秒处理请求的次数

由图 1-9 可以看到，在只读模式下，与未开启线程池相比，当并发连接数超过 2048 个时，参数 thread_handling 设置为 pool-of-threads 要比 one-thread-per-connection 更有优势。

在 sysbench 读写模式下，未开启线程池和开启线程池每秒处理请求的次数见表 1-2 中的测试数据。

表 1-2　sysbench 读写模式下的测试数据

客户端连接数	16	32	64	128	256	512	1024	2048	4096
未开启线程池的 QPS	2833	3510	3545	3420	3259	2818	1788	820	113
开启线程池的 QPS	3163	3590	3498	3459	3354	3117	2190	1064	506

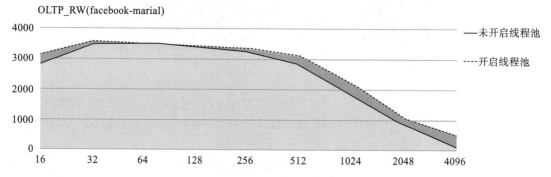

图 1-10　sysbench 读写模式中的每秒请求数

在读写模式下，与未开启线程池相比，当并发连接数超过 512 个时，参数 thread_handling 设置为 pool-of-threads 要比 one-thread-per-connection 更有优势。

具体详情可参考官网地址：https://mariadb.com/kb/en/threadpool-benchmarks/。

6. 开启 TLS 协议，加密服务器和客户端之间传输的数据

（1）安全连接概述

如果随着业务的发展，拥有 DB 账号的人越来越多，那么就会存在一个安全隐患，例如，假设周末我们在咖啡厅连接数据库排查问题时，被人用嗅探工具监听，那么发生数据泄密的概率就会大大增加。

为了避免出现泄密问题，需要用 SSL（Secure Sockets Layer，安全套接层）协议来对客户端与服务器端之间的通信进行加密。加密后，如果没有密钥，就无法解开加密的数据，从而保证通信的私密性。

默认情况下，客户端（PHP/Java 等）连接 MySQL/MariaDB 传输数据都是不加密的，关于这一点可以通过下面的命令来验证：

```
SHOW VARIABLES LIKE 'have_ssl';
```

执行结果如图 1-11 所示。

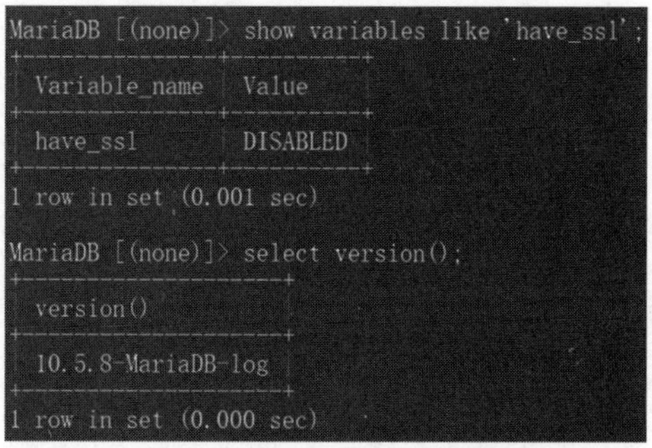

图 1-11　默认未开启 SSL 安全加密

如果服务器支持安全连接，则数据库内部系统中 have_ssl 的值将调整为 YES；如果未编译 TLS 模块，则 have_ssl 的值将调整为 NO；默认情况下为 DISABLED，表示服务器已使用 TLS 模块进行编译，但未使用 TLS 模块启动。

（2）设置 MariaDB SSL 与安全客户端连接

SSL 将密钥的加密技术（RSA）作为客户端与服务器端传送数据时的加密通信协议。SSL 加密流程如图 1-12 所示。其中的 ca-cert.pem、server-cert.pem、client-key.pem 这三个条件缺一不可。

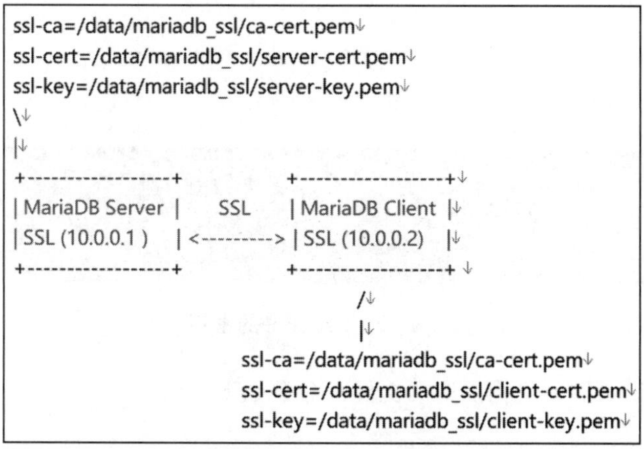

```
ssl-ca=/data/mariadb_ssl/ca-cert.pem↓
ssl-cert=/data/mariadb_ssl/server-cert.pem↓
ssl-key=/data/mariadb_ssl/server-key.pem↓
\↓
|↓
+------------------+              +------------------+↓
| MariaDB Server |     SSL      | MariaDB Client |↓
| SSL (10.0.0.1 ) | <---------> | SSL (10.0.0.2) |↓
+------------------+              +------------------+ ↓
                                          /↓
                                          |↓
                         ssl-ca=/data/mariadb_ssl/ca-cert.pem↓
                         ssl-cert=/data/mariadb_ssl/client-cert.pem↓
                         ssl-key=/data/mariadb_ssl/client-key.pem↓
```

图 1-12　SSL 加密流程

下面来看一下创建 SSL 加密连接的步骤。

第一步：升级 OpenSSL

由于 CentOS 7.9 自带的 OpenSSL 版本太低，其自身的漏洞可能会带来安全隐患，故这里需要先将其升级到最新版。

升级 OpenSSL 的命令如下：

```
# wget https://www.openssl.org/source/openssl-1.1.1i.tar.gz
# cd openssl-1.1.1i
# ./config
# make;make install
# ln -s /usr/local/lib64/libssl.so.1.1   /usr/lib64/libssl.so.1.1
# ln -s /usr/local/lib64/libcrypto.so.1.1   /usr/lib64/libcrypto.so.1.1
# mv /usr/bin/openssl  /usr/bin/openssl_bak
# mv /usr/include/openssl  /usr/include/openssl_bak
# ln -s /usr/local/bin/openssl  /usr/bin/openssl
# ln -s /usr/local/include/openssl  /usr/include/openssl
```

执行结果如图 1-13 所示。

图 1-13 OpenSSL 版本信息

OpenSSL 默认安装在 /usr/local/bin/ 目录下。

第二步：创建 CA 证书

首先，创建 CA 证书目录 mariadb_ssl，命令如下：

```
# mkdir -p /data/mariadb_ssl/
# cd /data/mariadb_ssl/
```

然后创建 CA 证书颁发机构的密钥文件，命令如下：

```
# sudo /usr/local/bin/openssl genrsa 2048 > ca-key.pem
```

执行结果如图 1-14 所示。

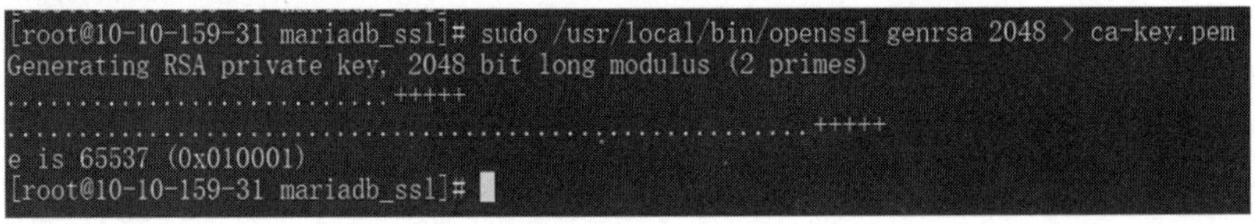

图 1-14 创建 CA 证书的密钥文件

最后创建 CA 证书颁发机构的证书文件，命令如下：

```
# sudo /usr/local/bin/openssl req -new -x509 -nodes -days 365000 -key ca-key.pem  \
-out  ca-cert.pem
```

执行结果如图 1-15 所示。

这里需要注意如下两点。

❑ "Country Name (2 letter code) [AU]：CN"这里输入 CN，表示中国。

❑ "Common Name (e.g. server FQDN or YOUR name) []:"这里的名字不能重复，请注
意图 1-15 中框线所圈的内容，其值为 MariaDB admin。

图 1-15　创建 CA 证书颁发机构的证书文件

第三步：创建服务器端证书

1）创建服务器端密钥文件，命令如下：

```
# sudo /usr/local/bin/openssl req -newkey rsa:2048 -days 365000 -nodes -keyout  \
server-key.pem  -out  server-req.pem
```

执行结果如图 1-16 所示。

图 1-16　创建服务器端密钥文件

这里同样需要注意如下两点。

- ❑ "Country Name (2 letter code) [AU]：CN"这里输入 CN，表示中国。
- ❑ "Common Name (e.g. server FQDN or YOUR name) []："这里的名字不能重复，请注

意图 1-16 中框线所圈的内容，其值为 MariaDB server。

2）创建服务器端 RSA 密钥文件，命令如下：

```
# sudo /usr/local/bin/openssl rsa -in server-key.pem -out server-key.pem
```

执行结果如图 1-17 所示。

```
[root@10-10-159-31 mariadb_ssl]# sudo /usr/local/bin/openssl rsa -in server-key.pem -out server-key.pem
writing RSA key
[root@10-10-159-31 mariadb_ssl]#
```

图 1-17　创建服务器端 RSA 密钥文件

3）创建服务器端证书，命令如下：

```
sudo /usr/local/bin/openssl x509 -req -in server-req.pem -days 365000 -CA ca-cert.pem
  -CAkey ca-key.pem -set_serial 01 -out server-cert.pem
```

执行结果如图 1-18 所示。

```
[root@10-10-159-31 mariadb_ssl]# sudo /usr/local/bin/openssl x509 -req -in server-req.pem -days 365000 -CA ca-cert.pem \
> -CAkey ca-key.pem -set_serial 01 -out server-cert.pem
Signature ok
subject=C = CN, ST = Some-State, O = Internet Widgits Pty Ltd, CN = MariaDB server
Getting CA Private Key
[root@10-10-159-31 mariadb_ssl]#
```

图 1-18　创建服务器端证书文件

第四步：创建客户端证书

1）创建客户端密钥文件，命令如下：

```
# sudo /usr/local/bin/openssl req -newkey rsa:2048 -days 7 -nodes \
-keyout  client-key.pem  -out  client-req.pem
```

执行结果如图 1-19 所示。

```
[root@10-10-159-31 mariadb_ssl]# sudo /usr/local/bin/openssl req -newkey rsa:2048 -days 7 -nodes \
> -keyout  client-key.pem  -out  client-req.pem
Ignoring -days; not generating a certificate
Generating a RSA private key
...............++++
....++++
writing new private key to 'client-key.pem'
-----
You are about to be asked to enter information that will be incorporated
into your certificate request.
What you are about to enter is what is called a Distinguished Name or a DN.
There are quite a few fields but you can leave some blank
For some fields there will be a default value.
If you enter '.', the field will be left blank.
-----
Country Name (2 letter code) [AU]:CN
State or Province Name (full name) [Some-State]:
Locality Name (eg, city) []:
Organization Name (eg, company) [Internet Widgits Pty Ltd]:
Organizational Unit Name (eg, section) []:
Common Name (e.g. server FQDN or YOUR name) []:MariaDB client
Email Address []:

Please enter the following 'extra' attributes
to be sent with your certificate request
A challenge password []:
An optional company name []:
[root@10-10-159-31 mariadb_ssl]#
[root@10-10-159-31 mariadb_ssl]#
```

图 1-19　创建客户端密钥文件

注意，"-days 7"代表密钥有效期为 7 天，过期后密钥即失效。

这里也需要注意如下两点。

☐ "Country Name (2 letter code) [AU]：CN"这里输入 CN，表示中国。

☐ "Common Name (e.g. server FQDN or YOUR name) []:"这里的名字不能重复，请注意图 1-19 中框线所圈的内容，其值为 MariaDB client。

2）创建客户端 RSA 密钥文件，命令如下：

```
# sudo /usr/local/bin/openssl rsa -in client-key.pem -out client-key.pem
```

执行结果如图 1-20 所示。

```
[root@10-10-159-31 mariadb_ssl]# sudo /usr/local/bin/openssl rsa -in client-key.pem -out client-key.pem
writing RSA key
[root@10-10-159-31 mariadb_ssl]#
[root@10-10-159-31 mariadb_ssl]#
```

图 1-20　创建客户端 RSA 密钥文件

3）创建客户端证书，命令如下：

```
# sudo /usr/local/bin/openssl x509 -req -in client-req.pem -days 7 -CA ca-cert.pem  \
  -CAkey  ca-key.pem  -set_serial 01  -out  client-cert.pem
```

执行结果如图 1-21 所示。

```
[root@10-10-159-31 mariadb_ssl]# sudo /usr/local/bin/openssl x509 -req -in client-req.pem -days 7 -CA ca-cert.pem  \
  -CAkey  ca-key.pem  -set_serial 01  -out  client-cert.pem
Signature ok
subject=C = CN, ST = Some-State, O = Internet Widgits Pty Ltd, CN = MariaDB client
Getting CA Private Key
[root@10-10-159-31 mariadb_ssl]#
```

图 1-21　创建客户端证书文件

注意，"-days 7"表示证书有效期为 7 天，过期后即失效。

第五步：验证证书

以下命令可用于验证证书的有效性：

```
#sudo /usr/local/bin/openssl verify -CAfile ca-cert.pem server-cert.pem client-cert.pem
```

执行结果如图 1-22 所示。

```
[root@10-10-159-31 mariadb_ssl]# sudo /usr/local/bin/openssl verify -CAfile ca-cert.pem server-cert.pem client-cert.pem
server-cert.pem: OK
client-cert.pem: OK
[root@10-10-159-31 mariadb_ssl]#
```

图 1-22　验证 SSL 证书

注意，图 1-22 中的两个"OK"代表 SSL 证书验证成功。

第六步：MariaDB 服务端开启 SSL 加密

1）编辑 my.cnf，添加如下参数：

```
[mysqld]
ssl-ca=/data/mariadb_ssl/ca-cert.pem
ssl-cert=/data/mariadb_ssl/server-cert.pem
ssl-key=/data/mariadb_ssl/server-key.pem
```

2）更改 SSL 证书 mysql 用户组属性，命令如下：

```
# cd /data/mariadb_ssl/
# chown mysql.mysql *.pem
```

3）重启 mysqld 进程，命令如下：

```
# mysqladmin shutdown
# /usr/local/mariadb/bin/mysqld_safe --defaults-file=/etc/my.cnf --user=mysql &
```

4）输入"show variables like '%ssl%';"查看 SSL 开启是否成功，如 have_ssl 的值为 YES，则代表已成功开启 SSL，执行结果如图 1-23 所示。

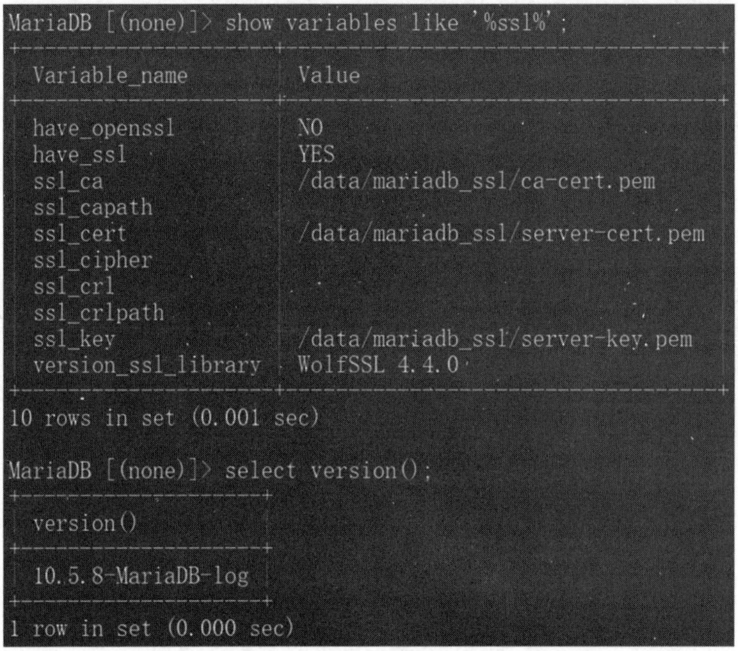

图 1-23 SSL 证书已开启

第七步：MariaDB 客户端使用 SSL 加密连接

1）创建 SSL 账号权限，命令如下：

```
> CREATE USER 'hechunyang_ssl'@'%' IDENTIFIED BY '123456'  REQUIRE SSL;
> GRANT SELECT ON *.* TO  'hechunyang_ssl'@'%';
```

2）通过 mysql 命令行登录连接。将 ca-cert.pem 文件、client-cert.pem 文件和 client-key.pem 文件复制到客户端目录下，然后输入下面的命令登录：

```
# cd /data/mariadb_ssl/
```

```
# mysql -h10.10.159.31 -uhechunyang_ssl -p123456 -P3312 \
--ssl-ca=ca-cert.pem --ssl-cert=client-cert.pem --ssl-key=client-key.pem
```

登录后，输入 status 命令，可以看到 SSL 已建立安全连接，执行结果如图 1-24 所示。

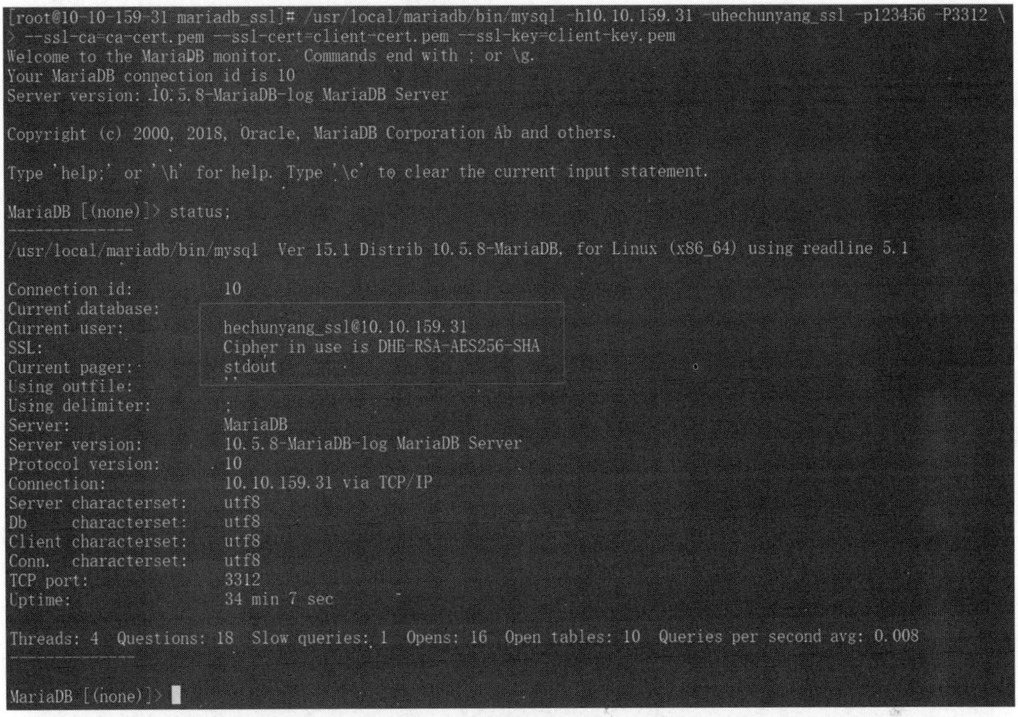

图 1-24　SSL 已建立安全连接

3）Sqlyog/Navicat 客户端登录连接。因为本书使用的是目前最新版的 OpenSSL，所以 Sqlyog/Navicat 客户端也需要下载最新版本才可以通过验证。

Navicat 设置 SSL 安全连接的界面如图 1-25 所示。

第八步：SSL 加密验证

先使用 tcpdump 工具嗅探，命令如下：

```
# tcpdump -i eth0 port 3312 -l -s 0 -w - | strings > /root/ssl.log
```

然后用未加密的用户进行连接，测试脚本如下：

```
#!/bin/bash
while true
do
/usr/local/mariadb/bin/mysql -h10.10.159.31 -utest -ptest -P3312  \
-e "select * from sbtest1 limit 5;"
sleep 1
done
```

测试结果如图 1-26 所示，从图中可以看出，非 SSL 用户数据为明文传输。

图 1-25 Navicat 设置 SSL 安全连接

图 1-26 非 SSL 用户数据为明文传输

接着通过 SSL 加密用户进行连接，测试脚本如下：

```
#!/bin/bash
cd /data/mariadb_ssl/
while true
do
mysql -h10.10.159.31 -uhechunyang_ssl -p123456 -P3312  \
--ssl-ca=ca-cert.pem --ssl-cert=client-cert.pem --ssl-key=client-key.pem  \
-e  "select * from test.sbtest1 limit 5;"
sleep 1
done
```

测试结果如图 1-27 所示，从图中的数据表现为乱码形式可以看出，SSL 用户数据为加密传输。

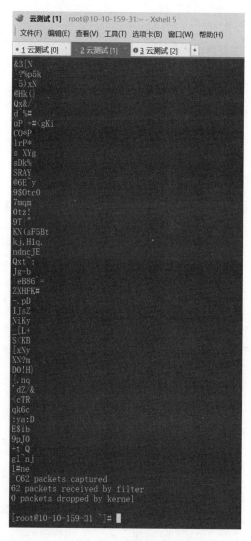

图 1-27　SSL 用户数据加密传输

1.4.2　服务层的改进

1. 支持 EXCEPT、INTERSECT 语法

MariaDB 引入并兼容了 Oracle 21C 中的 EXCEPT 和 INTERSECT 语法，与这两个语法相似的还有 UNION。下面通过示例代码来说明 UNION、EXCEPT 和 INTERSECT 之间的区别：

```
> CREATE TABLE seqs (i INT);
> INSERT INTO seqs VALUES (1),(2),(2),(3),(3),(4),(5),(6);
> SELECT i FROM seqs WHERE i <= 3 UNION SELECT i FROM seqs WHERE i>=3;
+------+
| i    |
+------+
|    1 |
|    2 |
|    3 |
|    4 |
|    5 |
|    6 |
+------+
6 rows in set (0.00 sec)
> SELECT i FROM seqs WHERE i <= 3 UNION ALL SELECT i FROM seqs WHERE i>=3;
+------+
| i    |
+------+
|    1 |
|    2 |
|    2 |
|    3 |
|    3 |
|    3 |
|    3 |
|    4 |
|    5 |
|    6 |
+------+
10 rows in set (0.00 sec)
> SELECT i FROM seqs WHERE i <= 3 EXCEPT SELECT i FROM seqs WHERE i>=3;
+------+
| i    |
+------+
|    1 |
|    2 |
+------+
2 rows in set (0.00 sec)
> SELECT i FROM seqs WHERE i <= 3 EXCEPT ALL SELECT i FROM seqs WHERE i>=3;
+------+
| i    |
+------+
|    1 |
|    2 |
|    2 |
+------+
3 rows in set (0.00 sec)
> SELECT i FROM seqs WHERE i <= 3 INTERSECT SELECT i FROM seqs WHERE i>=3;
```

```
+------+
| i    |
+------+
|    3 |
+------+
1 row in set (0.00 sec)
> SELECT i FROM seqs WHERE i <= 3 INTERSECT ALL SELECT i FROM seqs WHERE i>=3;
+------+
| i    |
+------+
|    3 |
|    3 |
+------+
2 rows in set (0.00 sec)
```

从上述代码的运行结果可以看到 UNION、EXCEPT 和 INTERSECT 之间的区别如下。

❑ UNION：合并多个结果集，将其作为单个结果集返回，并移除重复的行。

❑ EXCEPT：提取两个结果集不重复的行。

❑ INTERSECT：提取两个结果集都存在的行。

2. UPDATE 支持同一张表的子查询更新

下面来看一下 MariaDB 10.5 和 MySQL 8.0 通过 UPDATE 语句执行更新操作的对比，示例代码如下：

```
CREATE TABLE t1 (c1 INT, c2 INT);
INSERT INTO t1 VALUES (10,10), (20,20);
UPDATE t1 SET c1=c1+1 WHERE c2=(SELECT MAX(c2) FROM t1);
```

MariaDB 10.5 中的执行结果如图 1-28 所示，可以看到，UPDATE 语句能够成功更改同一张表的数据。

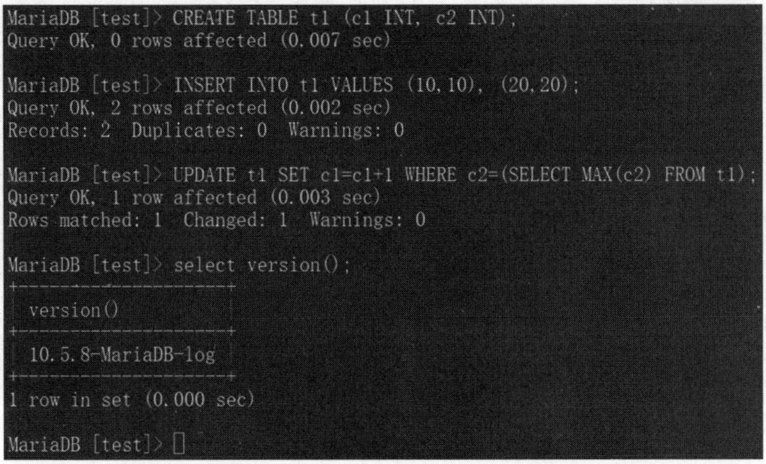

图 1-28　MariaDB 10.5 成功更改同一张表的数据

而 MySQL 8.0 则会直接报错，如图 1-29 所示。

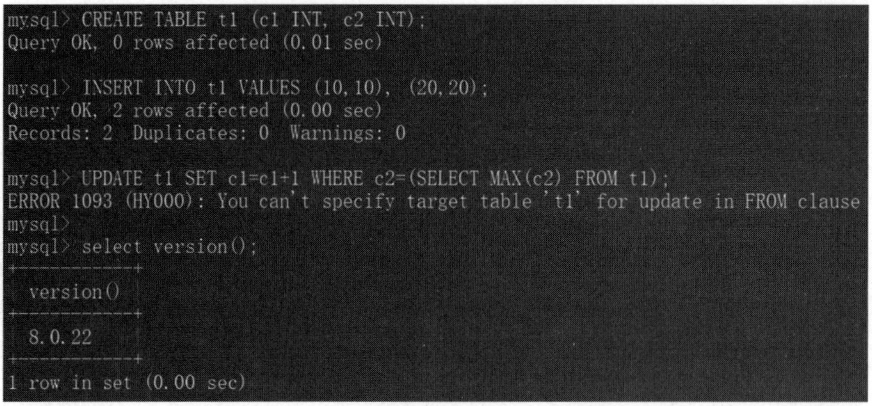

```
mysql> CREATE TABLE t1 (c1 INT, c2 INT);
Query OK, 0 rows affected (0.01 sec)

mysql> INSERT INTO t1 VALUES (10,10), (20,20);
Query OK, 2 rows affected (0.00 sec)
Records: 2 Duplicates: 0 Warnings: 0

mysql> UPDATE t1 SET c1=c1+1 WHERE c2=(SELECT MAX(c2) FROM t1);
ERROR 1093 (HY000): You can't specify target table 't1' for update in FROM clause
mysql>
mysql> select version();
+-----------+
| version() |
+-----------+
| 8.0.22    |
+-----------+
1 row in set (0.00 sec)
```

图 1-29 MySQL 8.0 更改同一张表的数据会失败

MySQL 目前只能改写 SQL 语句，即 MAX 那条语句，让其产生衍生表就可以成功更改数据，命令如下：

```
UPDATE t1 a, (SELECT MAX(c2) as m_c2 FROM t1) as b SET a.c1=a.c1+1 WHERE a.c2=b.m_c2;
```

同理，下面来看一下 MariaDB 10.5 和 MySQL 8.0 通过 DELETE 语句执行删除操作的对比，示例代码如下：

```
DROP TABLE t1;
CREATE TABLE t1 (c1 INT, c2 INT);
DELETE FROM t1 WHERE c1 IN (SELECT b.c1 FROM t1 b WHERE b.c2=0);
```

MariaDB 10.5 更新成功，如图 1-30 所示。

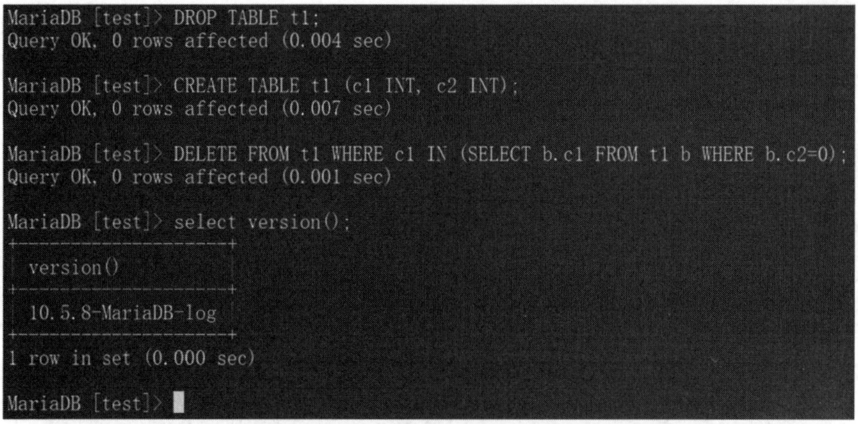

```
MariaDB [test]> DROP TABLE t1;
Query OK, 0 rows affected (0.004 sec)

MariaDB [test]> CREATE TABLE t1 (c1 INT, c2 INT);
Query OK, 0 rows affected (0.007 sec)

MariaDB [test]> DELETE FROM t1 WHERE c1 IN (SELECT b.c1 FROM t1 b WHERE b.c2=0);
Query OK, 0 rows affected (0.001 sec)

MariaDB [test]> select version();
+------------------+
| version()        |
+------------------+
| 10.5.8-MariaDB-log |
+------------------+
1 row in set (0.000 sec)

MariaDB [test]>
```

图 1-30 MariaDB 10.5 成功删除同一张表的数据

MySQL 8.0 则直接报错，如图 1-31 所示。

图 1-31　MySQL 8.0 删除同一张表的数据会失败

3. 支持带有 ORDER BY 和 LIMIT 子句进行多表更新

下面通过示例代码来对比 MariaDB 10.5 与 MySQL 8.0 的不同。

1）对于多表更新的操作，后面的查询条件带有 LIMIT 子句时，MySQL 不能正常工作，但 MariaDB 解决了该问题，示例代码如下：

```
create table t1(id int primary key,name varchar(10));
create table t2(id int primary key,name varchar(10));
update t1 join t2 on t1.id=t2.id set t1.name='hechunyang' limit 3;
```

MariaDB 10.5 更新成功，如图 1-32 所示。

图 1-32　MariaDB 10.5 带有 LIMIT 子句成功更改表数据

MySQL 8.0 则直接报错，如图 1-33 所示。

2）对于多表更新操作，后面的查询条件带有 ORDER BY 和 LIMIT 子句时，MySQL 不能正常工作，但 MariaDB 解决了该问题，示例代码如下：

```
update t1 join t2 on t1.id=t2.id set t1.name='HEchunyang' order by t1.id DESC limit 3;
```

图 1-33 MySQL 8.0 带有 LIMIT 子句更改表数据时会失败

MariaDB 10.5 更新成功，如图 1-34 所示。

图 1-34 MariaDB 10.5 带有 ORDER BY 和 LIMIT 子句更改数据时会成功

MySQL 8.0 则直接报错，如图 1-35 所示。

图 1-35 MySQL 8.0 带有 ORDER BY 和 LIMIT 子句更改数据时会失败

4. DELETE 语句支持 RETURNING 数据回滚功能

MariaDB 10.5 可以使用语法 "DELETE ... RETURNING select_expr [, select_expr2 ...]" 将单个表中已删除行的结果集返回给客户端，示例代码如下：

```
delete from t1 RETURNING *;
```

执行结果如图 1-36 所示。

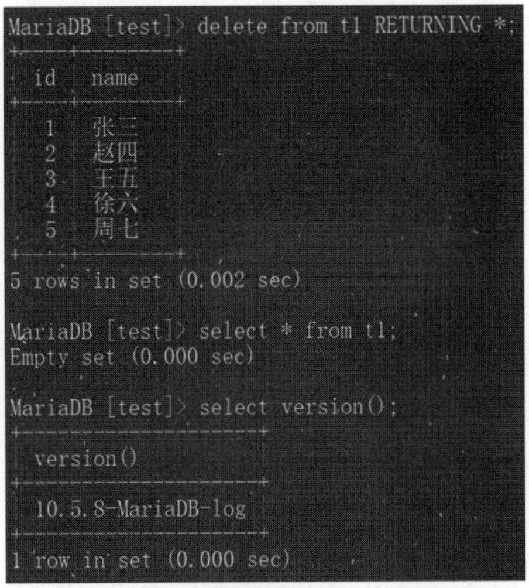

图 1-36　删除数据返回客户端

支持 RETURNING 数据回滚的好处是，即使数据库管理员误操作也没有关系，通过该功能可以快速找回误删除的数据。操作数据时，可以在 SecureCRT 或 XShell 里开启日志记录功能，以便找回数据。

这里需要注意如下事项。

❏ RETURNING 不支持多表"DELETE JOIN"功能，以下语句将执行失败：

```
delete a from t1 a join sbtest1 b on a.id=b.id RETURNING *;
```

❏ RETURNING 支持子查询，以下语句将执行成功：

```
delete from t1 where id in (select id from sbtest1 where id<=10) RETURNING * ;
```

❏ UPDATE 不支持 RETURNING 数据回滚。
❏ MySQL 8.0 不支持 RETURNING 语法。

5. CREATE OR REPLACE TABLE 语法扩展

MariaDB 10.5 使用了 OR REPLACE 语句，该语句表示如果某表已经存在，则数据库将删除现有表，并将其替换为新定义的表，而不是返回错误。示例代码如下：

```
CREATE OR REPLACE TABLE table_name (a int);
```

上述语句与下面的语句等价：

```
DROP TABLE IF EXISTS table_name;
CREATE TABLE table_name (a int);
```

6. 存储过程支持 FOR 循环

MySQL 存储过程包含三种标准的循环方式：WHILE 循环、LOOP 循环及 REPEAT 循环。此外，还有一种非标准的循环方式：GOTO 循环。

上述四个循环语句的语法如下：

```
WHILE...DO...END WHILE
REPEAT...UNTIL END REPEAT
LOOP...END LOOP
GOTO
```

在 MariaDB 中，除了这四种循环方式外，又扩展了一种循环方式，即 FOR 循环，下面就来看看具体的使用示例。

1）整数范围的 FOR 循环，示例代码如下：

```
> CREATE TABLE t1 (a INT);
> DELIMITER //
FOR  i  IN  1..3
DO
  INSERT INTO t1 VALUES (i);
END FOR;
//
> DELIMITER ;
> SELECT * FROM t1;
+------+
| a    |
+------+
|    1 |
|    2 |
|    3 |
+------+
3 rows in set (0.000 sec)
```

2）倒序整数排列范围的 FOR 循环，示例代码如下：

```
> CREATE OR REPLACE TABLE t1 (a INT);
> DELIMITER //
> FOR  i  IN  REVERSE  4..12
DO
INSERT INTO t1 VALUES (i);
END FOR;
//
> DELIMITER ;
> SELECT * FROM t1;
+------+
| a    |
+------+
|   12 |
|   11 |
|   10 |
|    9 |
|    8 |
|    7 |
|    6 |
|    5 |
|    4 |
+------+
9 rows in set (0.000 sec)
```

3）Oracle 模式下的显式游标，示例代码如下：

```
> SET sql_mode=ORACLE;
```

```
> CREATE OR REPLACE TABLE t1 (a INT, b VARCHAR(32));
> INSERT INTO t1 VALUES (10,'b0');
> INSERT INTO t1 VALUES (11,'b1');
> INSERT INTO t1 VALUES (12,'b2');
> DELIMITER //
> CREATE OR REPLACE PROCEDURE p1(pa INT) AS
CURSOR cur(va INT) IS
SELECT a, b FROM t1 WHERE a=va;
BEGIN
OR rec IN cur(pa)
LOOP
SELECT rec.a, rec.b;
END LOOP;
END;
//
> DELIMITER ;
> CALL p1(10);
+-------+-------+
| rec.a | rec.b |
+-------+-------+
|    10 | b0    |
+-------+-------+
1 row in set (0.001 sec)
Query OK, 0 rows affected (0.001 sec)
> CALL p1(11);
+-------+-------+
| rec.a | rec.b |
+-------+-------+
|    11 | b1    |
+-------+-------+
1 row in set (0.001 sec)
Query OK, 0 rows affected (0.001 sec)
> CALL p1(12);
+-------+-------+
| rec.a | rec.b |
+-------+-------+
|    12 | b2    |
+-------+-------+
1 row in set (0.001 sec)
Query OK, 0 rows affected (0.001 sec)
> CALL p1(13);
Query OK, 0 rows affected (0.001 sec)
```

7. FLUSH TABLES 命令只关闭未使用的表

会话一，执行下面的语句：

```
select id,sleep(60) from t1;
```

此语句未执行完，故 t1 表会持有"METADATA LOCK(MDL)"元数据锁。

会话二，执行下面的语句：

```
FLUSH TABLES;
```

在 MariaDB 10.4 以前的版本中，执行 FLUSH TABLES 语句会强制关闭所有的表，因为会话一持有 MDL 元数据锁，故会话二执行 FLUSH TABLES 语句会等待表的元数据锁。

MariaDB 10.4 GA 版本则只会关闭未使用的表，正在使用中的表将被忽略，因此不会受到任何影响。只有手动指定关闭某个表（如"FLUSH TABLES t1"）才会强制关闭该表。

应用场景：MHA 在线切换调用 master_ip_online_change 脚本时，第一步会执行 FLUSH NO_WRITE_TO_BINLOG TABLES 关闭所有的表，此时如果数据库中有未执行完的慢 SQL，那么 FLUSH NO_WRITE_TO_BINLOG TABLES 就会卡住，导致 MHA 无法切换。

注意，MySQL 8.0 不支持只关闭未使用表的功能。

8. 增加 AliSQL 补丁：安全执行 Online DDL

Online DDL 的命名方式很容易误导新手，让他们以为无论在什么情况下，修改表结构都不会锁表，事实上并非如此，一定要特别注意这里的陷阱。

如下两种情况执行 DDL 操作会导致锁表的问题，即等待表的元数据锁。

1）增加、删除字段或索引不会锁全表，但删除主键、更改字段属性会锁全表，如图 1-37 所示。

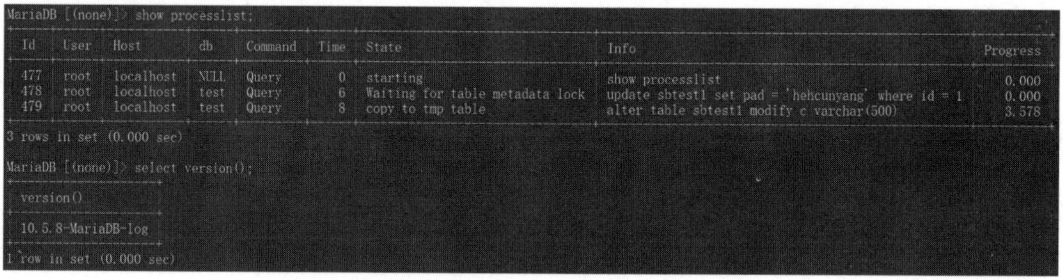

图 1-37　修补表结构属性引起锁表问题

2）通过 alter table 语句向表中添加字段时，对该表进行增、删、改、查等操作均不会锁表。而在 sbtest1 表持有的"METADATA LOCK(MDL)"元数据锁未释放之前，如果要访问该表，则需要等其执行完之后，才可以执行 alter table 语句。例如，在前文的会话一中，故意执行一条需要处理大数据量的查询，然后在会话二中执行增加字段 age 的语句，此时就会出现锁表的问题，因为会话一尚未执行完毕，如图 1-38 所示。

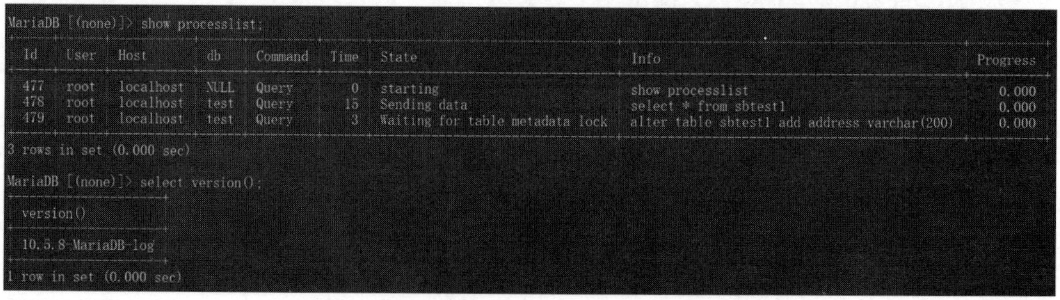

图 1-38　大事务查询导致修改表结构引起锁表问题

针对这两种情况，MariaDB 增加了一个 AliSQL 补丁——DDL FAST FAIL，可以让 DDL 操作快速失败。

DDL FAST FAIL 的语法如下：

```
ALTER TABLE tbl_name [WAIT n|NOWAIT] ...
CREATE ... INDEX ON tbl_name (index_col_name, ...) [WAIT n|NOWAIT] ...
DROP INDEX ... [WAIT n|NOWAIT]
DROP TABLE tbl_name [WAIT n|NOWAIT] ...
LOCK TABLE ... [WAIT n|NOWAIT]
OPTIMIZE TABLE tbl_name [WAIT n|NOWAIT]
RENAME TABLE tbl_name [WAIT n|NOWAIT] ...
SELECT ... FOR UPDATE [WAIT n|NOWAIT]
SELECT ... LOCK IN SHARE MODE [WAIT n|NOWAIT]
TRUNCATE TABLE tbl_name [WAIT n|NOWAIT]
```

示例代码如下：

```
alter table sbtest1 WAIT 3 add column address varchar(200);
```

执行结果如图 1-39 所示。

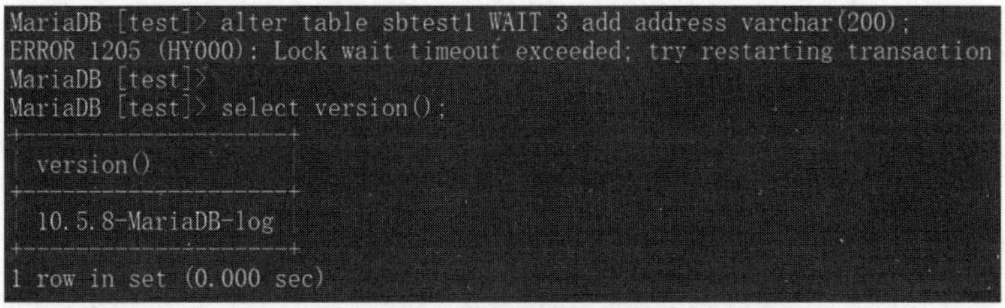

图 1-39　等待 3 秒未持有元数据锁即失败

如果线上有某个慢 SQL 语句操作该表，则可以使用 WAIT n（以秒为单位设置等待）或 NOWAIT 在语句中显式设置锁等待超时，在这种情况下，如果无法获取元数据表锁，则该语句将立即失败。当 WAIT 设置为 0 时，等同于 NOWAIT。

注意，MySQL 8.0 目前尚不支持"ALTER NOWAIT"，仅支持"SELECT FOR UPDATE NOWAIT"。

9. KILL 命令的扩展

在 MariaDB 中，KILL 命令有如下两个扩展，其一是添加了"HARD|SOFT"修饰词，其二是可以杀死某个用户执行的所有命令。

KILL 命令的语法如下：

```
KILL [HARD | SOFT] [CONNECTION | QUERY [ID] ] [thread_id | USER user_name | query_id]
```

❑ KILL CONNECTION（默认选项）：中断线程连接，并杀死 thread_id 线程正在执行的命令。

❑ KILL QUERY（选项）：保留线程连接，只杀死 thread_id 线程正在执行的命令。

❑ KILL HARD（默认选项）：尽快中断线程连接，或者杀死正在执行的命令。

❑ KILL SOFT（选项）：MyISAM 和 Aria 表引擎正在执行的命令（例如，"REPAIR TABLE""OPTIMIZE TABLE"）将不会被中断，因为这些命令被中断会导致表处于不一致的状态。

❑ KILL USER（选项）：中断 user_name 用户的所有线程连接，或者杀死正在执行的所有命令。

示例代码如下：

```
Kill user hechunyang;
```

10. 修改表结构可显示执行进度

大表的 DDL 变更操作非常耗时，通常需要等待漫长的时间。MariaDB 为此操作提供了进度报告的功能，alter table 命令可用于显示执行的进度，用户很容易估算出命令还需要持续多长时间，如图 1-40 所示。

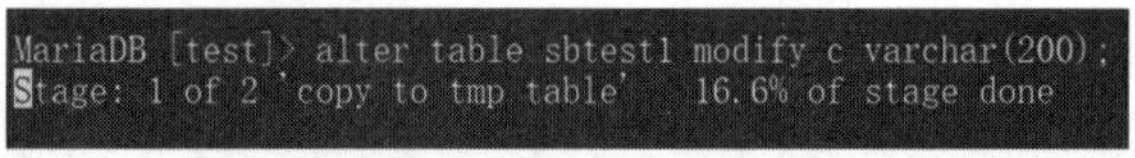

```
MariaDB [test]> alter table sbtest1 modify c varchar(200);
Stage: 1 of 2 'copy to tmp table'   16.6% of stage done
```

图 1-40　显示修改表结构的进度

此外，MariaDB 还支持通过 load data 命令显示导入数据的进度，如图 1-41 所示。

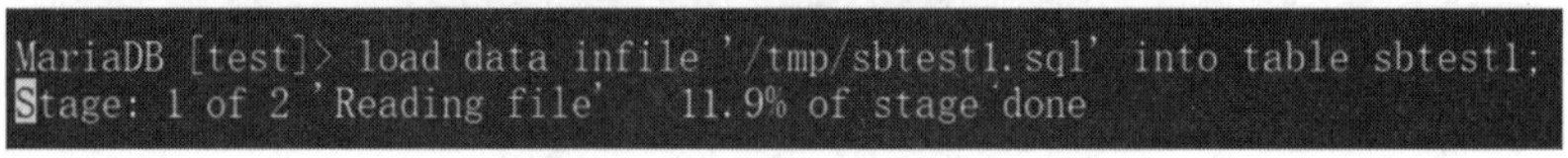

```
MariaDB [test]> load data infile '/tmp/sbtest1.sql' into table sbtest1;
Stage: 1 of 2 'Reading file'   11.9% of stage done
```

图 1-41　显示导入数据的进度

11. ALTER 语句新增 RENAME 语法重命名字段和索引

MariaDB 可以使用 RENAME COLUMN 语法重命名字段列。示例代码如下：

```
ALTER TABLE t1 RENAME COLUMN c_old TO c_new;
```

上述语句与下面的语句等价：

```
ALTER TABLE t1 CHANGE COLUMN c_old  c_new varchar(200);
```

MariaDB 还可以使用 RENAME INDEX（或 RENAME KEY）语法重命名索引。示例代码如下：

```
ALTER TABLE t1 RENAME INDEX i_old TO i_new;
```

12. 自动杀死未提交的空事务

如果一个事务长时间未提交，这个事务的连接不能关闭，那么内存就不能释放。如果并发事务很多，就会导致数据库连接数增多，从而对性能产生影响。

MariaDB 引入了以下三个新变量来处理这种情况。

❑ idle_transaction_timeout：用于设置所有事务的超时时间。

❑ idle_write_transaction_timeout：用于设置写事务的超时时间。

❑ idle_readonly_transaction_timeout：用于设置只读事务的超时时间。

如果不设置超时阈值时间，超时时间默认是 0 秒。如果设置了超时阈值时间，只要超过阈值，服务端就会自动杀死未提交的空闲事务。

下面通过示例演示一下该功能，如图 1-42 所示。

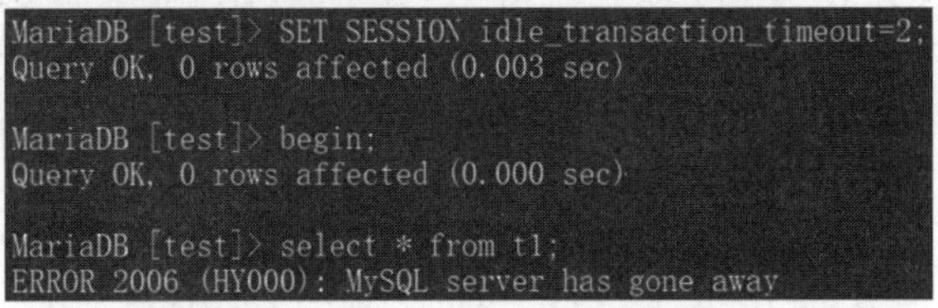

图 1-42　自动杀死未提交的空事务

图 1-42 所示的示例中，将空事务未提交的时间设置为 2 秒，超过 2 秒后，系统会自动杀死其连接。注意，设置的这个参数只对设置之后的新连接有效，对正在执行的连接无效。

13. 支持杀死慢 SQL

MariaDB 可以终止超过一定执行时间的语句。通过 max_statement_time 参数可控制 SQL 语句的执行时间（单位为秒），此参数默认值为 0，表示不限制 SQL 语句的执行时间。下面的示例演示了如何设置数据库后台自动杀死执行时间超过 1 秒的慢 SQL。

```
set global max_statement_time = 1;
```

执行结果如图 1-43 所示。

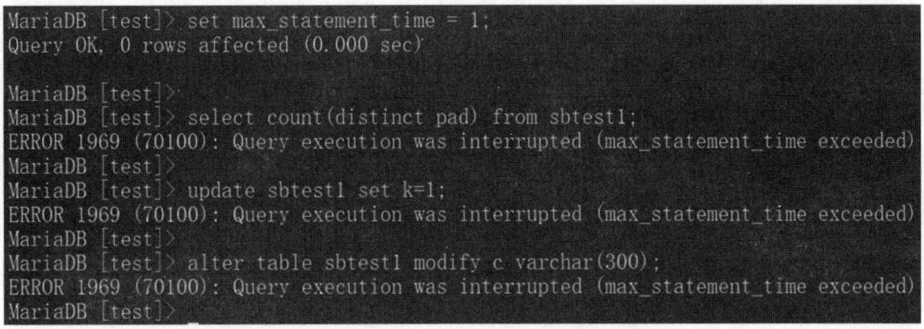

图 1-43　自动终止慢 SQL 语句的执行

由图 1-43 可以看到，DML/DDL 语句已全部被杀死。

MariaDB 还可以使用 GRANT ... MAX_STATEMENT_TIME 语法为每个用户设置超时时间，示例代码如下：

```
GRANT ALL PRIVILEGES ON *.* TO `hechunyang`@`%`
WITH  MAX_STATEMENT_TIME 3;
```

MariaDB 也可以通过结合使用 max_statement_time 与 SET STATEMENT 命令，限制单个 SQL 语句的查询执行时间，示例代码如下：

```
SET STATEMENT max_statement_time = 3 FOR
  SELECT count(distinct pad) FROM sbtest1;
```

执行结果如图 1-44 所示。

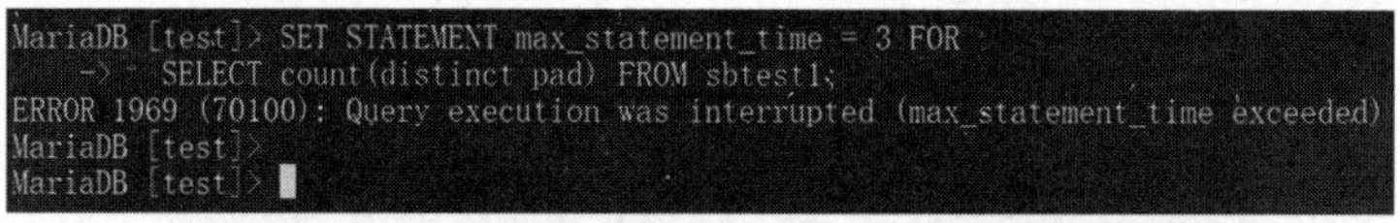

图 1-44　限制单个 SQL 语句的查询执行时间

关于杀死慢 SQL，MariaDB 与 MySQL 之间实现的差异具体如下。

❑ MySQL 版本中，max_execution_time 参数以毫秒为单位，而不是秒。

❑ MySQL 目前只能杀死 SELECT 语句，而 MariaDB 可以杀死任何 DML/DDL 语句（不包括存储过程）。

14. 支持隐藏列

MariaDB 可以在 CREATE TABLE 或 ALTER TABLE 语句中为列赋予 INVISIBLE 属性。之后，这些列将不会在"SELECT *"语句的结果中列出，也不需要在 INSERT 语句中分配值，除非 INSERT 明确指定了字段。

如果某个业务提出了删除一个字段的需求，在不确定删除是否有影响的前提下，可以将该字段事先设置为隐藏列，待运行一段时间（比如几天）之后，确定该业务确实不需要该字段，再将其删除，这样可以规避风险。

不可见的列可以声明为 NOT NULL，但是需要设置一个 DEFAULT 值，示例代码如下：

```
> CREATE TABLE t (x INT INVISIBLE);
ERROR 1113 (42000): A table must have at least 1 column
> CREATE TABLE t (x INT, y INT INVISIBLE, z INT INVISIBLE NOT NULL);
ERROR 4108 (HY000): Invisible column `z` must have a default value
> CREATE TABLE t (x INT, y INT INVISIBLE, z INT INVISIBLE NOT NULL DEFAULT 4);
> INSERT INTO t VALUES (1),(2);
> INSERT INTO t (x,y) VALUES (3,33);
> SELECT * FROM t;
+------+
| x    |
+------+
|    1 |
|    2 |
|    3 |
+------+
3 rows in set (0.001 sec)
> SELECT x,y,z FROM t;
+------+------+---+
```

```
| x    | y    | z |
+------+------+---+
|    1 | NULL | 4 |
|    2 | NULL | 4 |
|    3 |   33 | 4 |
+------+------+---+
3 rows in set (0.001 sec)
> DESC t;
+-------+---------+------+-----+---------+-----------+
| Field | Type    | Null | Key | Default | Extra     |
+-------+---------+------+-----+---------+-----------+
| x     | int(11) | YES  |     | NULL    |           |
| y     | int(11) | YES  |     | NULL    | INVISIBLE |
| z     | int(11) | NO   |     | 4       | INVISIBLE |
+-------+---------+------+-----+---------+-----------+
3 rows in set (0.001 sec)
> ALTER TABLE t MODIFY x INT INVISIBLE, MODIFY y INT, MODIFY z INT NOT NULL
  DEFAULT 4;
> DESC t;
+-------+---------+------+-----+---------+-----------+
| Field | Type    | Null | Key | Default | Extra     |
+-------+---------+------+-----+---------+-----------+
| x     | int(11) | YES  |     | NULL    | INVISIBLE |
| y     | int(11) | YES  |     | NULL    |           |
| z     | int(11) | NO   |     | 4       |           |
+-------+---------+------+-----+---------+-----------+
3 rows in set (0.001 sec)
```

15. 支持 _rowid

_rowid 列是被映射到表中的主键别名，因为不必知道主键的名称，所以可以简化 SQL 查询，示例代码如下：

```
> create table t1 (a int primary key, b varchar(80));
> insert into t1 values (1,"one"),(2,"two");
> select * from t1 where _rowid=1;
+---+------+
| a | b    |
+---+------+
| 1 | one  |
+---+------+
1 row in set (0.001 sec)
> update t1 set b="three" where _rowid=2;
Query OK, 1 row affected (0.003 sec)
Rows matched: 1  Changed: 1  Warnings: 0
> select * from t1 where _rowid>=1 and _rowid<=10;
+---+-------+
| a | b     |
+---+-------+
| 1 | one   |
| 2 | three |
+---+-------+
2 rows in set (0.001 sec)
```

16. 支持虚拟列 (函数索引)

在字段上进行数学运算和函数运算时是无法用到索引的，下面的 SQL 语句在执行时会

进行全表扫描:

```
select * from t1 where mod(id,10) = 1;
```

为了解决这个问题,MariaDB 引入了虚拟列。虚拟列是一个表达式,在运行时计算,不会存储在数据库中,我们也不能更新虚拟列的值。

目前,MariaDB 提供了两种类型的虚拟列,VIRTUAL 和 STORED 类型,STORED 类型的虚拟列的值是直接存在于表中的;而 VIRTUAL 类型其实只是一个定义,表结构中并不包括这个列,只会在需要用到的时候临时计算,其默认值是 VIRTUAL,示例代码如下:

```
CREATE TABLE table1 (
    a INT NOT NULL,
    b VARCHAR(32),
    c INT AS (a mod 10) VIRTUAL,
    d VARCHAR(5) AS (left(b,5)) STORED,
    KEY `IX_c` (`c`)
) ENGINE=InnoDB DEFAULT CHARSET=utf8;
```

注意,插入数据时,虚拟列的值应为 DEFAULT,否则会报错,如图 1-45 所示。

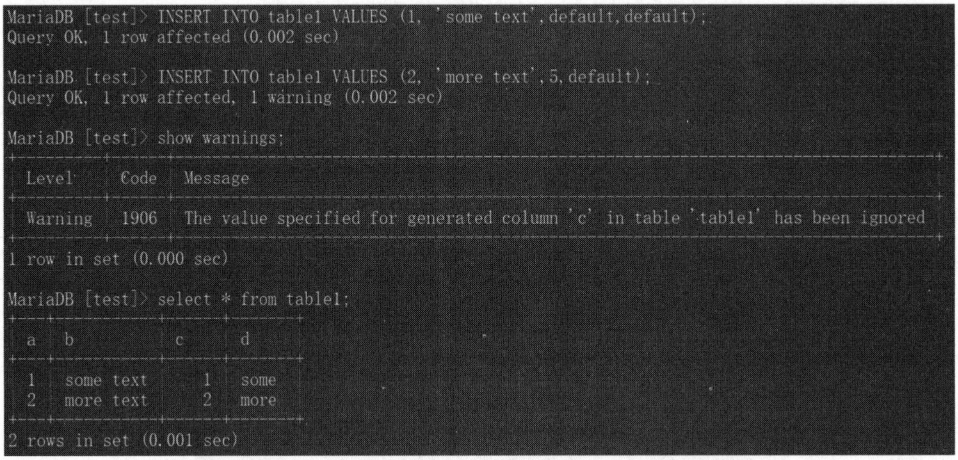

图 1-45　插入字段的值必须为 DEFAULT

通过执行计划器我们可以看到,虚拟列执行计划已经用到了索引,如图 1-46 所示。至此,我们通过虚拟列的方式实现了函数索引。

17. 动态列支持以 JSON 格式存储数据

为了兼容 JSON 格式,MariaDB 为 NoSQL 的扩展提供了一个特性,即动态列。动态列允许用表中的行来存储不同列的集合,相当于是将关系型数据库和文档型 NoSQL 数据库集于一身了。

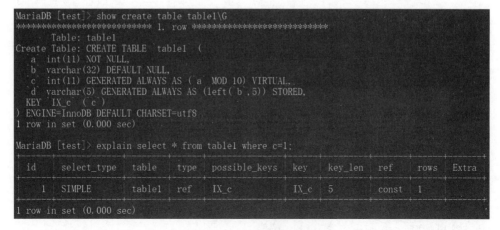

图 1-46　虚拟列执行计划

NoSQL 的好处在于其存储的数据没有表结构的概念，而关系型数据库则要求事先定义好表结构。动态列正好将两者结合在一起，它作为一个额外的字段存储在 blob 类型中。MariaDB 提供了一系列的函数来创建、更新、删除、检查和查询这个列。示例代码如下：

```
CREATE TABLE assets (
  item_name varchar(32) NOT NULL,
  dynamic_cols blob DEFAULT NULL,
  PRIMARY KEY (item_name)
) ENGINE=InnoDB DEFAULT CHARSET=utf8;
```

创建完表后，就可以通过相关函数来访问动态列了。以下是使用方法。

1）使用函数 COLUMN_CREATE 插入 JSON 格式的数据，命令如下：

```
INSERT INTO assets VALUES
  ('MariaDB T-shirt', COLUMN_CREATE('color', 'blue', 'size', 'XL'));
INSERT INTO assets VALUES
  ('Thinkpad Laptop', COLUMN_CREATE('color', 'black', 'price', 500));
```

直接通过 SELECT 查询出来的结果是乱码，如图 1-47 所示。

图 1-47　查询数据结果为乱码

为了正常显示查询结果，需要用 COLUMN_JSON 函数进行查询转换，命令如下：

```
SELECT item_name, COLUMN_JSON(dynamic_cols) FROM assets;
```

执行结果如图 1-48 所示。

```
MariaDB [test]> SELECT item_name, COLUMN_JSON(dynamic_cols) FROM assets;
+-----------------+------------------------------------+
| item_name       | COLUMN_JSON(dynamic_cols)          |
+-----------------+------------------------------------+
| MariaDB T-shirt | {"size":"XL","color":"blue"}       |
| Thinkpad Laptop | {"color":"black","price":500}      |
+-----------------+------------------------------------+
2 rows in set (0.001 sec)
```

图 1-48 通过 COLUMN_JSON 函数获取数据

2）使用函数 COLUMN _LIST 获取全部 Key（键），命令如下：

```
SELECT item_name, COLUMN_LIST(dynamic_cols) FROM assets;
```

执行结果如图 1-49 所示。

```
MariaDB [test]> SELECT item_name, column_list(dynamic_cols) FROM assets;
+-----------------+---------------------------+
| item_name       | column_list(dynamic_cols) |
+-----------------+---------------------------+
| MariaDB T-shirt | `size`,`color`            |
| Thinkpad Laptop | `color`,`price`           |
+-----------------+---------------------------+
2 rows in set (0.001 sec)
```

图 1-49 通过 COLUMN_LIST 函数获取全部 Key

3）使用函数 COLUMN _GET 获取键 color 的值，命令如下：

```
SELECT item_name, COLUMN_GET(dynamic_cols, 'color' as char) AS color FROM assets;
```

执行结果如图 1-50 所示。

```
MariaDB [test]> SELECT item_name, COLUMN_GET(dynamic_cols, 'color' as char) AS color FROM assets;
+-----------------+-------+
| item_name       | color |
+-----------------+-------+
| MariaDB T-shirt | blue  |
| Thinkpad Laptop | black |
+-----------------+-------+
2 rows in set (0.001 sec)
```

图 1-50 通过 COLUMN_GET 函数获取键 color 的值

4）使用函数 COLUMN_ADD 增加一个 Key-Value，命令如下：

```
UPDATE assets SET dynamic_cols=COLUMN_ADD(dynamic_cols, 'warranty', '3 years')
WHERE item_name='Thinkpad Laptop';
```

执行结果如图 1-51 所示。

5）使用函数 COLUMN_ADD 更改一个 Key-Value，命令如下：

```
UPDATE assets SET dynamic_cols=COLUMN_ADD(dynamic_cols, 'color', 'white')
WHERE COLUMN_GET(dynamic_cols, 'color' as char)='black';
```

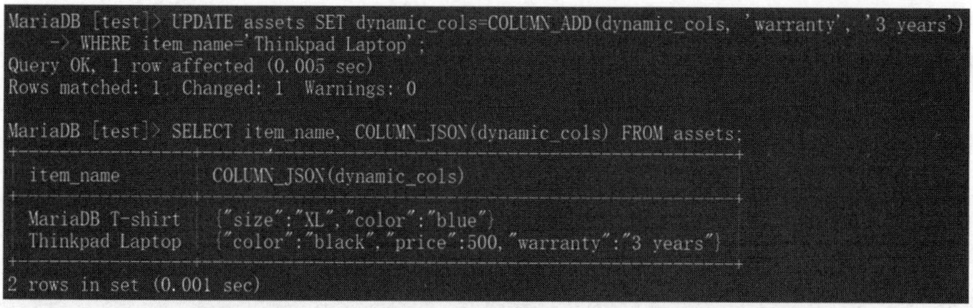

图 1-51　通过 COLUMN_ADD 函数增加一个 Key-Value

执行结果如图 1-52 所示。

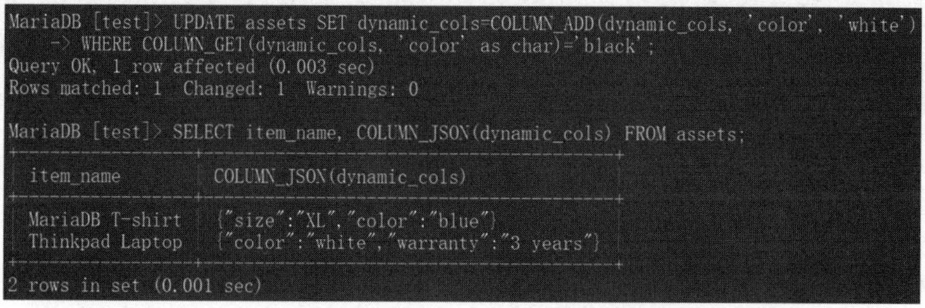

图 1-52　通过 COLUMN_ADD 函数更改一个 Key-Value

6）使用函数 COLUMN_ DELETE 移除一个 Key-Value，命令如下：

```
UPDATE assets SET dynamic_cols=COLUMN_DELETE(dynamic_cols, "price")
WHERE COLUMN_GET(dynamic_cols, 'color' as char)='black';
```

执行结果如图 1-53 所示。

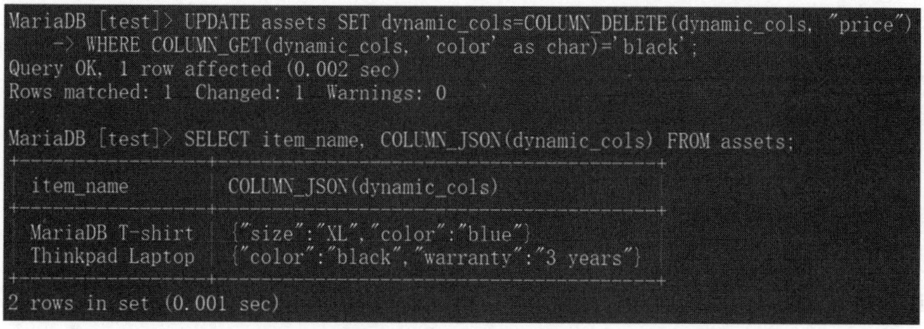

图 1-53　通过 COLUMN_DELETE 函数移除一个 Key-Value

18. 在慢查询日志中增加了执行计划

在 my.cnf 里添加如下语句：

```
log_slow_verbosity=query_plan,explain
```

或者在线设置如下语句：

```
SET GLOBAL log_slow_verbosity='query_plan,explain';
FLUSH LOGS;
```

都可以实现在慢日志里打印执行计划的功能，可以很方便地排查问题，执行结果如图 1-54 所示。

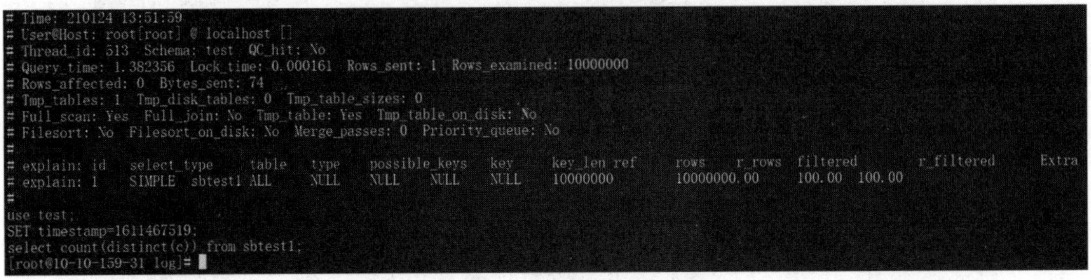

```
# Time: 210124 13:51:59
# User@Host: root[root] @ localhost []
# Thread_id: 513  Schema: test  QC_hit: No
# Query_time: 1.382356  Lock_time: 0.000161  Rows_sent: 1  Rows_examined: 10000000
# Rows_affected: 0  Bytes_sent: 74
# Tmp_tables: 1  Tmp_disk_tables: 0  Tmp_table_sizes: 0
# Full_scan: Yes  Full_join: No  Tmp_table: Yes  Tmp_table_on_disk: No
# Filesort: No  Filesort_on_disk: No  Merge_passes: 0  Priority_queue: No
#
# explain: id   select_type   table   type   possible_keys   key   key_len ref   rows   r_rows   filtered   r_filtered   Extra
# explain: 1    SIMPLE  sbtest1 ALL     NULL   NULL    NULL    NULL   10000000    10000000.00    100.00  100.00
#
use test;
SET timestamp=1611467519;
select count(distinct(c)) from sbtest1;
[root@10-10-159-31 log]#
```

图 1-54 在慢日志里打印执行计划

19. 系统版本表可有效防止数据丢失

系统版本表是 SQL:2011 标准中首次引入的功能。系统版本表中存储了所有更改的历史数据，而不仅仅是当前时刻的有效数据。例如，同一行数据在 1 秒内被更改了 10 次，那么系统版本表就会保存 10 份不同版本的数据。就像电影《源代码》里的平行世界理论一样，你可以退回到任意时间里。系统版本表可以有效保障数据的安全性，由于数据库管理员误操作或程序 BUG 而引起的数据丢失，在 MariaDB 里已成为过去式。

下面介绍系统版本表相关操作。

（1）创建系统版本表

创建系统版本表的示例代码如下：

```
CREATE TABLE t1 (
id int(11) NOT NULL AUTO_INCREMENT,
name varchar(100) DEFAULT NULL,
ts timestamp(6) GENERATED ALWAYS AS ROW START,
te timestamp(6) GENERATED ALWAYS AS ROW END,
PRIMARY KEY (id,te),
PERIOD FOR SYSTEM_TIME (ts, te)
) ENGINE=InnoDB DEFAULT CHARSET=utf8 WITH SYSTEM VERSIONING;
```

上述代码段中，字段 ts 和 te 分别代表数据变化的起始时间和结束时间。

创建系统版本表还可以使用一种简化的语法，如下：

```
CREATE TABLE t1 (
  id int(11) NOT NULL AUTO_INCREMENT,
  PRIMARY KEY (id)
) ENGINE=InnoDB DEFAULT CHARSET=utf8 WITH SYSTEM VERSIONING;
```

另外，也可以用 ALTER TABLE 更改表结构，语法如下：

```
ALTER TABLE t1
ADD COLUMN ts TIMESTAMP(6) GENERATED ALWAYS AS ROW START,
ADD COLUMN te TIMESTAMP(6) GENERATED ALWAYS AS ROW END,
ADD PERIOD FOR SYSTEM_TIME(ts, te),
ADD SYSTEM VERSIONING;
```

（2）查询历史数据

首先，插入一条数据，命令如下：

```
insert into t1(name) values('张三');
```

然后，把姓名“张三”改成“李四”(模拟误更改数据的操作)，命令如下：

```
update t1 set name='李四' where id=1;
```

现在数据已经变更成功，如果想要查看历史数据，又该怎么办呢？具体方法如下。

方法一：查询一小时内的历史数据（小时也可以换成其他时间单位），命令如下：

```
SELECT * FROM t1 FOR SYSTEM_TIME BETWEEN (NOW() - INTERVAL 1 HOUR) AND NOW();
```

其他时间单位还有 HOUR（小时）、MINUTE（分钟）、DAY（天）、MONTH（月）和 YEAR（年）。

执行结果如图 1-55 所示。

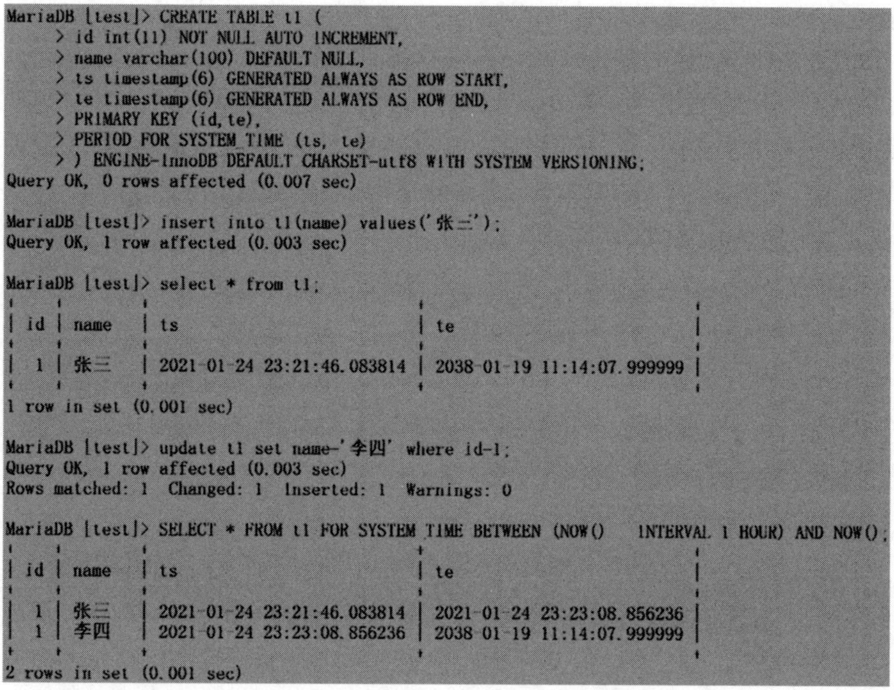

```
MariaDB [test]> CREATE TABLE t1 (
    -> id int(11) NOT NULL AUTO_INCREMENT,
    -> name varchar(100) DEFAULT NULL,
    -> ts timestamp(6) GENERATED ALWAYS AS ROW START,
    -> te timestamp(6) GENERATED ALWAYS AS ROW END,
    -> PRIMARY KEY (id,te),
    -> PERIOD FOR SYSTEM_TIME (ts, te)
    -> ) ENGINE=InnoDB DEFAULT CHARSET=utf8 WITH SYSTEM VERSIONING;
Query OK, 0 rows affected (0.007 sec)

MariaDB [test]> insert into t1(name) values('张三');
Query OK, 1 row affected (0.003 sec)

MariaDB [test]> select * from t1;
+----+------+----------------------------+----------------------------+
| id | name | ts                         | te                         |
+----+------+----------------------------+----------------------------+
|  1 | 张三 | 2021-01-24 23:21:46.083814 | 2038-01-19 11:14:07.999999 |
+----+------+----------------------------+----------------------------+
1 row in set (0.001 sec)

MariaDB [test]> update t1 set name='李四' where id=1;
Query OK, 1 row affected (0.003 sec)
Rows matched: 1  Changed: 1  Inserted: 1  Warnings: 0

MariaDB [test]> SELECT * FROM t1 FOR SYSTEM_TIME BETWEEN (NOW() - INTERVAL 1 HOUR) AND NOW();
+----+------+----------------------------+----------------------------+
| id | name | ts                         | te                         |
+----+------+----------------------------+----------------------------+
|  1 | 张三 | 2021-01-24 23:21:46.083814 | 2021-01-24 23:23:08.856236 |
|  1 | 李四 | 2021-01-24 23:23:08.856236 | 2038-01-19 11:14:07.999999 |
+----+------+----------------------------+----------------------------+
2 rows in set (0.001 sec)
```

图 1-55　查询一小时内的历史数据

方法二：查询指定时间段内的历史数据，命令如下：

```
SELECT * FROM t1 FOR SYSTEM_TIME FROM '2021-01-01 00:00:00' TO '2021-01-25 00:00:00';
```

方法三：查询所有历史数据，命令如下：

```
SELECT * FROM t1 FOR SYSTEM_TIME ALL;
```

（3）恢复历史数据

现在我们已经找到了历史数据"张三"，要将它恢复该怎么办？只需要把它导出来进行恢复即可，命令如下：

```
SELECT id,name FROM t1 FOR SYSTEM_TIME ALL where id = 1 AND name = '张三'  into outfile '/tmp/t1.sql'  FIELDS TERMINATED BY ',' OPTIONALLY ENCLOSED BY '"';
```

上述代码段中两个字段的说明如下。

❑ **FIELDS TERMINATED BY ','**：表示字段的分隔符。

❑ **OPTIONALLY ENCLOSED BY '"'**：表示字符串带双引号。

导入恢复的命令如下：

```
load data infile '/tmp/t1.sql' replace into table t1 FIELDS TERMINATED BY ',' OPTIONALLY ENCLOSED BY '"'  (id,name);
```

至此，数据恢复完毕，过程非常简单，相较于之前用 mysqlbinlog 或自研脚本等工具做闪回，此方法的效率要高得多。

（4）单独存储历史数据

当历史数据与当前数据存储在一起时，势必会增加表占据的存储空间，且当前的数据查询（表扫描和索引搜索）将会花费更多时间，因为需要跳过历史数据。对此，我们可以通过表分区方式将历史数据与当前数据分开并单独存储，以降低版本控制的开销。

继续上面的例子，执行下面的语句：

```
alter table t1
  PARTITION BY SYSTEM_TIME INTERVAL 1 MONTH (
    PARTITION p0 HISTORY,
    PARTITION p1 HISTORY,
    PARTITION p2 HISTORY,
    PARTITION p3 HISTORY,
    PARTITION p4 HISTORY,
    PARTITION p5 HISTORY,
    PARTITION p6 HISTORY,
    PARTITION pcur CURRENT
  );
```

上述代码的意思是：按照月份分割历史数据，今天至一个月后的历史数据放入 p0 分区，次月的历史数据放入 p1 分区，依此类推，第 7 个月的历史数据放入 p6 分区。当前数据则存储在 pcur 分区里。

数据字典表可用于查看每个分区表的数据时间分布状态信息，示例代码如下：

```
SELECT PARTITION_DESCRIPTION,TABLE_ROWS FROM
```

```
information_schema.PARTITIONS WHERE table_schema='hcy' AND
table_name='t1';
```

（5）删除旧的历史数据

系统版本表存储了所有的历史数据。随着时间的推移，历史版本的数据会变得越来越多，为了节省空间，我们可以将最老的历史数据删除。

例如，删除 p0 分区的历史数据的命令如下：

```
ALTER TABLE t1 DROP PARTITION p0;
```

（6）正确的使用方式

通过上述介绍，我们了解了系统版本表的原理。在高并发写入场景下，系统版本表势必会带来性能上的损失，所以要用正确的方式使用该功能。

例如，主库是 MySQL，搭建了一个新的从库 MariaDB，那么，可在该从库上将 InnoDB 表转换为系统版本控制表。这样即使在主库上误删或误改了数据，也可以在 MariaDB 从库上通过版本控制找回。

（7）注意事项

参数 system_versioning_alter_history 必须设置为 KEEP（在 my.cnf 配置文件里就设置好），否则默认系统不能执行 DDL 修改表结构的操作。设置为 KEEP 的命令如下：

```
system_versioning_alter_history = 'KEEP';
```

注意，向表中增加字段时要加上 after 关键字，否则会在 te 字段后出现主从复制同步失败的问题，示例代码如下：

```
alter table t1 add column address varchar(500) after name;
```

mysqldump 工具不会导出历史数据，所以在做备份时，可以通过 Percona XtraBackup 热备份工具来备份物理文件。

搭建从库时，如果使用的是 mysqldump 工具，则需要先导出表结构文件，再导出数据。

1）导出表结构文件，命令如下：

```
mysqldump -S /tmp/mysql3306.sock -uroot -p123456 --single-transaction --compact
-c -d -q -B test > ./test_schema.sql
```

导出表结构文件之后，批量执行 DDL 转换系统版本表，脚本如下：

```
# cat convert.php
<?php
$conn=mysqli_connect("127.0.0.1","admin","123456","test","3306") or die("error
    connecting");
mysqli_query($conn,"SET NAMES utf8");
$table = "show tables";
$result1 = mysqli_query($conn,$table);
while($row = mysqli_fetch_array($result1)){
$table_name=$row[0];
echo "$table_name 表正在转换系统版本表……".PHP_EOL;
$convert_table="
ALTER TABLE {$table_name} ADD COLUMN ts TIMESTAMP(6) GENERATED ALWAYS AS ROW START,
```

```
                ADD COLUMN te TIMESTAMP(6) GENERATED ALWAYS AS ROW END,
                ADD PERIOD FOR SYSTEM_TIME(ts, te),
                ADD SYSTEM VERSIONING";
$result2=mysqli_query($conn,$convert_table);
if($result2){
        echo '成功更改表结构.'.PHP_EOL;
echo ''.PHP_EOL;
}
else{
        echo '更改表结构失败.'.PHP_EOL;
echo ''.PHP_EOL;
}
}
mysqli_close($conn);
?>
```

注意，这里需要安装 php-mysql 驱动，命令如下：

```
# yum install php php-mysql -y
# php convert.php
```

2）导出数据，命令如下：

```
mysqldump -S /tmp/mysql3306.sock -uroot -p123456 --single-transaction
--master-data=2 --compact -c -q -t -B test > test_data.sql
```

注意，DROP DATABASE、DROP TABLE 以及 TRUNCATE TABLE 等操作是无法通过上述方法闪回恢复数据的，切记！

20. 窗口函数可分组提取前 N 条记录

MariaDB 10.2 版本里已实现了窗口函数，MySQL 直到 8.0 版本才开始支持窗口函数。窗口函数的主要作用是简化了复杂 SQL，提高了代码的可读性。

在某些方面，窗口函数类似于聚集函数，但它不像聚集函数那样每组只返回一个值，窗口函数可以为每组返回多个值。

作为一种高级查询功能，窗口函数的实现原理解释起来并非易事，最佳方法是通过示例来介绍。下面就来看看窗口函数是如何实现分组提取前 N 条记录的。

示例代码的表结构如下：

```
CREATE TABLE student (
  id int(11) NOT NULL AUTO_INCREMENT,
  SName varchar(100) DEFAULT NULL COMMENT '姓名',
  ClsNo varchar(100) DEFAULT NULL COMMENT '班级',
  Score int(11) DEFAULT NULL COMMENT '分数',
  PRIMARY KEY (id)
) ENGINE=InnoDB AUTO_INCREMENT=1 DEFAULT CHARSET=utf8;
```

插入数据，命令如下：

```
insert into student(id,SName,ClsNo,Score) values
(1,'AAAA','C1',67),(2,'BBBB','C1',55),(3,'CCCC','C1',67),(4,'DDDD','C1',65),
(5,'EEEE','C1',95),(6,'FFFF','C2',57),(7,'GGGG','C2',87),(8,'HHHH','C2',74),
(9,'IIII','C2',52),(10,'JJJJ','C2',81),(11,'KKKK','C2',67),(12,'LLLL','C2',66),
(13,'MMMM','C2',63),(14,'NNNN','C3',99),(15,'OOOO','C3',50),(16,'PPPP','C3',59),
```

```
(17,'QQQQ','C3',66),(18,'RRRR','C3',76),(19,'SSSS','C3',50),(20,'TTTT','C3',50),
(21,'UUUU','C3',64),(22,'VVVV','C3',74);
```

执行结果如图 1-56 所示。

图 1-56　student 表的查询结果

接下来读取各班前三名的信息，命令如下：

```
SELECT SName,ClsNo,Score,dense_rank()
OVER (PARTITION BY ClsNo ORDER BY Score DESC) AS top3
FROM student;
```

使用窗口函数需要用到 OVER 关键字。dense_rank() 是一个特殊的排名函数，只能作为"窗口函数"使用，不能在没有 OVER 子句的情况下使用。

OVER 子句支持关键字 PARTITION BY，其与 GROUP BY 的工作方式非常相似。使用关键字 PARTITION BY 可以实现按班级分组，并单独计算排名顺序。

执行结果如图 1-57 所示。

由图 1-57 我们可以看到，每个班级都有一个单独的排名顺序。

窗口函数的计算发生在 WHERE、GROUP BY 和 HAVING 子句完成之前。因此这里需要外包一层派生表，以得到最终的排名结果，命令如下：

```
SELECT * FROM
(SELECT SName,ClsNo,Score, dense_rank() OVER (PARTITION BY ClsNo ORDER BY Score
  DESC) AS top3 FROM student) AS tmp
WHERE tmp.top3 <=3 ORDER BY tmp.ClsNO ASC,tmp.Score DESC;
```

执行结果如图 1-58 所示。

图 1-57　窗口函数的查询结果

图 1-58　最终的查询结果

　　使用窗口函数可以非常轻松地实现相应的分析需求，而传统方法则会非常复杂，SQL 理解起来也很困难。

　　若使用传统方法，则需要将 SQL 语句改写为如下形式：

```
SELECT a.id,a.SName,a.ClsNo,a.Score FROM student a
LEFT JOIN student b ON a.ClsNo=b.ClsNo
AND a.Score<b.Score
GROUP BY a.id,a.SName,a.ClsNo,a.Score HAVING COUNT(b.id)<3
ORDER BY a.ClsNo,a.Score DESC;
```

　　执行结果如图 1-59 所示。

　　窗口函数，简单来说就是，对于一个查询 SQL，将其结果集按照指定的规则进行分区，每个分区都可以看作一个窗口，分区内的每一行都可以根据其所属分区内的行数据进行函数计算，并在获取计算结果后，将其作为该行的窗口函数结果值。

```
MariaDB [test]> SELECT a.id,a.SName,a.ClsNo,a.Score FROM student a
    -> LEFT JOIN student b ON a.ClsNo=b.ClsNo
    -> AND a.Score<b.Score
    -> GROUP BY a.id,a.SName,a.ClsNo,a.Score HAVING COUNT(b.id)<3
    -> ORDER BY a.ClsNo,a.Score DESC;
+----+-------+-------+-------+
| id | SName | ClsNo | Score |
+----+-------+-------+-------+
|  5 | EEEE  | C1    |    95 |
|  1 | AAAA  | C1    |    67 |
|  3 | CCCC  | C1    |    67 |
|  7 | GGGG  | C2    |    87 |
| 10 | JJJJ  | C2    |    81 |
|  8 | HHHH  | C2    |    74 |
| 14 | NNNN  | C3    |    99 |
| 18 | RRRR  | C3    |    76 |
| 22 | VVVV  | C3    |    74 |
+----+-------+-------+-------+
9 rows in set (0.002 sec)
```

图 1-59　未使用窗口函数的查询结果

　　窗口函数与组聚合查询类似，都是对一组（分区）记录进行计算，区别在于组聚合查询对一组记录进行计算后，会返回一条记录作为结果，而窗口函数对一组记录进行计算后，这组记录中的每条数据都会有一个对应的结果。

21. 提供了审计日志功能

　　如果数据库里丢失了一条记录，数据库管理员想要追查是谁在什么时候在哪个 IP 执行了 DELETE 操作，然而这个需求在 MySQL 社区版里是无法实现的。

　　审计日志功能能将数据的泄露或删除操作全部记录在案，因此非常适合应用于互联网金融行业。我们需要把审计日志单独存放在一块磁盘上，以避免频繁写入大量日志导致磁盘 I/O 负载过重。

　　安装 MariaDB 审计插件的命令如下：

```
INSTALL PLUGIN server_audit SONAME 'server_audit.so';
```

可通过如下命令验证 MariaDB 审计插件是否安装成功：

```
> select * from information_schema.PLUGINS where PLUGIN_NAME like '%audit%'\G;
*************************** 1. row ***************************
           PLUGIN_NAME: SERVER_AUDIT
        PLUGIN_VERSION: 1.4
         PLUGIN_STATUS: ACTIVE
           PLUGIN_TYPE: AUDIT
   PLUGIN_TYPE_VERSION: 3.2
        PLUGIN_LIBRARY: server_audit.so
PLUGIN_LIBRARY_VERSION: 1.14
         PLUGIN_AUTHOR: Alexey Botchkov (MariaDB Corporation)
    PLUGIN_DESCRIPTION: Audit the server activity
       PLUGIN_LICENSE: GPL
```

```
          LOAD_OPTION: ON
      PLUGIN_MATURITY: Stable
  PLUGIN_AUTH_VERSION: 1.4.10
1 row in set (0.001 sec)
```

以下是审计插件中相关参数的解释。

- server_audit_events = 'CONNECT,QUERY,TABLE'：表示会记录连接进来的 IP、用户名和密码、表的 DML/DDL/DCL 操作等。
- server_audit_logging = ON：表示开启审计日志服务。
- server_audit_incl_users = hechunyang：表示只记录 hechunyang 用户的所有操作。
- server_audit_file_rotate_size = 1G：表示若审计日志文件大小超过定义的 1GB，则会自动轮询以切分日志。
- server_audit_file_path = /data/audit/server_audit.log：表示设置审计日志的路径。
- server_audit_file_rotations = 10：表示保留 10 个审计日志文件。

查看审计日志内容的效果图如图 1-60 所示。

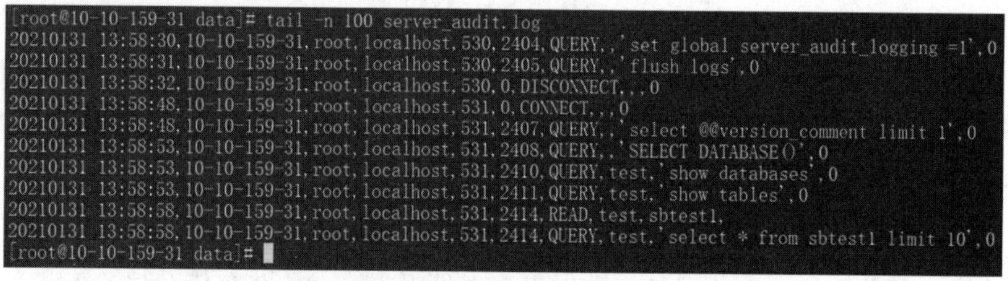

```
[root@10-10-159-31 data]# tail -n 100 server_audit.log
20210131 13:58:30,10-10-159-31,root,localhost,530,2404,QUERY,,'set global server_audit_logging =1',0
20210131 13:58:31,10-10-159-31,root,localhost,530,2405,QUERY,,'flush logs',0
20210131 13:58:32,10-10-159-31,root,localhost,530,0,DISCONNECT,,,0
20210131 13:58:48,10-10-159-31,root,localhost,531,0,CONNECT,,,0
20210131 13:58:48,10-10-159-31,root,localhost,531,2407,QUERY,,'select @@version_comment limit 1',0
20210131 13:58:53,10-10-159-31,root,localhost,531,2408,QUERY,,'SELECT DATABASE()',0
20210131 13:58:53,10-10-159-31,root,localhost,531,2410,QUERY,test,'show databases',0
20210131 13:58:53,10-10-159-31,root,localhost,531,2411,QUERY,test,'show tables',0
20210131 13:58:58,10-10-159-31,root,localhost,531,2414,READ,test,sbtest1,
20210131 13:58:58,10-10-159-31,root,localhost,531,2414,QUERY,test,'select * from sbtest1 limit 10',0
[root@10-10-159-31 data]#
```

图 1-60 审计日志内容

22. 支持二进制日志为行格式，触发器在从库上工作

在传统的认知中，若二进制日志为语句格式，触发器会在从库上工作；如果二进制日志为行格式，触发器则不会在从库上工作，具体说明如下：

使用基于语句的复制，在主服务器上执行的触发器也会在从服务器上执行。使用基于行的复制，在主服务器上执行的触发器不会在从服务器上执行。

上述说明参见 https://dev.mysql.com/doc/refman/8.0/en/replication-features-triggers.html。

在 MariaDB 10.5 版本里，可以通过参数强制设置二进制日志为行格式，触发器在从库上工作，命令如下：

```
set global slave_run_triggers_for_rbr = 'ENFORCE';
```

这样设置的好处是，当你在从库上运行 pt-online-schema-change 修改表结构时，从库的数据与主库将是一致的。具体生产故障案例请参考 3.3.1 节。

注意，MySQL 8.0 不支持该设置。

23. 在 SHUTDOWN 命令中扩展 WAIT FOR ALL SLAVES 选项

正常关闭 mysqld 进程时，主线程将以随机顺序杀死客户端线程。默认情况下，主线程会将二进制日志 Dump 线程也视为常规客户端线程。因此，在客户端线程仍然存在的时候，主线程可能会先杀死二进制日志 Dump 线程，这会导致在正常关闭 mysqld 进程期间，数据不会被复制到从库上，即使开启了半同步复制也是如此，因为半同步复制只会等待一个从库并确认其已经接收且记录了二进制日志事件。

可以使用 SHUTDOWN 命令关闭 mysqld 进程，并使用 WAIT FOR ALL SLAVES 选项来解决此问题。

使用 SHUTDOWN 命令关闭 mysqld 进程的示例如下：

```
SHUTDOWN WAIT FOR ALL SLAVES;
```

或者使用 --wait-for-all-slaves 选项关闭，命令如下：

```
mysqladmin --wait-for-all-slaves shutdown
```

上述命令的意思是，在关闭 mysqld 进程之前，先杀死所有客户端线程，然后等待最后一个二进制日志事件发送到所有连接的从库上，之后再完成关闭。

24. 复制权限发生变化

MariaDB 10.5 版本中，权限进一步细化，以便对每个用户执行的操作进行更细粒度的调整，具体细化列举如下。

❏ SHOW MASTER STATUS 语句更名为 SHOW BINLOG STATUS。
❏ REPLICATION CLIENT 权限更名为 BINLOG MONITOR。
❏ 执行 SHOW BINLOG EVENTS 语句需要有 BINLOG MONITOR 权限。
❏ 执行 SHOW SLAVE HOSTS 语句需要有 REPLICATION MASTER ADMIN 权限。
❏ 执行 SHOW SLAVE STATUS 语句需要有 REPLICATION SLAVE ADMIN 和 SUPER 权限。
❏ 执行 SHOW RELAYLOG EVENTS 语句需要有 REPLICATION SLAVE ADMIN 权限。

在 MariaDB 10.5 之前的版本中，搭建主从复制，赋予账号权限的命令通常是：

```
GRANT REPLICATION SLAVE, REPLICATION CLIENT ON *.* TO 'repl'@'%'
IDENTIFIED BY 'repl';
```

在 MariaDB 10.5 版本里，赋予账号权限的命令改为：

```
GRANT REPLICATION SLAVE, REPLICATION SLAVE ADMIN, REPLICATION MASTER
ADMIN, REPLICATION SLAVE ADMIN, BINLOG MONITOR, SUPER
ON *.* TO 'repl'@'%' IDENTIFIED BY 'repl';
```

25. 通过 Replication 设置同步复制过滤不用重启 mysqld 服务进程

在 MariaDB 早期的版本里，设置同步复制过滤时（例如，设置忽略掉 test 库的 t2 表），需要在 my.cnf 配置文件里增加如下语句：

```
replicate-ignore-table=test.t2
```

设置之后，需要重启 mysqld 服务进程才能生效。

MariaDB 10.5 支持在线动态修改，即不必重启 mysqld 进程，设置也能生效。示例代码如下：

```
stop slave;
set global replicate_ignore_table = 'test.t2';
start slave;
```

注意，MariaDB 设置同步复制过滤与 MySQL 的实现方式不同，关于这一点，在第 2 章讲解 MySQL 8.0 新特性的时候还会详细介绍。

26. MariaDB GTID 复制总览

（1）GTID 复制概述

全局事务 ID（Global transaction ID，GTID）为每个事件组（Event Group，就是一系列事件组成的一个原子单元，要么一起提交，要么全都无法提交）引入了一个标识，因此 GTID 是标识"事务"的最佳方式（尽管事件里面还包含一些非事务的 DML 语句和 DDL，它们也可以作为一个单独的事件组）。每当将一个事件组从主库复制到从库时，它的 GTID 就会通过 GTID 事件传到从库中。因为每个 GTID 在整个复制拓扑结构中都是唯一标志，所以这就使得在不同的实例之间识别相同的二进制日志事件变得非常简单，然而在有 GTID 之前，想要做到这点却很困难。

GTID 复制出现在 MariaDB 10.0 版本中，它由域 ID、服务 ID、事务序列号三部分组成。MariaDB 的 GTID 复制原理与 MySQL 5.7 的相同，但实现方法却不同。

注意，使用多源复制的时候，一个从库同时会连上多个主库，每个主库都应该配置一个不同的域 ID。

（2）GTID 的优势

使用 GTID 有两个主要的优势，具体说明如下。

1）在级联复制、一主多从等复杂的场景下，使用 GTID 可以更简单地将一个从库的复制源修改到另一个主库上，而不用人工寻找复制的起始位点。

主从切换后，在传统的方式里，需要先找到二进制日志和 POS 点，然后通过命令 change master to 指向新的主库。经验不足的运维人员往往很容易找错复制的起始位点，从而导致主从同步复制报错。启动 GTID 复制之后，不必再查找二进制日志和 POS 点了，只需要知道主库的 IP、端口和账号密码即可，因为同步复制是自动进行的，其会通过内部机制 GTID 自动找点同步。

2）支持从库崩溃后安全恢复。

官网建议用 GTID 复制模式代替传统复制模式，传统复制模式是不支持从库崩溃后安全恢复的。

系统内部的 MySQL 中有一张 gtid_slave_pos 表，存放着 gtid 信息（在安装初始化时，

gtid_slave_pos 表就已经是 InnoDB 引擎了）。

从库崩溃后安全恢复的实现机制如下：

```
START TRANSACTION;
-- Statement 1
-- ...
-- Statement N
-- Update replication info
COMMIT;
```

这样一来，sql_thread 线程执行完事务后会立即更新 gtid_slave_pos 表，如果在更新过程中宕机，事务将会回滚，gtid_slave_pos 表并不会记录同步的点，下次重新同步复制时，将从之前的 POS 点开始再次执行。

另外，relay_log_recovery 参数的作用是：从库宕机后，假如因为中继日志的损坏而导致一部分中继日志没有处理，则从库将自动放弃所有未执行的中继日志，并重新从主库上获取日志，这样就保证了中继日志的完整性。默认情况下该功能是关闭的，将 relay_log_recovery 的值设置为 1 时，可在从库上开启该功能（建议开启）。

基于上述的这两个优势，建议使用 GTID 复制。除此之外，传统的基于二进制日志文件位置的复制方式和 GTID 的复制方式在 MariaDB 中是可以平滑切换的。

（3）GTID 的应用

GTID 默认是自动打开的，每个事件组写到二进制日志中时都会先收到一个 GTID_EVENT，通过 MariaDB 的 mysqlbinlog 工具或者 SHOW BINLOG EVENTS 命令可以看到这个事件。

从库自动记录了最后一次应用的事件组的 GTID，这可以通过 gtid_slave_pos 变量来查看，命令如下：

```
SELECT @@GLOBAL.gtid_slave_pos
0-1-1
```

当从库连接到主库时，可以选择使用 GTID 方式，或者使用原来的文件位置的方式来判断起始的复制点位。如果使用 GTID 方式复制，那么在执行 CHANGE MASTER 命令的时候，可以使用 master_use_gtid 选项来设置，命令如下：

```
CHANGE MASTER TO master_use_gtid = { slave_pos | current_pos | no }
```

在上述命令中，slave_pos 和 current_pos 选项的区别如下。

1）slave_pos 可以理解为断点续传，这里需要事先设置一个 GTID 复制位置，命令如下：

```
SET GLOBAL gtid_slave_pos='0-33121-5';
```

然后，从后面的全局事务 ID 号开始继续同步复制，slave_pos 通常是搭建一个新的从库所要使用的选项。

使用 mysqldump 设置新的从库时，它会自动完成这项工作，并且把 GTID 事务号写入导出文件中，只要设置 "--master-data" 或 "--dump-slave" 选项即可。

2）current_pos 是指不改变 GTID 复制位置。假设我们设置了两个实例 A 和 B，并且将 A 设置为主库，将 B 设置为 A 的从库。运行一段时间后，关闭 A，让 B 成为新的主库，然后运行一段时间，再把 A 加回来，使其作为 B 的从库。由于 A 之前从未作为从库，因此它没有记录任何之前复制的 GTID，所以"@@gtid_slave_pos"是空的。如果要让 A 自动加为从库，可以使用"master_use_gtid=current_pos"这个方法。这样一来，在连接的时候，从库会把"@@gtid_current_pos"存储的 GTID 发送给主库，而不是"@@gtid_slave_pos"，如此就把 A 做主库时产生的最后一个 GTID 发送给了 B，然后会从这个位置开始复制。

从库会保存"master_use_gtid=slave_pos|master_pos"的信息，以便为后续的连接提供相关信息，当前的复制方式可以通过"SHOW SLAVE STATUS"的 Using_Gtid 列来判断，命令如下：

```
SHOW SLAVE STATUS\G
...
Using_Gtid: Slave_pos
```

（4）MariaDB 与 MySQL GTID 的使用方式不同

1）MariaDB 支持热切换 GTID。它不像 MySQL 5.7，需要关闭 GTID 的相关参数才能进行切换，它提供了更简单的热切换方式。

MariaDB 可将 GTID 复制模式直接切换为传统的复制模式，命令如下：

```
> CHANGE MASTER TO master_use_gtid = no;
```

2）MariaDB 可直接跳过同步复制报错。

MariaDB 也可以像传统复制那样，直接跳过报错，如：

```
stop slave;set global sql_slave_skip_counter=1;start slave;
```

早期 pt-slave-restart 工具不支持 MariaDB，会报如下错误：

```
# pt-slave-restart -S /tmp/mariadb.sock --skip-count 1
DBD::mysql::db selectrow_arrayref failed: Unknown system variable
'gtid_mode' [for Statement "SELECT @@GLOBAL.gtid_mode"] at
/usr/local/bin/pt-slave-restart line 5008.
```

按如下方式修改代码，pt-slave-restart 工具即可支持 MariaDB：

```
<    if ( VersionParser->new($dbh) >= '5.6.5' ) {
--- 改成
>    if ( VersionParser->new($dbh) >= '5.6.5' && VersionParser->new($dbh)
<= '10.0.0' ) {
```

27. MariaDB 半同步复制的改进

半同步复制即主库在应答客户端提交的事务之前，需要保证至少有一个从库能够接收此事务并写到中继日志中。关于半同步复制的说明如下：

❑ 半同步复制插件内置在 MariaDB 服务器中。这就意味着不用再通过 INSTALL SONAME

'semisync_master' 和 INSTALL SONAME 'semisync_slave' 命令安装插件了。

❑ 新增参数 rpl_semi_sync_slave_kill_conn_timeout，默认为 5 秒。即如果从库连接超时，则会自动断开 io_thread 的连接进程。

❑ 新增参数 read_binlog_speed_limit，允许限制从库从主库读取二进制日志的速度（腾讯游戏提供的代码）。在某些情况下，从库从主库读取二进制日志的速度很快，尤其是在创建新从库的时候，它会给主库带来很高的流量。该参数的值默认为 0 字节，即不限制。

28. 并行复制

下面先来介绍一下并行复制的演进历程。

最早的主从复制只有两个线程：I/O 线程负责从主库接收二进制日志，并保存在本地的中继日志中；SQL 线程负责解析和重放中继日志中的事件。当主库并行写入压力较大时，备库 I/O 线程一般不会产生延迟，由于写中继日志是顺序写，但是 SQL 线程重放的速度经常跟不上主库写入的速度，因此会造成主从复制延迟。如果延迟过大，中继日志一直在从库堆积，则还可能会导致磁盘被占满等问题。

为了缓解这种情况，很自然的想法是提高 SQL 线程重放的并行度，并引入并行复制。MariaDB 的并行复制有三种实现模式，具体说明如下。

第一种：保守模式的有序并行复制。

可在从库上将 slave_parallel_mode 系统变量设置为有序并行复制的保守模式，命令如下：

```
stop slave;
set global slave_parallel_mode = 'conservative';
start salve;
```

MariaDB 10 基于二进制日志组的提交方式实现了多线程并行复制技术。如果主库上 1 秒内有 10 个事务，那么合并一个 I/O 就会提交一次，并在二进制日志里增加一个 cid = XX 的标记，只有在 cid 的值是一样的之后，从库才可以进行并行复制，才可以通过设置多个 sql_thread 线程来实现该方法，如图 1-61 所示。

```
Here is example output from mysqlbinlog that shows how GTID events are marked with commit id. The GTID 0-1-47 has
no commit id, and can not run in parallel. The GTIDs 0-1-48 and 0-1-49 have the same commit id 630, and can thus
replicate in parallel with one another on a slave:

#150324 12:54:24 server id 1  end_log_pos 20052          GTID 0-1-47 trans
...
#150324 12:54:24 server id 1  end_log_pos 20212          GTID 0-1-48 cid=630 trans

#150324 12:54:24 server id 1  end_log_pos 20372          GTID 0-1-49 cid=630 trans
```

图 1-61　保守模式的有序并行复制

图 1-61 中，cid 为 630 的事务有 2 个，表示组提交时提交了 2 个事务。假如设置 slave_parallel_threads =24（24 为并行复制的线程数，可以根据 CPU 的核数进行设置），那么这 2

个事务就会在从库上通过 24 个 sql_thread 线程进行并行恢复。要说明的是，只有那些被自动确认为不会引起冲突的事务才会并行执行，从而确保从库上的事务提交与主库上的事务提交顺序一致。这些操作是完全透明的，无须数据库管理员干涉。

如果想控制二进制日志组的提交数量，可以通过设置以下两个参数来实现。

```
binlog_commit_wait_count = 5
binlog_commit_wait_usec = 10000
```

上述参数设置解释如下：在 binlog_cache_size 里，只有当队列里的事务数大于等于 5，或者等待的时间超过了 10 毫秒时，才会触发 sync 刷盘到二进制日志文件里。

第二种：乐观模式的有序并行复制。

在从库上将 slave_parallel_mode 系统变量设置为有序并行复制的乐观模式，命令如下：

```
stop slave;
set global slave_parallel_mode = 'optimistic';
start salve;
```

任何事务的 DML 语句（插入、更新、删除）都可以并行运行，直到达到参数 slave_parallel_threads 的限制值。在从库中，这可能会导致事务提交冲突，如果两个事务试图修改同一行，那么在检测到这样的冲突后，两个事务中的后者将会被回滚，以便前者继续提交，一旦前者提交完成，后者的事务就会重新尝试提交。

第三种：无序并行复制。

无序并行复制意味着从库上执行事务的顺序与主库不一致。在生产环境中，该模式通常用于增加索引或字段等。图 1-62 清晰地展示了无序并行复制的工作原理。

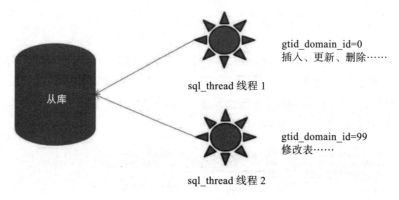

图 1-62　无序并行复制工作原理

第一步，通过在主库上设置参数 SET SESSION gtid_domain_id=99；创建一个临时域 id。

第二步，在 gtid_domain_id 域的 id 会话里执行 ALTER TABLE ADD INDEX，增加索引。

第三步，假定一个场景，会话一在表 A 上增加索引，会话二没操作 A 表，且两个会话的 gtid_domain_id 不同，则事务可以在从库上并行复制。

只有开启了 GTID，才能实现无序并行复制。

单线程复制和多线程复制的官方性能测试对比图如图 1-63 所示。

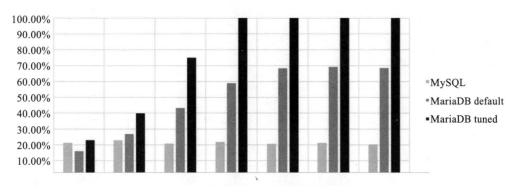

图 1-63　单线程和多线程复制性能对比

由图 1-63 我们可以看到，随着并行复制线程的增加，从库每秒写入的速度接近于主库。

29. 多源复制

多源复制一般用于实现数据分析部门的需求，即将多个系统的数据汇聚到一台服务器上进行 OLAP 分析和计算，如图 1-64 所示。

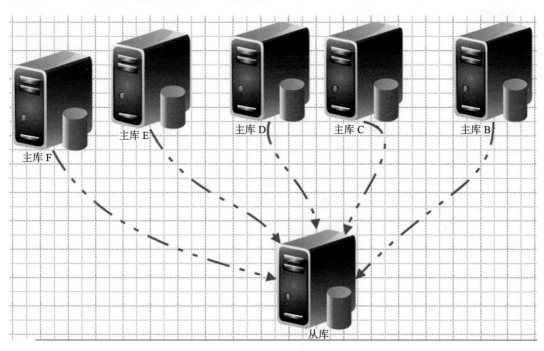

图 1-64　多源复制架构

下面就来介绍 MariaDB 10 多源复制的搭建方法。

1）创建通道，命令如下：

```
mysql > SET @@default_master_connection = ${connect_name};
```

注意，${connect_name} 为自定义连接的名字。

2）建立同步复制，命令如下：

```
mysql > CHANGE MASTER ${connect_name} TO
MASTER_HOST='192.168.1.10',MASTER_USER='repl',MASTER_PA
SSWORD='repl',MASTER_PORT=3306,MASTER_LOG_FILE='mysql-
bin.000001',MASTER_LOG_POS=4,MASTER_CONNECT_RETRY=1
0;
```

3）启动多源复制，命令如下：

```
mysql > START  SLAVE  ${connect_name};
mysql > START  ALL  SLAVES;
```

4）停止多源复制，命令如下：

```
mysql > STOP  SLAVE  ${connect_name};
mysql > STOP  ALL  SLAVES;
```

5）查看从库状态，命令如下：

```
mysql > SHOW  SLAVE  ${connect_name}  STATUS;
mysql > SHOW  ALL  SLAVES  STATUS;
```

6）清空同步信息和日志，命令如下：

```
mysql > RESET  SLAVE  ${connect_name}  ALL;
```

7）刷新中继日志，命令如下：

```
mysql > FLUSH  RELAY  LOGS  ${connect_name};
```

注意，使用多源复制的时候，一个从库会同时连上多个主库，每个主库都应该配置一个不同的域 ID。

30. mysqlbinlog 的 flashback 功能可实现 DML 的闪回操作

对于数据库而言，误操作是很危险的，不幸的是，误操作又是很难完全避免的。对此，除了规范数据库管理员的操作之外，还需要有一个非常好用的闪回工具来处理误操作的问题。之前有同行发表过相关的文章，介绍了诸如 binlog2sql 和姜承尧开发的增强版 mysqlbinlog 工具，而 MariaDB 官方提供的 mysqlbinlog 工具同样也具备闪回功能。

下面就来测试如何使用 MariaDB 提供的 flashback 功能完成闪回操作，其参数设置要求如下。

❏ binlog_format=ROW

❏ binlog_row_image=FULL

请注意，flashback 功能只支持 DML 操作（如插入、删除、更新），不支持 DDL 闪回。

MariaDB 中的 mysqlbinlog 工具提供了如下特有的参数。

❏ -B,--flashback：闪回功能可用于将提交的数据回滚到特定时间点。

❏ -T,--table=name：指定单张表闪回。

其他参数与普通的 mysqlbinlog 一样。

测试命令如下：

```
MariaDB [(none)]> select * from test.t1;
+---+------+
| a | b    |
+---+------+
| 1 | a    |
+---+------+
1 row in set (0.000 sec)
MariaDB [test]> update t1 set b='b' where a=1;
Query OK, 1 row affected (0.003 sec)
Rows matched: 1  Changed: 1  Warnings: 0
```

这里我们将字段 b 的值改为 'b'。

单表闪回，命令如下：

```
# /usr/local/mariadb/bin/mysqlbinlog -vv -d test -T t1 -B mysql-bin.000003 >
rollback.sql
```

输出下面的信息：

```
#210224 23:00:12 server id 33121  end_log_pos 480 CRC32 0x65272714 Annotate_rows:
#Q> update t1 set b='b' where  a=1
#210224 23:00:12 server id 33121  end_log_pos 528 CRC32 0xae436b9b Table_map:
  `test`.`t1` mapped to number 197
# Number of rows: 1
#210224 23:00:12 server id 33121  end_log_pos 812 CRC32 0xe15ce0a9 Annotate_rows:
#Q> BINLOG '
#Q> /Gk2YBNhgQAAMAAAABACAAAAAMUAAAAAAAEABHRlc3QAAnQxAAIDDwLwLwAAKba0Ou
#Q> /Gk2YBhhgQAAMAAAAEACAAAAAMUAAAAAAAEAAv///AEAAAABYvwBAAAAAWHWeC2E
#210224 23:00:12 server id 33121  end_log_pos 860 CRC32 0xd19b559d Table_map:
  `test`.`t1` mapped to number 197
# Number of rows: 1
#210224 23:00:12 server id 33121  end_log_pos 939 CRC32 0x7f19bb6c Xid = 2784
START TRANSACTION/*!*/;
#210224 23:00:12 server id 33121   end_log_pos 908 CRC32 0xf243610d Update_rows:
  table id 197 flags: STMT_END_F
BINLOG '
/Gk2YBNhgQAAMAAAAFwDAAAAAMUAAAAAAAEABHRlc3QAAnQxAAIDDwLwLwAAKdVZvR
/Gk2YBhhgQAAMAAAAIwDAAAAAMUAAAAAAAEAAv///AEAAAABYfwBAAAAAWINYUPy
'/*!*/;
### UPDATE `test`.`t1`
### WHERE
###   @1=1 /* INT meta=0 nullable=0 is_null=0 */
###   @2='a' /* VARSTRING(240) meta=240 nullable=1 is_null=0 */
### SET
###   @1=1 /* INT meta=0 nullable=0 is_null=0 */
###   @2='b' /* VARSTRING(240) meta=240 nullable=1 is_null=0 */
COMMIT
/*!*/;
#210224 23:00:12 server id 33121  end_log_pos 607 CRC32 0x8417f99d Xid = 2776
START TRANSACTION/*!*/;
#210224 23:00:12 server id 33121  end_log_pos 576 CRC32 0x842d78d6
       Update_rows: table id 197 flags: STMT_END_F
BINLOG '
/Gk2YBNhgQAAMAAAABACAAAAAMUAAAAAAAEABHRlc3QAAnQxAAIDDwLwLwAAKba0Ou
/Gk2YBhhgQAAMAAAAEACAAAAAMUAAAAAAAEAAv///AEAAAABYvwBAAAAAWHWeC2E
```

```
'/*!*/;
### UPDATE `test`.`t1`
### WHERE
###   @1=1 /* INT meta=0 nullable=0 is_null=0 */
###   @2='b' /* VARSTRING(240) meta=240 nullable=1 is_null=0 */
### SET
###   @1=1 /* INT meta=0 nullable=0 is_null=0 */
###   @2='a' /* VARSTRING(240) meta=240 nullable=1 is_null=0 */
COMMIT
/*!*/;
COMMIT
/*!*/;
DELIMITER ;
# End of log file
ROLLBACK /* added by mysqlbinlog */;
```

注意，加粗字体表示已经生成了反向 SQL 语句。

恢复操作的命令如下：

```
/usr/local/mariadb/bin/mysql -S /tmp/mysql_mariadb.sock -p123456 < rollback.sql
```

如果已经知道了数据回滚的确切位置，则可以使用 --start-position 代替 --start-datetime。然后导入输出文件（mysql < flashback.sql），将表闪回到指定的时间或位置。

31. 支持二进制日志压缩

可以压缩的二进制日志通常是相当大的事件，例如，二进制日志格式为行的 DML 事件。

压缩操作是完全透明的，在将事件写入二进制日志之前，先在主库上对其进行压缩，将其写入中继日志之后，从库上的 I/O 线程会对其进行解压缩。

当前采用的压缩算法是 zlib，参数 log_bin_compress 可用于启用二进制日志事件压缩，命令如下：

```
set global log_bin_compress = 1;
```

除非磁盘空间和网络带宽受到限制，否则不建议进行压缩，因为压缩操作会对性能造成一定的影响。

32. 二进制日志以行格式记录 SQL 语句

binlog_format 设置为行格式时，早期的 MariaDB 版本是不会记录 SQL 语句的，如果想要查看具体执行的 SQL 语句，则只能开启审计日志。现在，可以通过新的选项 binlog_annotate_row_events 来解决这个问题，命令如下：

```
set global binlog_annotate_row_events = 1;
```

查看 mysqlbinlog 的信息，示例如下：

```
# at 385
#210227 13:30:09 server id 33121  end_log_pos 427 CRC32 0xbbffa93b GTID 0-33121-
  636 trans
/*!100101 SET @@session.skip_parallel_replication=0*//*!*/;
/*!100001 SET @@session.gtid_domain_id=0*//*!*/;
/*!100001 SET @@session.server_id=33121*//*!*/;
```

```
/*!100001 SET @@session.gtid_seq_no=636*//*!*/;
START TRANSACTION
/*!*/;
# at 427
# at 487
#210227 13:30:09 server id 33121  end_log_pos 487 CRC32 0x3f641cd8 Annotate_rows:
#Q> insert into t1 values(2,'hechunyang')
#210227 13:30:09 server id 33121  end_log_pos 535 CRC32 0xab5c7bdc
        Table_map: `test`.`t1` mapped to number 197
# at 535
#210227 13:30:09 server id 33121  end_log_pos 584 CRC32 0x74c9cdeb
        Write_rows: table id 197 flags: STMT_END_F
BINLOG '
4dg5YBNhgQAAMAAAABcCAAAAAMUAAAAAAAEABHRlc3QAAnQxAAIDDwLwLwAALce1yr
4dg5YBdhgQAAMQAAAEgCAAAAAMUAAAAAAAEAAv/8AgAAAApoZWNodW55YW5n683JdA==
'/*!*/;
### INSERT INTO `test`.`t1`
### SET
###   @1=2 /* INT meta=0 nullable=0 is_null=0 */
###   @2='hechunyang' /* VARSTRING(240) meta=240 nullable=1 is_null=0 */
# Number of rows: 1
# at 584
#210227 13:30:09 server id 33121  end_log_pos 615 CRC32 0x7e8b3c45 Xid = 6263
COMMIT/*!*/;
DELIMITER ;
# End of log file
ROLLBACK /* added by mysqlbinlog */;
```

注意，加粗字体表示已经打印出了具体的 SQL 语句。

1.4.3　InnoDB 存储引擎层的改进

在 MariaDB 10.3.7 及更高版本中，InnoDB 的实现与 MySQL 中的 InnoDB 有了很大区别。在这些版本中，InnoDB 不再与 MySQL 发行版本相关联。

1. 通过 INSTANT ADD COLUMN 实现亿级大表毫秒内加删字段

向表中添加字段是一件令人痛苦的事情，因为需要重建表，尤其是数据量上亿的大表。每当碰到这种需求，数据库管理员就会向开发人员反馈，表实在太大，无法添加新的字段，因此开发人员又不得不重新调整业务逻辑，这势必又会增加工作量。

虽然在线 DDL 可以避免锁表，但如果在主库上执行时长长达 30 分钟，那么再复制到从库上执行时，主从复制就会出现延迟。在这种情况下，使用 INSTANT ADD COLUMN 特性，只需要几秒的时间，字段就能加载好，数据管理员可以享受像 MongoDB 那样的非结构化存储带来的便利，这在无形中也减少了开发人员的工作量。

不过，使用该特性需要注意以下几个方面的限制。

❑ 如果指定了 AFTER，则字段必须是在最后一列，否则需要重新建表。

❑ 不适用于 ROW_FORMAT = COMPRESSED 的情况。

❑ 通过 modify 修改字段属性需要重新建表。

MariaDB 10.5 支持对 drop column 删除字段采用 ALGORITHM=INSTANT 算法。示例

代码如下：

```
alter table t1 drop column b,ALGORITHM=INSTANT;
```

执行结果如图 1-65 所示。

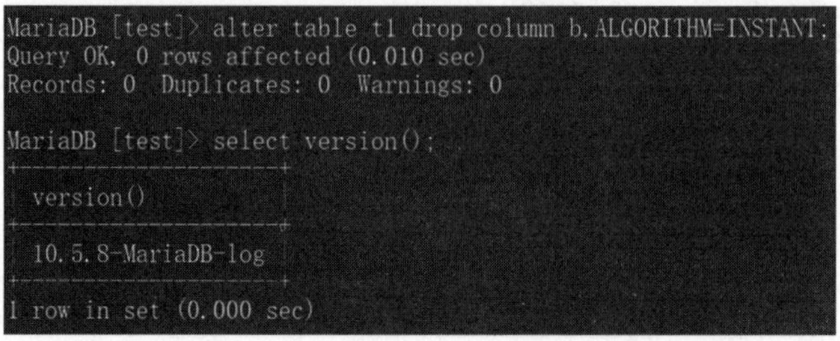

```
MariaDB [test]> alter table t1 drop column b,ALGORITHM=INSTANT;
Query OK, 0 rows affected (0.010 sec)
Records: 0  Duplicates: 0  Warnings: 0

MariaDB [test]> select version();
+---------------------+
| version()           |
+---------------------+
| 10.5.8-MariaDB-log  |
+---------------------+
1 row in set (0.000 sec)
```

图 1-65 MariaDB 10.5 支持对 drop column 采用 INSTANT 算法

MySQL 8.0.22 版本不支持该算法，如图 1-66 所示。

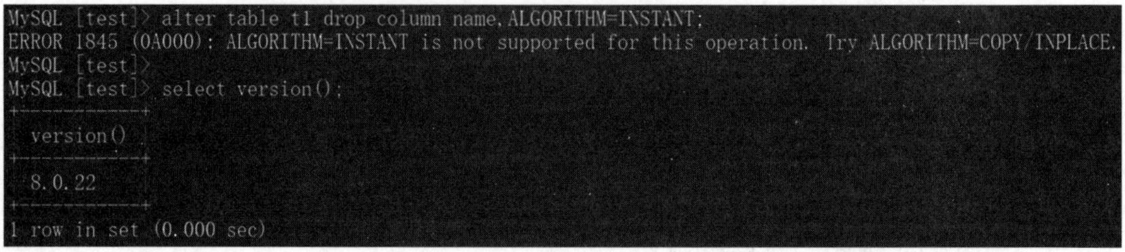

```
MySQL [test]> alter table t1 drop column name,ALGORITHM=INSTANT;
ERROR 1845 (0A000): ALGORITHM=INSTANT is not supported for this operation. Try ALGORITHM=COPY/INPLACE.
MySQL [test]>
MySQL [test]> select version();
+-----------+
| version() |
+-----------+
| 8.0.22    |
+-----------+
1 row in set (0.000 sec)
```

图 1-66 MySQL 8.0 不支持对 drop column 采用 INSTANT 算法

2. 支持采用 INSTANT 算法将字符集 utf8 更改为 utf8mb4

字符集 utf8mb4 兼容 utf8，且能比 utf8 存储更多的字符。如果想要存储 Emoji 表情（Emoji 是一种特殊的 Unicode 编码，常见于 iOS 和 Android 手机），则需要将数据库默认字符集由 utf8 更改为 utf8mb4。

MariaDB 支持表的某一字段或整张表在变更表结构时，采用 ALGORITHM=INSTANT 算法（只修改字典信息）将其字符集 utf8 转换为 utf8mb4。示例代码如下：

```
alter table t1 change name name varchar(100) CHARSET
utf8mb4,ALGORITHM=INSTANT;
```

执行结果如图 1-67 所示。

MySQL 8.0.22 版本不支持该算法，如图 1-68 所示。

这里需要注意以下两点。

- 反过来，将 utf8mb4 转换为 utf8 时，不能采用 INSTANT 算法的。
- 如果字段是拉丁文，那么 utf8 与 utf8mb4 的相互转换都不能采用 INSTANT 算法。

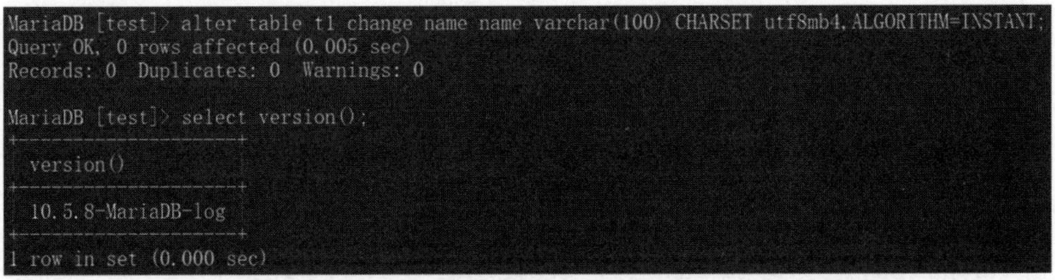

图 1-67　MariaDB 10.5 支持采用 INSTANT 算法更改字符集

图 1-68　MySQL 8.0 不支持采用 INSTANT 算法更改字符集

3. 支持采用 INSTANT 算法更改字段名

在 MariaDB 中更改字段名时，可采用 INSTANT 算法，具体命令如下：

```
ALTER TABLE t1 RENAME COLUMN c_old TO c_new,ALGORITHM=INSTANT;
```

上面的命令执行结果如图 1-69 所示。

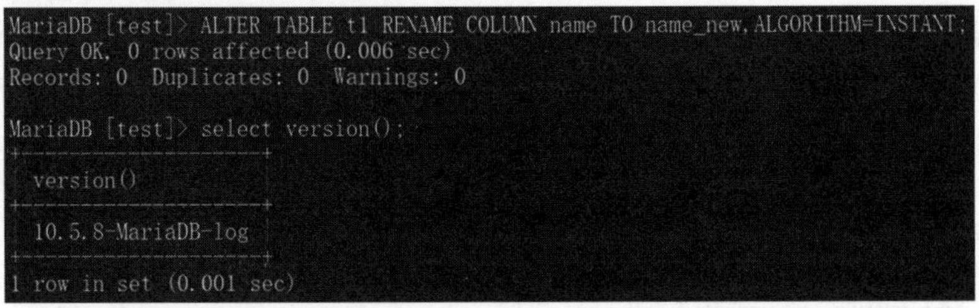

图 1-69　更改字段名采用了 INSTANT 算法

注意，MySQL 8.0 也已支持该语法。

4. 支持采用 INSTANT 算法更改字段长度

在 MariaDB 中更改字段长度时，可采用 INSTANT 算法。例如调整 varchar(256) 的长度，这里的 256 指字节。

示例表结构如下：

```
CREATE TABLE t1 (
  id int(11) DEFAULT NULL,
  cid int(11) DEFAULT NULL,
  name varchar(60) DEFAULT NULL,
```

```
  KEY IX_cid (cid)
) ENGINE=InnoDB DEFAULT CHARSET=utf8;
```

DDL 的变更语句（秒级更改）如下：

```
alter table t1 modify name varchar(80) DEFAULT NULL, ALGORITHM=INSTANT;
```

这里需要注意以下两点。

❑ 由 varchar(60) 减少到 varchar(40) 不能使用 INSTANT 算法。

❑ 大于 varchar(256) 时无法使用 INSTANT 算法。

注意，只能对 varchar 类型采用 INSTANT 算法，该特性对 char 和 int 是无效的，使用它们时依然需要复制数据且锁表。

5. 支持 InnoDB 表空间数据碎片整理

对 InnoDB 执行修改操作时，例如，删除一些行，这些行只是被标记为"已删除"，并没有真的从索引中进行物理删除，因而空间也没有真的被释放和回收。InnoDB 的 Purge 线程虽然会异步清理这些被标记为"已删除"的索引键和行，但是依然没有把这些释放出来的空间还给操作系统。

为了提升数据库的性能，需要经常整理数据。通常在清理之后，数据文件会缩小，数据之间会重新排序，这对于查询性能的提升非常有利。

如果发现数据的物理文件大小与数据字典统计的数据大小差异过大，就表示要整理碎片了。那么如何定期整理数据碎片呢？通常的做法是使用命令 OPTIMIZE TABLE 或 ALTER TABLE \<table\> ENGINE=InnoDB（必须为独立表空间），该方法会以复制旧表的方式创建一个新表，然后删除旧表，相当于是进行了一次导出导入、重建新表的操作。

MariaDB 在 10.1 版本里合并了 Facebook 的碎片整理代码。启用新的整理算法需要把下面的配置加到 my.cnf 配置文件中：

```
[mysqld]
innodb-defragment = 1
#打开或关闭InnoDB碎片整理算法
innodb_defragment_n_pages = 16
#确定一次性读取多少个页面进行合并整理操作。取值范围是2~32，默认值是7
```

这样配置以后，新的碎片整理算法就会替代原有的 OPTIMIZE TABLE 算法，从而减少 OPTIMIZE TABLE 的操作时间，而且不会生成新的表，也不需要把旧表的数据复制到新表中。新的算法会载入 n 个页面，并尝试把上面的记录紧凑地合并到一起，从而释放完全空了的页面。

以下是状态参数说明。

❑ Innodb_defragment_compression_failures：整理碎片时，重新压缩页面失败的次数。

❑ Innodb_defragment_failures：整理操作失败的次数（例如，没有可压缩的页面）。

❑ Innodb_defragment_count：整理操作的次数。

6. InnoDB 存储引擎加密

MariaDB 支持给本地 InnoDB 数据文件加密，如果密钥存储在另外一个系统上，则对表进行加密后，几乎没有人可以访问或窃取硬盘中的原始数据，加密后，日常的读写操作会减少 3% ~ 5% 的性能开销。

MySQL 的数据文件加密与 MariaDB 的实现方式略有不同。

（1）InnoDB 加密概述

MariaDB 支持使用 InnoDB 和 XtraDB 存储引擎对表进行静态数据加密操作。启用此功能后，服务器会在将数据写入文件时对其执行加密操作，从文件系统读取数据时则对其执行解密操作。可以将 InnoDB 加密配置为自动对所有新的 InnoDB 表进行加密，或者为针对每个表分别加密。

（2）启用 InnoDB 加密

为了使用 InnoDB 存储引擎对表启用静态数据加密，首先需要加载密钥管理插件。完成此操作之后，可以通过设置 innodb_encrypt_tables 系统变量来加密 InnoDB 系统和文件表空间，并设置 innodb_encrypt_log 系统变量来加密 InnoDB 重做日志。

设置完成后，即可为服务器上的 InnoDB 表启用加密功能。使用该功能之前，还需要使用 ENCRYPTION_KEY_ID 表选项来设置加密密钥，并设置 ENCRYPTED 表选项以启用加密功能。

（3）加密密钥的管理

MariaDB 提供了三种加密密钥管理方案，具体如下。

❑ 使用文件密钥管理插件。

❑ 使用 AWS 密钥管理插件。

❑ 使用 Eperi 密钥数据库网关管理插件。

这些插件既要负责加密密钥的管理，又要负责数据的实际加密和解密操作。

本书使用文件密钥管理插件作为解决方案。

（4）安装文件密钥管理插件

第一步，编辑 my.cnf 配置文件，加入如下参数：

```
[mysqld]
# 文件密钥管理
plugin_load_add = file_key_management
loose_file_key_management = ON
loose_file_key_management_filename = /data/mysql/mariadb/encryption/keyfile.enc
loose_file_key_management_filekey = FILE:/data/mysql/mariadb/encryption/keyfile.key
loose_file_key_management_encryption_algorithm = AES_CTR
```

第二步，创建加密密钥。在使用文件密钥管理插件对数据库进行加密操作之前，需要先创建一个包含加密密钥的文件。其中包含如下两个信息：一个是十六进制编码格式的加密密钥，另一个是 32 位的密钥标识符。

在 /data/mysql/mariadb/ 目录下创建一个新的文件夹 encryption，并使用 OpenSSL 实用

程序随机生成 1 个 Hex 字符串，然后将输出的结果重定向到 keys 文件夹中的一个新文件，输入以下命令：

```
#cd /data/mysql/mariadb/encryption/
#echo "1;$(openssl rand -hex 32)" >> keyfile
```

其中，1 是密钥标识符，这里将密钥标识符包含在内，以便在 MariaDB 中使用变量 innodb_default_encryption_key_id 创建一个加密密钥的引用，输出文件如下：

```
# cat keyfile
1;3ee8ac34b87f5e8e906e366c6f488d3e0960940039405f20a5a9f426a26c8b48
```

第三步，加密密钥文件。在这个过程中，首先使用随机生成的密码对之前创建的密钥执行加密操作。密钥大小可以是 128 位、192 位到 256 位不等。加密密钥文件的命令如下：

```
#cd /data/mysql/mariadb/encryption/
#openssl rand -hex 128 > keyfile.key
```

使用上面创建的加密密钥，我们可以在终端使用 openssl enc 命令将 enc_key.txt 文件加密为 enc_key.enc。另外，MariaDB 只支持 AES 的 CBC 模式加密密钥，命令如下：

```
#cd /data/mysql/mariadb/encryption/
# openssl enc -aes-256-cbc -md sha1 \
   -pass file:keyfile.key \
   -in keyfile \
   -out keyfile.enc
```

接下来，我们修改密码和加密文件的权限，示例代码如下：

```
# chown -R mysql.mysql /data/mysql/mariadb/encryption/*
```

（5）InnoDB 的加密配置

完成 InnoDB 的加密配置时，先编辑 my.cnf 配置文件，加入如下参数：

```
[mysqld]
# InnoDB/XtraDB Encryption
innodb_encrypt_tables = ON
innodb_encrypt_temporary_tables = ON
innodb_encrypt_log = ON
innodb_encryption_threads = 4
innodb_encryption_rotate_key_age = 1
```

然后重新启动数据库服务，命令如下：

```
service mysql restart
```

（6）创建 InnoDB 加密表

创建加密表的示例代码如下：

```
CREATE TABLE t1 (
   id int(11) NOT NULL,
   str varchar(50) DEFAULT NULL,
   PRIMARY KEY (id)
) ENGINE=InnoDB DEFAULT CHARSET=latin1 ENCRYPTED=YES;
```

（7）验证加密表

最后，我们来验证加密表，示例代码如下：

```
> SELECT NAME, ENCRYPTION_SCHEME, CURRENT_KEY_ID
    -> FROM information_schema.INNODB_TABLESPACES_ENCRYPTION
    -> WHERE NAME='test/t1'\G;
*************************** 1. row ***************************
            NAME: test/t1
ENCRYPTION_SCHEME: 1
   CURRENT_KEY_ID: 1
1 row in set (0.001 sec)
```

注意，ENCRYPTION_SCHEME 字段值设置为 1 时，代表已经启用加密表。

7. 使用 AES_ENCRYPT 函数对字段值做加密处理

前文介绍了对 MariaDB 数据库的物理文件进行加密的方法，也就是说经过加密的表，必须要有 keyring 文件才可解密，但是表里的数据仍旧是明文的，黑客可以通过木马程序入侵来读取数据，因此需要借助 AES_ENCRYPT 函数对数据进行加密。

❑ AES_ENCRYPT(' 密码 ',' 钥匙 ') 函数：可以对字段值做加密处理。

❑ AES_DECRYPT(字段名字 ,' 钥匙 ') 函数：可以对字段值做解密处理。

来看个示例，示例表结构如下：

```
CREATE TABLE `credit_card` (
  `cid` int(11) NOT NULL,
  `name` varchar(100) DEFAULT NULL,
  `email` varchar(100) DEFAULT NULL,
  `passwd` varchar(200) DEFAULT NULL,
  PRIMARY KEY (`cid`)
) ENGINE=InnoDB
```

现在插入一条数据，对 passwd 密码字段进行加密，命令如下：

```
INSERT INTO credit_card(cid,NAME,email,passwd)
VALUES(101,'hechunyang','hechunyang@163.com',AES_ENCRYPT('123456','hechunyang'));
```

下面就来看看数据库加密的效果，如图 1-70 所示。

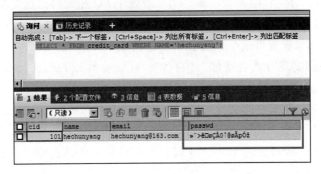

图 1-70　AES_ENCRYPT 函数加密的效果

由图 1-70 我们可以看到，passwd 密码字段已经加密，显示的数据是乱码。

用户登录的时候进行密码验证后，程序需要解密，这里就要用到函数 " AES_DECRYPT (表的字段名字 ,' 钥匙 ')" 了，如图 1-71 所示。

图 1-71　AES_DECRYPT 函数解密的效果

由图 1-71 我们可以看到，passwd 密码字段的数据已经解密。

8. InnoDB 中的页面压缩

InnoDB 中的页面压缩技术可以使数据文件体积变小，降低磁盘开销，提高吞吐量，以较小的成本提高 CPU 的利用率，尤其是对只读业务（例如，查询历史订单表），最为有效，同样的磁盘空间可以存储更多的数据。

InnoDB 提供了两种压缩技术，一种是早期的行格式压缩，该方法是在创建表时指定 ROW_FORMAT=COMPRESS，并通过选项 KEY_BLOCK_SIZE 设置压缩比例。另一种是页面压缩，即在支持稀疏文件的 EXT4/XFS 文件系统上使用"打洞"特性进行压缩。

行格式压缩的工作原理是：当用户获取数据时，如果压缩页不在 Innodb_Buffer_Pool 缓冲池里，就从磁盘加载进去，并且在 Innodb_Buffer_Pool 缓冲池里开辟一个新的未压缩的 16KB 的数据页来解压缩，因此缓冲池里会同时存在着压缩和解压缩的两个页面。为了避免多次压缩和解压缩，当有足够的内存空间时，InnoDB 会尝试将压缩和解压缩的页面都保留在 Innodb_Buffer_Pool 缓冲池中。当没有足够的内存空间时，InnoDB 会使用自适应 LRU 算法来决定是否应该从 Innodb_Buffer_Pool 缓冲区中移除压缩或解压缩的页面。当系统处于 CPU 瓶颈时，首先移除压缩页面；当系统处于 I/O 瓶颈时，首先移除解压缩页面。

由于一个数据页是 16KB，因此可以在建表时指定压缩的页面大小是 1KB、2KB、4KB，或者 8KB，如果设置得过小，则会导致更多的 CPU 消耗，因此通常设置为 8KB。

很明显，这样的实现方式会增加对内存的开销，会导致 Innodb_Buffer_Pool 缓存池能存放的有效数据变少，数据库的性能也会显著下降。

使用页面压缩时，从表空间文件中读取压缩页面会立即解压缩，Innodb_Buffer_Pool 缓冲池中只存储了解压缩的页面。相比之下，使用行格式压缩时，解压缩页面和压缩页面都存储在 Innodb_Buffer_Pool 缓冲池中，这就意味着行格式压缩占用的内存空间比页面压缩要大。

使用页面压缩时，页面在写入表空间文件之前被压缩。使用行格式压缩时，页面在发生任意更改之后都会立即重新压缩，这就意味着行格式压缩操作数据比页面压缩更频繁。

页面压缩可以支持多种压缩算法，而行格式压缩唯一支持的压缩算法是 zlib。

综上所述，页面压缩要优于行格式压缩。

开启 t1 表页面压缩的命令如下：

```
SET GLOBAL innodb_compression_algorithm='ZLIB';
ALTER TABLE t1 PAGE_COMPRESSED=1;
ALTER TABLE t1 ENGINE = InnoDB;
```

需要特别注意的是，虽然可以通过命令 ALTER TABLE xxx PAGE_COMPRESSED = 1 来启用页面压缩，但是该命令只会对后续新增的数据进行压缩，而不会对原有的数据进行压缩。所以上述 ALTER TABLE 操作只是修改元数据，瞬间就能完成。若要对整个表进行压缩，则需要执行 ALTER TABLE xxx ENGINE = InnoDB 命令。

MySQL 8.0 中实现页面压缩的语法不同于 MariaDB，命令如下：

```
ALTER TABLE t1 COMPRESSION='ZLIB';
ALTER TABLE t1 ENGINE = InnoDB;
```

注意，MariaDB 的其他 InnoDB 特性与 MySQL 的一样，这里就不再阐述了，第 2 章在介绍 MySQL 新特性时会讲解。

Chapter 2 第 2 章

MySQL 8.0 的新特性

本章主要介绍 MySQL 8.0 的新特性，涉及客户端连接层、服务层、优化器、同步复制以及存储引擎层 InnoDB 的改进等，这些新特性极大地提高了系统和 MySQL 的性能。

2.1 MySQL 8.0 概述

MySQL 是当今最受信任、应用最广泛的开源数据库平台。目前，全球流量排名前十的网站全部依赖于 MySQL。MySQL 8.0 在之前版本的基础上进行了全面的改进，以保持这种优势。这些改进旨在帮助数据库管理员和开发人员在最新一代的开发框架和硬件上创建和部署新一代的 Web、嵌入式和移动应用程序，以及 Cloud、SaaS、PaaS、DBaaS 等平台。

2.2 MySQL 8.0 新特性详解

目前，MySQL 8.0.26 是 GA 稳定版本，推荐直接将其应用于生产环境中。本节会详细介绍 MySQL 8.0 中比较关键的新特性及其实现过程。

无论是强大的通用表表达式、窗口函数，还是增强的账户安全和方便的账户管理，又或是大量的代码重构，以及由此带来的存储引擎 InnoDB 和各种查询优化器的改进，还有对 NoSQL 的进一步支持，都在提示我们，MySQL 8.0 是一个具有里程碑意义的版本。它的新特性包括：

❏ 默认的字符集由 latin1 变为 utf8mb4。

❏ MyISAM 系统表全部换成事务型的 InnoDB 表。默认的 MySQL 实例将不包含任何

MyISAM 表。

❑ 自增变量持久化。在 MySQL 8.0 之前的版本中，自增主键 AUTO_INCREMENT 的值如果大于 max(primary key)+1，那么在 MySQL 重启后，就会重置 AUTO_INCREMENT 的值为 max(primary key)+1，这种现象在某些情况下会导致业务主键冲突或者其他难以发现的问题。系统重启后自增主键重置的问题很早就被发现了（具体可见 https://bugs.mysql.com/bug.php?id=199），但一直到 MySQL 8.0 版本才解决。MySQL 8.0 版本将会针对 AUTO_INCREMENT 值实现持久化，MySQL 重启后，该值将不会再改变。

❑ DDL 原子化。InnoDB 表的 DDL 支持事务完整性，也就是说，相关操作要么全部成功，要么全部回滚。将 DDL 操作回滚日志写入数据字典表 mysql.innodb_ddl_log 中，可实现回滚操作，该表是隐藏的，通过 show tables 命令无法看到。通过设置参数，可将 DDL 操作日志打印输出到 MySQL 错误日志中。

❑ 参数修改持久化。MySQL 8.0 版本支持在线修改全局参数并持久化。通过加上 PERSIST 关键字，可以将修改的参数持久化到新的配置文件 mysqld-auto.cnf 中，重启 MySQL 时，可以从该配置文件中获取最新的配置参数。

❑ 新增降序索引。

❑ group by 字段不再隐式排序。在 MySQL 8.0 中，group by 字段不再隐式排序，如需要排序，必须显式加上 order by 子句。

❑ JSON 特性增强。MySQL 8.0 大幅改进了对 JSON 的支持，添加了基于路径查询参数从 JSON 字段中抽取数据的 JSON_EXTRACT() 函数，以及用于将数据分别组合到 JSON 数组和对象中的 JSON_ARRAYAGG() 和 JSON_OBJECTAGG() 聚合函数。在主从复制中，新增参数 binlog_row_value_options，用于控制 JSON 数据的传输方式。它允许对 JSON 类型进行部分修改，在二进制日志中也只记录修改的部分，从而减少 JSON 大数据在只有少量修改的情况下对资源的占用。

❑ 重做日志和撤销日志加密。MySQL 8.0 新增了参数 innodb_redo_log_encrypt 和 innodb_undo_log_encrypt，分别用于控制重做日志和撤销日志的加密。

❑ 基于 innodb select...for update 语句跳过锁等待。select...for update、select...for share 语句中添加了 NOWAIT、SKIP LOCKED 语法（MySQL 8.0 中新增的语法），用于跳过锁等待或锁定。
在 MySQL 5.7 及之前的版本中，select...for update 语句如果获取不到锁，会一直等待，直到 innodb_lock_wait_timeout 超时。在 MySQL 8.0 版本中，添加了 NOWAIT、SKIP LOCKED 语法，这样一来，获取不到锁就会立即返回。另外，如果查询的行已经加锁，那么 NOWAIT 会立即报错并返回，SKIP LOCKED 虽然也会立即返回，但是返回的结果中不包含被锁定的行。

❑ 支持不可见索引。INVISIBLE 关键字在创建表或者进行表变更时用于设置索引不可见。索引不可见只是表示在查询时优化器不使用该索引，即使使用了 force index 命令，优化器也不会使用该索引。同时，优化器也不会报索引不存在的错误，因为索引仍然真实存在，在必要时，也可以快速将索引恢复为可见状态。

- 支持直方图。优化器会利用 column_statistics 的数据来判断字段的值的分布情况，从而得到更准确的执行计划。可以使用 ANALYZE TABLE table_name [UPDATE HISTOGRAM on col_name with N BUCKETS |DROP HISTOGRAM ON clo_name] 语句来收集或者删除直方图信息。

  可通过直方图统计表中某些字段的数据分布情况，来帮助选择高效的执行计划。直方图与索引有着本质的区别，维护索引需要付出一定的性能代价。每次进行插入、更新、删除操作都需要更新索引，因此会对性能造成一定的影响。而直方图可以一次创建永不更新，除非明确要更新它，一般情况下，它不会影响插入、更新、删除操作的性能。

- 新增 innodb_dedicated_server 参数。能够让 InnoDB 根据服务器上检测到的内存大小自动配置 innodb_buffer_pool_size、innodb_log_file_size、innodb_flush_method 这三个参数。

- 日志分类更详细。在错误信息中添加了错误信息编号 [MY-010311] 和错误所属子系统 [Server]。

- 自动回收撤销日志表。在 MySQL 8.0.2 版本中，innodb_undo_log_truncate 参数的默认值由 OFF 变为 ON，即默认开启撤销日志表空间自动回收。innodb_undo_tablespaces 参数的默认值为 2，当一个撤销日志表空间被回收时，还有另外一个在提供正常服务。innodb_max_undo_log_size 参数则定义了撤销日志表空间回收的最大值，当撤销日志表空间超过这个值时，该表空间被标记为可回收。

- 增加了资源组。MySQL 8.0 新增了一个资源组功能，用于调控线程优先级以及绑定 CPU。MySQL 用户需要有 RESOURCE_GROUP_ADMIN 权限才能创建、修改和删除资源组。在 Linux 环境下，MySQL 进程还需要有 CAP_SYS_NICE 权限才能使用资源组的完整功能。

- 增加了角色管理。可以认为角色是一些权限的集合。为用户赋予统一的角色后，权限的修改就可以直接通过角色来进行了，无须为每个用户单独授权。

- 支持 CREATE TABLE ... SELECT 语句。在 MySQL 8.0 之前的版本中，该语句会被拆分成 create table 和 insert 这两个事务，并且如果这两个事务被分配了同一个 GTID，就会导致从库忽略 insert 事务。现在，基于行的复制是安全的，并且允许与基于 GTID 的复制一起使用。

- 新增参数 binlog_expire_logs_seconds，即以秒为单位设置二进制日志的过期时间。

为了不误导读者，保证内容的准确性，本章将结合 MySQL 8.0 官方手册"What Is New in MySQL 8.0"来讲解，以帮助读者了解 MySQL 8.0 中一些较为重要的改变。由于内容较多，其中难免会有疏漏的地方，不到之处请大家访问 http://dev.mysql.com/doc/refman/8.0/en/mysql-nutshell.html 参考相关的英文文档。

2.2.1　性能提升

MySQL 8.0 在支持多处理器和高并发 CPU 线程的系统上，提供了更具持续性的线性性能和扩展性。实现这一点的关键是提高 InnoDB 存储引擎的效率和并发能力，以消除 InnoDB 内核中原有的线程争用和互斥锁定等问题。通过这些改进，MySQL 便可以充分利用基于 x86 的商用硬件的多线程处理能力。

在联机事务处理业务（OLTP）的读写模式下，MySQL 8.0 每秒的查询数高峰时将近 25 万，相较于 MySQL 5.7 版本，其查询性能提升了 2 倍，如图 2-1 所示。

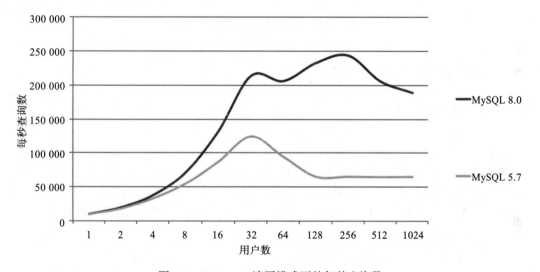

图 2-1　Sysbench 读写模式下的每秒查询数

在 OLTP 只读模式下，MySQL 8.0 每秒的查询数高峰时超过了一百万，相较于 MySQL 5.7 版本，其查询性能提升了 2 倍，如图 2-2 所示。

官方服务器的硬件配置如下。

❏ CPU：48 核的 HT Intel Skylake，主频为 2.7GHz。

❏ 内存：256GB。

❏ 硬盘：x2 Intel Optane flash devices（Intel® Optane™ SSD P4800X Series）。

❏ 操作系统：Oracle Linux 7.4。

关于压测报告的更多内容，感兴趣的读者可以访问官网进一步查看，查看网址为：https://www.mysql.com/why-mysql/benchmarks/mysql/。

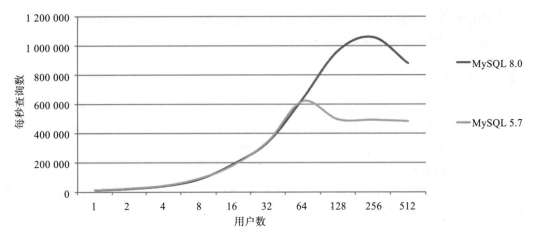

图 2-2　Sysbench 只读模式下的每秒查询数

2.2.2　客户端连接层的改进

1. 默认开启 SSL

只有在 MySQL 和 Percona 版本里才支持默认开启 SSL（Secure Sockets Layer，安全套接层）的功能。为了更好地支持安全连接，MySQL 8.0 在启动的时候，可以通过 OpenSSL 自动生成 SSL、RSA 证书和密钥文件。SSL 及其继任者 TLS（Transport Layer Security，传输层安全）是为网络通信提供安全及数据完整性的一种协议。TLS 与 SSL 会在传输层对网络连接进行加密，以保障数据在网络上传输的安全性。数据加密技术可以确保数据在传输过程中不会被截取及窃听。

下面就来介绍 MySQL 8.0 的 SSL 配置与使用方式。

首先，使用二进制包安装 MySQL 8.0 社区版，下载地址为：https://dev.mysql.com/get/Downloads/MySQL-8.0/mysql-8.0.23-linux-glibc2.12-x86_64.tar.xz。

安装命令如下：

```
shell> yum install xz -y
shell> groupadd mysql
shell> useradd -r -g mysql -s /bin/false mysql
shell> cd /usr/local/
shell> tar -Jxvf mysql-8.0.23-linux-glibc2.12-x86_64.tar.gz
shell> ln -s mysql-8.0.23-linux-glibc2.12-x86_64 mysql
shell> chown -R mysql:mysql  mysql/
```

如今已不再使用如下的 mysql_install_db 命令安装 MySQL 8.0 了：

```
shell> bin/mysql_install_db --user=mysql
```

取而代之的是 mysqld --initialize 命令：

```
shell> bin/mysqld  --initialize  --lower-case-table-names=1  --user=mysql
```

```
--basedir=/usr/local/mysql  --datadir=/data/mysql/hcy/data/
```

注意，如果在 my.cnf 里设置了参数 lower_case_table_names=1，即不区分表名大小写，则会在启动时出现如下报错信息：

```
[ERROR] [MY-011087] [Server] Different lower_case_table_names settings for server
  ('1') and data dictionary ('0').
[ERROR] [MY-010020] [Server] Data Dictionary initialization failed.
[ERROR] [MY-010119] [Server] Aborting
```

官方手册给出的解释如下：

参数 lower_case_table_names 只能在初始化服务器时进行配置。禁止在服务器初始化后更改 lower_case_table_names 参数的配置。

因此，只有在初始化的时候，通过 mysqld --initialize 命令设置参数 --lower-case-table-names=1 才有效。详情请参见：https://dev.mysql.com/doc/refman/8.0/en/identifier-case-sensitivity.html。

在初始化安装的时候，MySQL 会为 root 用户生成一个随机的初始密码，请将其保存好，内容显示如下：

```
[MY-010454] [Server] A temporary password is generated for root@localhost:
  nsS0#dq)a3dm
```

下面就来介绍如何开启 SSL 加密。

系统初始化时会自动执行如下命令：

```
shell> bin/mysql_ssl_rsa_setup  --datadir=/data/mysql/hcy/data
```

注意，MySQL 5.7 版本需要手工执行上述命令。

执行完 mysql_ssl_rsa_setup 命令后，/data/mysql/hcy/data/ 目录下将生成以 ".pem" 为后缀名的文件，也就是 SSL 连接所需要的文件，如图 2-3 所示。

```
[root@10-10-159-31 data]# ll -h *.pem
-rw-------  1 mysql mysql 1.7K Mar  7 18:01 ca-key.pem
-rw-r--r--  1 mysql mysql 1.1K Mar  7 18:01 ca.pem
-rw-r--r--  1 mysql mysql 1.1K Mar  7 18:01 client-cert.pem
-rw-------  1 mysql mysql 1.7K Mar  7 18:01 client-key.pem
-rw-------  1 mysql mysql 1.7K Mar  7 18:01 private_key.pem
-rw-r--r--  1 mysql mysql  452 Mar  7 18:01 public_key.pem
-rw-r--r--  1 mysql mysql 1.1K Mar  7 18:01 server-cert.pem
-rw-------  1 mysql mysql 1.7K Mar  7 18:01 server-key.pem
[root@10-10-159-31 data]#
```

图 2-3　SSL 公私钥文件

启动数据库，命令如下：

```
shell> chown -R mysql:mysql  /data/mysql/hcy/
shell> bin/mysqld_safe  --defaults-file=/etc/my.cnf  --user=mysql  &
```

然后，修改 root 用户密码，用新密码替换之前系统生成的初始密码，修改密码的命令如下：

```
mysql> alter user root@'localhost' identified by '123456';
```

至此，MySQL 8.0 安装完毕。

MySQL 8.0 版本提供了 mysql_config_editor 工具，可用于对 root 用户进行安全认证，这样就不必每次登录都要输入密码了，此工具的使用方法如下：

```
mysql> mysql_config_editor set --login-path=client --host=localhost --user=root
   --password
```

按回车键后输入 root 用户密码 "123456"，此时，/root/ 目录下将生成一个隐藏文件 ".mylogin.cnf"，打开查看会发现该文件显示的是乱码。

之后，我们就可以通过 mysql --login-path=client 命令来做免密登录了。

注意，一旦 root 用户密码发生变更，则需要重新执行 mysql_config_editor 命令，否则登录将会失败。

启动 MySQL，如果状态如图 2-4 所示，则代表 SSL 加密已经能够正常工作了。

```
mysql> show variables like '%ssl%';
+--------------------------------------+-----------------+
| Variable_name                        | Value           |
+--------------------------------------+-----------------+
| admin_ssl_ca                         |                 |
| admin_ssl_capath                     |                 |
| admin_ssl_cert                       |                 |
| admin_ssl_cipher                     |                 |
| admin_ssl_crl                        |                 |
| admin_ssl_crlpath                    |                 |
| admin_ssl_key                        |                 |
| have_openssl                         | YES             |
| have_ssl                             | YES             |
| mysqlx_ssl_ca                        |                 |
| mysqlx_ssl_capath                    |                 |
| mysqlx_ssl_cert                      |                 |
| mysqlx_ssl_cipher                    |                 |
| mysqlx_ssl_crl                       |                 |
| mysqlx_ssl_crlpath                   |                 |
| mysqlx_ssl_key                       |                 |
| performance_schema_show_processlist  | OFF             |
| ssl_ca                               | ca.pem          |
| ssl_capath                           |                 |
| ssl_cert                             | server-cert.pem |
| ssl_cipher                           |                 |
| ssl_crl                              |                 |
| ssl_crlpath                          |                 |
| ssl_fips_mode                        | OFF             |
| ssl_key                              | server-key.pem  |
+--------------------------------------+-----------------+
25 rows in set (0.01 sec)

mysql> select version();
+-----------+
| version() |
+-----------+
| 8.0.23    |
+-----------+
1 row in set (0.00 sec)
```

图 2-4　SSL 已生效

在创建用户的时候，需要指定该用户通过 SSL 连接，命令如下：

```
mysql> CREATE USER 'ssluser'@'%' IDENTIFIED WITH mysql_native_password
BY '123456' REQUIRE SSL;
mysql> GRANT ALL PRIVILEGES ON *.* TO 'ssluser'@'%';
```

然后，用 ssluser 用户名登录，命令如下：

```
shell> mysql -h127.0.0.1 -u'ssluser' -p'123456' -P3306
```

SSL 用户连接登录的截图如图 2-5 所示。

```
mysql> \s
--------------
mysql  Ver 8.0.23 for Linux on x86_64 (MySQL Community Server - GPL)

Connection id:          14
Current database:
Current user:           ssluser@127.0.0.1
SSL:                    Cipher in use is TLS_AES_256_GCM_SHA384
Current pager:          stdout
Using outfile:          ''
Using delimiter:        ;
Server version:         8.0.23 MySQL Community Server - GPL
Protocol version:       10
Connection:             127.0.0.1 via TCP/IP
Server characterset:    utf8
Db      characterset:   utf8
Client characterset:    utf8mb4
Conn.  characterset:    utf8mb4
TCP port:               3306
Binary data as:         Hexadecimal
Uptime:                 5 hours 43 min 5 sec

Threads: 2  Questions: 23  Slow queries: 0  Opens: 196  Flush tables: 4
--------------
```

图 2-5   SSL 用户连接登录

由图 2-5 我们可以看到，SSL 已经显示加密了。MariaDB 同样支持以 SSL 的方式进行连接，但是相较于 MySQL 8.0，MariaDB 的操作更为复杂，用户需要通过 OpenSSL 命令自行创建各类公私钥。

2. 用户密码不再明文显示

只有 MySQL 才支持用户密码加密显示的功能。MariaDB 不会对二进制日志中与用户密码相关的操作进行加密。如果你向 MariaDB 发送了类似 create user、grant user、identified by 之类的携带了初始明文密码的指令，那么二进制日志会将其原原本本地还原出来。下面通过示例来进行验证。

MariaDB 在命令行里设置用户密码时，会在二进制日志里以明文形式显示，如图 2-6 所示。

MySQL 在命令行里设置用户密码时，会在二进制日志里对明文密码做加密处理，如图 2-7 所示。

```
MariaDB [(none)]> create user test@'%' identified by '123456';
Query OK, 0 rows affected (0.003 sec)

MariaDB [(none)]> SHOW BINLOG EVENTS IN 'mysql-bin.000018';
+------------------+-----+-------------------+-----------+-------------+-----------------------------------------------+
| Log_name         | Pos | Event_type        | Server_id | End_log_pos | Info                                          |
+------------------+-----+-------------------+-----------+-------------+-----------------------------------------------+
| mysql-bin.000018 |   4 | Format_desc       |     33121 |         256 | Server ver: 10.5.8-MariaDB-log, Binlog ver: 4 |
| mysql-bin.000018 | 256 | Gtid_list         |     33121 |         299 | [0-33121-696]                                 |
| mysql-bin.000018 | 299 | Binlog_checkpoint |     33121 |         342 | mysql-bin.000017                              |
| mysql-bin.000018 | 342 | Binlog_checkpoint |     33121 |         385 | mysql-bin.000018                              |
| mysql-bin.000018 | 385 | Gtid              |     33121 |         427 | GTID 0-33121-697                              |
| mysql-bin.000018 | 427 | Query             |     33121 |         533 | create user test@'%' identified by '123456'   |
+------------------+-----+-------------------+-----------+-------------+-----------------------------------------------+
6 rows in set (0.000 sec)

MariaDB [(none)]> select version();
+---------------------+
| version()           |
+---------------------+
| 10.5.8-MariaDB-log  |
+---------------------+
1 row in set (0.000 sec)
```

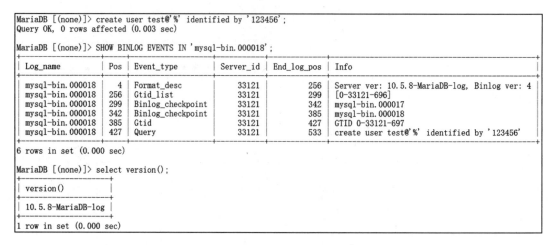

图 2-6 MariaDB 在二进制日志里显示明文密码

```
mysql> create user test@'%' identified by '123456';
Query OK, 0 rows affected (0.01 sec)

mysql> SHOW BINLOG EVENTS IN 'mysql-bin.000003';
+------------------+-----+----------------+-----------+-------------+------------------------------------------------------------------------------------
-----------------+
| Log_name         | Pos | Event_type     | Server_id | End_log_pos | Info
                 |
+------------------+-----+----------------+-----------+-------------+------------------------------------------------------------------------------------
-----------------+
| mysql-bin.000003 |   4 | Format_desc    |     33061 |         125 | Server ver: 8.0.23, Binlog ver: 4
| mysql-bin.000003 | 125 | Previous_gtids |     33061 |         192 | 1e901f9f-7f2c-11eb-9b0c-5254000b9723:1-8
| mysql-bin.000003 | 192 | Gtid           |     33061 |         267 | SET @@SESSION.GTID_NEXT= '1e901f9f-7f2c-11eb-9b0c-5254000b9723:9'
| mysql-bin.000003 | 267 | Query          |     33061 |         467 | CREATE USER 'test'@'%' IDENTIFIED WITH 'mysql_native_password' AS '*6BB4837EB74329105EE4568DDA7DC67ED2CA2AD
9' /* xid=28 */ |
+------------------+-----+----------------+-----------+-------------+------------------------------------------------------------------------------------
-----------------+
4 rows in set (0.00 sec)

mysql> select version();
+-----------+
| version() |
+-----------+
| 8.0.23    |
+-----------+
1 row in set (0.00 sec)
```

图 2-7 MySQL 会在二进制日志里对明文密码进行加密处理

3. 改变身份认证插件

MySQL 自 8.0 版本开始将 caching_sha2_password 作为默认的身份验证插件。不过，MySQL 8.0 对 JDBC 驱动程序的兼容性并不好，如果想让此程序正常运行，最快的方法是将默认的 caching_sha2_password 修改为之前的 mysql_native_password。修改命令如下：

```
ALTER USER 'root'@'localhost' IDENTIFIED WITH mysql_native_password BY 'password';
```

或者直接将 mysql_native_password 添加在 my.cnf 中，然后重启 mysqld 服务，使修改永久生效，命令如下：

```
[mysqld]
default_authentication_plugin = mysql_native_password
```

注意，我们更推荐使用这种永久生效的方法，因为其更方便、快捷。

MariaDB 10.5 身份验证插件仍为 mysql_native_password，没有发生改变。

创建用户 hechunyang，并生成随机密码，命令如下：

```
create user hechunyang@'%' identified with 'mysql_native_password' by random password;
```

执行结果如图 2-8 所示。

```
mysql> create user hechunyang@'%' identified with 'mysql_native_password' by random password;
+-------------+------+--------------------+
| user        | host | generated password |
+-------------+------+--------------------+
| hechunyang  | %    | r;F;;Z*.t3k6(ShGN(&9 |
+-------------+------+--------------------+
1 row in set (0.00 sec)
```

图 2-8　生成随机密码

注意，这里的随机密码是 "r;F;;Z*.t3k6(ShGN(&9"。

4. 增加身份验证插件 auth_socket

auth_socket 身份验证插件是在 MariaDB 10.5 版本里添加的，MySQL 8.0 版本目前也支持该插件。

下面就以 MySQL 8.0.18 版本为例，演示 auth_socket 身份验证插件的使用方法。

1）安装插件，命令如下：

```
mysql> INSTALL PLUGIN auth_socket SONAME 'auth_socket.so';
```

2）创建数据库账号 hechunyang，命令如下：

```
mysql> CREATE USER 'hechunyang'@'localhost' IDENTIFIED WITH auth_socket;
```

3）创建操作系统账号 hechunyang，命令如下：

```
# useradd hechunyang
# echo "123456" | passwd --stdin hechunyang
```

4）以系统账号 hechunyang 登录操作系统，并访问 MySQL 8.0 数据库，命令如下：

```
[root@localhost soft]# su - hechunyang
[hechunyang@localhost ~]$ /usr/local/mysql/bin/mysql -S
/tmp/mysql_hcy.sock -uhechunyang -e "select version();"
+-----------+
| version() |
+-----------+
| 8.0.23    |
+-----------+
[hechunyang@localhost ~]$
```

在此示例中，用户 hechunyang 已登录操作系统，并具有完全 Shell 访问权限。该用户已经使用操作系统账户进行了身份验证，并且其 MySQL 账户已经配置为使用 auth_socket 身份验证插件，因此该用户无须在登录数据库时再进行身份验证。MySQL 接受该用户的操作系统凭证并允许其连接。

5. 支持输入 3 次错误密码后锁定账户的功能

MySQL 8.0 支持输入 3 次错误密码后锁定账户的功能。示例代码如下：

```
CREATE USER 'hechunyang'@'localhost' IDENTIFIED BY '123456'  \
FAILED_LOGIN_ATTEMPTS 3  \
PASSWORD_LOCK_TIME 3;
```

上述代码中的参数说明如下。

❏ FAILED_LOGIN_ATTEMPTS：表示尝试失败的次数。

❏ PASSWORD_LOCK_TIME：表示锁定的时间，单位为天，示例代码中的 3 表示锁定 3 天。如果将该参数设置为 UNBOUNDED，则代表永久锁定，直到人工手动解锁为止。

我们可尝试故意输错 3 次密码，使账户被锁定，示例如下：

```
# mysql  -hlocalhost  -uhechunyang  -p123456  -S /tmp/mysql_hcy.sock
mysql: [Warning] Using a password on the command line interface can be insecure.
ERROR 3955 (HY000): Access denied for user 'hechunyang'@'localhost'.
Account is blocked for 3 day(s) (3 day(s) remaining) due to 3 consecutive failed logins.
```

人工手动解锁的命令如下：

```
alter user hechunyang@'localhost' ACCOUNT UNLOCK;
```

6. 支持创建角色

MySQL 8.0 同样也支持创建角色的功能，但它的实现与 MariaDB 在命令行和参数上有一些不同，下面通过示例代码来演示一下 MySQL 8.0 中角色授权的使用方法。

1）创建一个角色 develop，命令如下：

```
create role develop;
```

2）为角色 develop 授予 select、insert、update、delete 权限，命令如下：

```
grant select,insert,update,delete on *.* to develop;
```

3）为用户 zhangsan 赋予角色 develop，并创建密码 123456，命令如下：

```
create user 'zhangsan'@'%' identified by '123456';
grant 'develop' to 'zhangsan'@'%';
```

4）将用户 zhangsan 的默认角色设置为 develop，命令如下：

```
set default role all to 'zhangsan'@'%';
```

注意，set default role 语句允许为用户设置默认角色，用户连接时会自动启用默认角色。第二种方法，当用户连接到服务器时，若想使所有显式授予的角色和强制角色自动激活，可启用 activate_all_roles_on_login 系统变量。默认情况下，禁止使角色自动激活。

5）查看角色，命令如下：

```
select * from mysql.default_roles;
SELECT * FROM information_schema.APPLICABLE_ROLES;
SHOW GRANTS FOR  'zhangsan'@'%'  USING 'develop';
```

执行结果如图 2-9 所示。

```
mysql> SELECT * FROM information_schema.APPLICABLE_ROLES;
+----------+------+----------+--------------+-----------+-----------+--------------+------------+--------------+
| USER     | HOST | GRANTEE  | GRANTEE_HOST | ROLE_NAME | ROLE_HOST | IS_GRANTABLE | IS_DEFAULT | IS_MANDATORY |
+----------+------+----------+--------------+-----------+-----------+--------------+------------+--------------+
| zhangsan | %    | zhangsan | %            | develop   | %         | NO           | NO         | NO           |
+----------+------+----------+--------------+-----------+-----------+--------------+------------+--------------+
1 row in set (0.00 sec)

mysql> SHOW GRANTS FOR 'zhangsan'@'%' USING 'develop';
+-------------------------------------------------------------------+
| Grants for zhangsan@%                                             |
+-------------------------------------------------------------------+
| GRANT SELECT, INSERT, UPDATE, DELETE ON *.* TO `zhangsan`@`%`     |
| GRANT `develop`@`%` TO `zhangsan`@`%`                             |
+-------------------------------------------------------------------+
2 rows in set (0.00 sec)
```

图 2-9　角色信息查询

6）若要临时取消用户 zhangsan 的角色 develop，可使用如下命令：

```
set default role none to 'zhangsan'@'%';
```

注意，临时取消用户的角色后，如果需要再次为用户赋予角色，则需要重新使用 set default role 命令对用户赋权。

7）回收用户 zhangsan 的角色 develop 的命令如下：

```
revoke develop from 'zhangsan'@'%';
```

注意，使用 revoke 命令回收角色后，如果需要再次为用户赋予角色，则需要重新使用 grant 命令对用户赋权。

8）删除角色 develop 的命令如下：

```
drop role develop;
```

2.2.3　服务层的改进

1. 通过 admin_port 解决数据库连接数过多的问题

在 MySQL 的运维工作中，我们经常会遇到数据库连接数过多的情况。如果这时连数据库维护人员都无法登录数据库，那将是一件非常麻烦的事。

MySQL 8.0 版本提供了一个参数 admin_port，可通过连接后台管理端口来解决连接数过多的问题，具体参数如下：

```
admin_address = 127.0.0.1
admin_port = 13308
create_admin_listener_thread = ON
```

注意，admin_port 参数不支持动态修改，需要先将其添加在 my.cnf 配置文件里，然后重启 mysqld 进程使该参数生效。

执行结果如图 2-10 所示。

```
[root@10-10-159-31 ~]# mysql -h127.0.0.1  -uhechunyang -p123456 -P3308 -e "SHOW GLOBAL VARIABLES WHERE Variable_name IN ('port', 'admin_address', 'admin_port');"
mysql: [Warning] Using a password on the command line interface can be insecure.
ERROR 1040 (HY000): Too many connections
[root@10-10-159-31 ~]#
[root@10-10-159-31 ~]# mysql -h127.0.0.1  -uhechunyang -p123456 -P13308 -e "SHOW GLOBAL VARIABLES WHERE Variable_name IN ('port', 'admin_address', 'admin_port');"
mysql: [Warning] Using a password on the command line interface can be insecure.
| Variable_name | Value     |
| admin_address | 127.0.0.1 |
| admin_port    | 13308     |
| port          | 3308      |
[root@10-10-159-31 ~]#
```

图 2-10　连接 admin_port 后台管理端口号

这时只需要指定 13308 这个后台管理端口号就可以连接了。

其实，MySQL 实现这项功能有些太晚了。在 MariaDB 10.0 和 Percona 5.6 版本中，参数 extra_port 可以登录数据库 "后门" 解决数据库连接数过多的问题。

那么，什么情况下才会出现数据库连接数过多的问题呢？

实际上，mysqld 允许有 max_connections + 1 个客户端连接，用户只需要具有 SUPER 权限和 PROCESS 权限即可登录，具体说明如下。

1）如果不使用 extra_port 参数，那么当 MySQL 的 max_connections 个连接全部被占用时，数据库管理员仍然可以通过 root 用户（或者说是通过 SUPER 权限）连接并管理数据库，但是只能连接一次。业务账号只能登录 max_connections 次。

2）如果使用 extra_port 参数，那么当 MySQL 的 max_connections 个连接全部被占用时，数据库管理员可以以管理员的权限创建 extra_max_connections+1 个连接。

3）max_connections 的特性是：MySQL 无论如何都会保留一个用于管理员（具有 SUPER 权限）登录的连接，以便管理员进行维护操作，即使当前连接数已经达到了 max_connections 个。

因此，MySQL 的实际最大可连接数为 max_connections+1 个，这个参数实际起作用的最大值（实际最大可连接数）为 16 384，即该参数的最大值不能超过 16 384，即使超过了也要以 16 384 为准；增加 max_connections 参数的值，不会占用太多系统资源。系统资源（CPU、内存）的占用主要取决于查询的密度和效率等。

2. 资源组有效解决慢 SQL 引发的 CPU 告警问题

如果慢 SQL 导致线上数据库 CPU 卡死，又不能随意杀死该慢 SQL，那么我们可以利用 MySQL 8.0 提供的资源组功能，来解决慢 SQL 引发的 CPU 告警问题。

资源组的作用是实现资源隔离（也可以将其理解为开通云主机时勾选的硬件配置），即分出一小部分 CPU，专门用于线上慢 SQL 线程的运行，从而避免该线程影响 CPU 的整体性能。下面来看资源组相关命令的使用方法。

1）创建一个资源组，命令如下：

```
create resource group slowsql_rg type=user vcpu=3 thread_priority=19 enable;
```

上述命令中的参数说明如下。

- slowsql_rg 是资源组的名字。
- type=user 表示来源是用户端的慢 SQL。
- vcpu=3 表示将它分配到 CPU 的哪个核上（我们可以用 cat /proc/cpuinfo ｜ grep processor 命令查看 CPU 包含多少个核）。
- thread_priority 表示优先级别，范围是 0 到 19，19 是最低优先级，0 是最高优先级。

2）查看资源组信息的命令如下：

```
select * from information_schema.resource_groups;
```

3）查找慢 SQL 的线程 ID，命令如下：

```
SELECT THREAD_ID,PROCESSLIST_INFO,RESOURCE_GROUP,PROCESSLIST_TIME FROM
performance_schema.threads WHERE PROCESSLIST_INFO REGEXP
'SELECT|INSERT|UPDATE|DELETE|ALTER' AND PROCESSLIST_TIME > 10;
```

4）把 THREAD_ID 取出来的值，放入资源组里，命令如下：

```
SET RESOURCE GROUP slowsql_rg FOR 379;
```

5）如果想要放宽限制，也可以进行更改，命令如下：

```
ALTER RESOURCE GROUP slowsql_rg VCPU = 3 THREAD_PRIORITY = 0;
```

6）关闭资源组，解除限制，命令如下：

```
ALTER RESOURCE GROUP slowsql_rg DISABLE FORCE;
```

注意，资源组的启用需要开启 CAP_SYS_NICE 功能，并重启 mysqld 进程使其生效。开启命令如下：

```
# setcap cap_sys_nice+ep /usr/local/mysql/bin/mysqld
# getcap /usr/local/mysql/bin/mysqld
/usr/local/mysql/bin/mysqld = cap_sys_nice+ep
#systemctl restart mysqld.service
```

注意，可以用封装好的工具来实现这一功能，默认是将 CPU 的最后一个核分出来，专门用于处理执行时间超过 10 秒的慢 SQL。

"囚禁"慢 SQL 的工具 imprison_rg 的 GitHub 地址为 https://github.com/hcymysql/imprison_rg。

7）验证。使用 top 命令查看 CPU 的状态信息，我们可以发现，慢 SQL 已经绑定在 CPU 的最后一个核上了。对于复杂的、执行时间长、消耗资源多的慢 SQL，我们可以为其设置特定的资源组，限制 SQL 查询所占用资源的数量，避免慢 SQL 导致其他正常查询迟迟得不到响应，甚至导致 MySQL 直接挂起等问题。

验证结果如图 2-11 所示。

3. Query Rewrite 插件支持部分语句的重写功能

MySQL 8.0 的 Query Rewrite 插件支持 SELECT、INSERT、UPDETE、DELETE 和 REPLACE 语句的重写功能。

```
top - 14:33:37 up 49 days, 23:03,   3 users,   load average: 0.87, 0.56, 0.33
Tasks: 134 total,    1 running, 133 sleeping,    0 stopped,    0 zombie
%Cpu0  :   0.0 us,   0.0 sy,   0.0 ni,100.0 id,   0.0 wa,   0.0 hi,   0.0 si,   0.0 st
%Cpu1  :   0.3 us,   0.0 sy,   0.0 ni, 99.3 id,   0.3 wa,   0.0 hi,   0.0 si,   0.0 st
%Cpu2  :   0.3 us,   0.3 sy,   0.0 ni, 99.0 id,   0.3 wa,   0.0 hi,   0.0 si,   0.0 st
%Cpu3  :100.0 us,   0.0 sy,   0.0 ni,  0.0 id,   0.0 wa,   0.0 hi,   0.0 si,   0.0 st
KiB Mem :  8010248 total,  1030408 free,  3772644 used,  3207196 buff/cache
KiB Swap:   524284 total,        0 free,   524284 used.  3576376 avail Mem

   PID USER      PR  NI    VIRT    RES    SHR S  %CPU %MEM     TIME+ COMMAND
   567 mysql     20   0 2562116 670940  16940 S 100.0  8.4   1:10.24 mysqld
   761 root      20   0 10.067g 135280  14496 S   1.7  1.7  1403:48 pd-server
   760 root      19  -1 1834288 372736   7156 S   0.7  4.7  2808:35 tikv-server
   765 root      20   0  603656  59292  19312 S   0.7  0.7 601:00.76 tidb-server
   764 root      20   0 1154032  39332   7440 S   0.3  0.5  33:14.61 grafana-server
  1281 root      20   0  129248   5072    824 S   0.3  0.1 349:02.06 uca_20002
 11361 mysql     20   0 1729780 144548   3520 S   0.3  1.8   9:01.24 mariadbd
     1 root      20   0   43376   2696   1840 S   0.0  0.0   6:58.81 systemd
     2 root      20   0       0      0      0 S   0.0  0.0   0:00.30 kthreadd
     3 root      20   0       0      0      0 S   0.0  0.0   0:09.96 ksoftirqd/0
     5 root       0 -20       0      0      0 S   0.0  0.0   0:00.00 kworker/0:0H
```

图 2-11 资源组 "囚禁" 慢 SQL

这个功能非常实用，比如产品上线后，如果此时发现因为忘记添加某个 SQL 查询字段的索引而导致 CPU 被占满，那么我们可以直接重写 SQL。具体操作是让线上业务先报错，避免因慢 SQL 问题而影响数据库的整体性能，然后立即通知开发人员进行回滚，等到为查询字段加完索引之后再上线。下面来看 Query Rewrite 插件的用法。

1）安装插件的命令如下：

```
mysql -S /tmp/mysql_hcy.sock -p123456 <./install_rewriter.sql
```

2）查看是否生效，命令如下：

```
SHOW GLOBAL VARIABLES LIKE 'rewriter_enabled';
```

3）编写重写规则，命令如下：

```
insert into query_rewrite.rewrite_rules(pattern, replacement,
pattern_database) values (
"SELECT * from sbtest1 limit ?",
"SELECT k,c from sbtest1 limit ?",
"test");
```

上述代码实现的功能是将以下语句：

```
SELECT * from sbtest1 limit ?;
```

改写成：

```
SELECT k,c from sbtest1 limit ?;
```

注意，代码中的问号 "?" 代表变量。

4）让规则生效的命令如下：

```
CALL query_rewrite.flush_rewrite_rules();
```

最后来演示一下重写功能的效果，命令如下：

```
mysql> SELECT * from sbtest1 limit 1\G;
*************************** 1. row ***************************
k: 499284
c: 83868641912-28773972837-60736120486-75162659906-27563526494-
   20381887404-41576422241-93426793964-56405065102-33518432330
1 row in set, 1 warning (0.00 sec)
mysql> show warnings\G
*************************** 1. row ***************************
  Level: Note
   Code: 1105
Message: Query 'SELECT * from sbtest1 limit 1' rewritten to 'SELECT k,c from
  sbtest1 limit 1' by a query rewrite plugin
1 row in set (0.00 sec)
```

4. 全局变量持久化修改

对于 MySQL 8.0 之前的版本，在修改全局变量的时候，只能在线调整或人工调整 my.cnf 文件的参数，且在线调整无法同时持久化到配置文件中。MySQL 8.0 版本引入了 set persist 命令，该命令可以将全局变量持久化到配置文件中，而不用再对配置文件进行人工更改。

例如，修改用户连接数，命令如下：

```
set persist max_user_connections = 200;
```

修改完成后，data 数据目录下会生成 mysqld-auto.cnf 配置文件，如下：

```
# cat mysqld-auto.cnf
{ "Version" : 1 , "mysql_server" : { "max_user_connections" :
{ "Value" : "200" , "Metadata" :
{ "Timestamp" : 1616643557775586 , "User" : "root" , "Host" : "localhost" } } } }[
```

此外，MySQL 8.0 还新增了 persisted_globals_load 参数，该参数只能在启动时指定，不可动态调整，默认值为 ON。当将该参数设置为 ON 时，如果要启动数据库，就会先读取 my.cnf 配置文件，然后读取 mysqld-auto.cnf 文件。持久化信息以 JSON 格式保存，其中，Metadata 参数记录了这次修改的用户及时间信息。

上述文件会在下次重启之后自动加载，即数据库参数在重启之后会变为：

```
max_user_connections=200
```

如果我们想要取消持久化的参数，恢复为原先的值，又该怎么办呢？

MySQL 数据库提供了 reset persist 方法，执行如下命令：

```
reset persist max_user_connections;
```

我们再来看一下配置文件，如下：

```
# cat mysqld-auto.cnf
{ "Version" : 1 , "mysql_server" : {  } }
```

由此可见，之前的 max_user_connections 参数已被移除了。

MySQL 8.0 之后的版本为在线调整数据库参数并持久化到配置文件中提供了更多便利，避免了我们再进行人工修改，进而避免了人工操作出现失误的风险。

2.2.4　优化器的改进

数据库 90% 的性能问题是由 SQL 引起的，线上 SQL 执行的速度将直接影响系统的稳定性。

1. 子查询 UPDATE/DELETE 采用半连接方式进行优化

MySQL 的子查询一直以来以性能差而著称，解决方案是用 join 关联查询代替子查询。

通常情况下，我们希望由内到外完成查询，即先完成内表中的查询，然后用查询结果驱动外表中的查询，进而完成最终查询。但是 MySQL 5.5 会先扫描外表中的所有数据，且每条数据都将传到内表中与之关联，如果外表很大，那么性能也将变得很差。

示例代码如下：

```
select * from Country where
  Continent='Europe' and
  Country.Code in (select City.country
                  from City
                  where City.Population>1*1000*1000);
```

在 MySQL 5.5 版本里，首先，执行外表 Country，把符合“欧洲国家”这个条件的数据过滤出来，然后，分别基于每个符合条件的数据与内表 City 进行一次“select City.country from City where City.Population>1*1000*1000”的查询，故而性能非常低下，如图 2-12 所示。

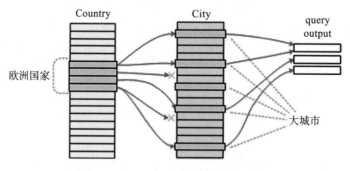

图 2-12　MySQL 5.5 子查询执行过程

进行半连接优化后，执行计划器的工作原理如下。

首先，执行内表 City，把符合“城市人口数量大于 100 万”这个条件的数据过滤出来，然后由外表在内表的查询结果中找到匹配的记录，这样可以大大提升查询的工作效率，如图 2-13 所示。

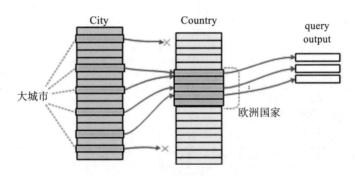

图 2-13　MySQL 5.7 子查询的执行过程

该 SQL 语句可通过内部优化器重写为：

```
select a.* from Country as a
    join (select City.country from City where City.Population>1*1000*1000) as b
    on a.Code = b.country
    where a.Continent='Europe';
```

在 MySQL 5.7 版本里，子查询终于有了较大优化，优化之后，可以在不改变原有 SQL 的情况下，通过 MySQL 内部的优化器把子查询改写为 join 关联查询。

需要注意的是，MySQL 5.5 的子查询执行计划是将 in 重写为 exists，如图 2-14 所示。

```
MySQL [test]> explain select * from sbtest where id in (select id from t1);
+----+--------------------+--------+-----------------+---------------+---------+---------+------+---------+------------------------+
| id | select_type        | table  | type            | possible_keys | key     | key_len | ref  | rows    | Extra                  |
+----+--------------------+--------+-----------------+---------------+---------+---------+------+---------+------------------------+
|  1 | PRIMARY            | sbtest | ALL             | NULL          | NULL    | NULL    | NULL | 5000071 | Using where            |
|  2 | DEPENDENT SUBQUERY | t1     | unique_subquery | PRIMARY       | PRIMARY | 4       | func |       1 | Using index; Using where |
+----+--------------------+--------+-----------------+---------------+---------+---------+------+---------+------------------------+
2 rows in set (0.00 sec)

MySQL [test]> explain select * from sbtest where exists (select * from t1 where t1.id=sbtest.id);
+----+--------------------+--------+--------+---------------+---------+---------+--------------+---------+--------------------------+
| id | select_type        | table  | type   | possible_keys | key     | key_len | ref          | rows    | Extra                    |
+----+--------------------+--------+--------+---------------+---------+---------+--------------+---------+--------------------------+
|  1 | PRIMARY            | sbtest | ALL    | NULL          | NULL    | NULL    | NULL         | 5000071 | Using where              |
|  2 | DEPENDENT SUBQUERY | t1     | eq_ref | PRIMARY       | PRIMARY | 4       | test.sbtest.id |       1 | Using where; Using index |
+----+--------------------+--------+--------+---------------+---------+---------+--------------+---------+--------------------------+
2 rows in set (0.02 sec)

MySQL [test]> select version();
+------------+
| version()  |
+------------+
| 5.5.46-log |
+------------+
1 row in set (0.00 sec)
```

图 2-14　MySQL 5.5 中，in 重写为 exists

而 MySQL 5.7 或 MariaDB 10.0 的子查询执行计划是将 in 或 exists 重写为 join，如图 2-15 所示。

半连接子查询优化默认是开启的，可以通过语句 "show variables like 'optimizer_switch'\G;" 来查看，示例代码如下：

```
mysql> show variables like 'optimizer_switch'\G;
*************************** 1. row ***************************
```

```
Variable_name: optimizer_switch
        Value:
index_merge=on,index_merge_union=on,index_merge_sort_union=on,index_
merge_intersection=on,engine_condition_pushdown=on,index_condition_
pushdown=on,mrr=on,mrr_cost_based=on,block_nested_loop=on,batched_key_access=on,
materialization=on,semijoin=on,loosescan=on,firstmatch=on,duplicateweedout=on,
subquery_materialization_cost_based=on,use_index_extensions=on,condition_fanout_
filter=on,derived_merge=on
1 row in set (0.00 sec)
```

```
MariaDB [test]> explain select * from sbtest where id in (select id from t1);
+----+-------------+--------+--------+---------------+---------+---------+------------+------+-------------+
| id | select_type | table  | type   | possible_keys | key     | key_len | ref        | rows | Extra       |
+----+-------------+--------+--------+---------------+---------+---------+------------+------+-------------+
|  1 | PRIMARY     | t1     | index  | PRIMARY       | PRIMARY | 4       | NULL       |   10 | Using index |
|  1 | PRIMARY     | sbtest | eq_ref | PRIMARY       | PRIMARY | 4       | test.t1.id |    1 | Using where |
+----+-------------+--------+--------+---------------+---------+---------+------------+------+-------------+
2 rows in set (0.01 sec)

MariaDB [test]> explain select * from sbtest where exists (select * from t1 where t1.id=sbtest.id);
+----+-------------+--------+--------+---------------+---------+---------+------------+------+-------------+
| id | select_type | table  | type   | possible_keys | key     | key_len | ref        | rows | Extra       |
+----+-------------+--------+--------+---------------+---------+---------+------------+------+-------------+
|  1 | PRIMARY     | t1     | index  | PRIMARY       | PRIMARY | 4       | NULL       |   10 | Using index |
|  1 | PRIMARY     | sbtest | eq_ref | PRIMARY       | PRIMARY | 4       | test.t1.id |    1 | Using where |
+----+-------------+--------+--------+---------------+---------+---------+------------+------+-------------+
2 rows in set (0.00 sec)

MariaDB [test]> explain select a.* from sbtest a join t1 b on a.id=b.id;
+----+-------------+-------+--------+---------------+---------+---------+-----------+------+-------------+
| id | select_type | table | type   | possible_keys | key     | key_len | ref       | rows | Extra       |
+----+-------------+-------+--------+---------------+---------+---------+-----------+------+-------------+
|  1 | SIMPLE      | b     | index  | PRIMARY       | PRIMARY | 4       | NULL      |   10 | Using index |
|  1 | SIMPLE      | a     | eq_ref | PRIMARY       | PRIMARY | 4       | test.b.id |    1 | Using where |
+----+-------------+-------+--------+---------------+---------+---------+-----------+------+-------------+
2 rows in set (0.00 sec)

MariaDB [test]> select version();
+------------------+
| version()        |
+------------------+
| 10.0.20-MariaDB-log |
+------------------+
1 row in set (0.02 sec)
```

图 2-15　MySQL 5.7 或 MariaDB 10.0 中，in 重写为 join

　　不过，半连接优化仅是针对查询操作进行的，至于更新或删除操作，它们的性能仍旧很差。下面通过实验来进行验证，执行如下语句：

```
explain extended update t1 set name='aa' where id in (select id from t2 );
```

　　由图 2-16 可以得知，半连接优化失效了，执行顺序依然是先查外表再关联内表。

```
mysql> explain extended update t1 set name='aa' where id in (select id from t2 );
+----+--------------------+-------+------------------+---------------+---------+---------+------+------+----------+-------------+
| id | select_type        | table | type             | possible_keys | key     | key_len | ref  | rows | filtered | Extra       |
+----+--------------------+-------+------------------+---------------+---------+---------+------+------+----------+-------------+
|  1 | PRIMARY            | t1    | index            | NULL          | PRIMARY | 4       | NULL |    2 |   100.00 | Using where |
|  2 | DEPENDENT SUBQUERY | t2    | unique_subquery  | PRIMARY       | PRIMARY | 4       | func |    1 |   100.00 | Using index |
+----+--------------------+-------+------------------+---------------+---------+---------+------+------+----------+-------------+
2 rows in set (0.00 sec)
```

图 2-16　半连接优化失效

注意　从 MySQL 8.0 开始，单表 UPDATE 或 DELETE 语句支持半连接查询优化。

由图 2-17 可以得知，MySQL 8.0 中半连接优化生效了。

```
mysql>
mysql> explain  update t1 set name='aa' where id in (select id from t2);
+----+-------------+-------+------------+--------+---------------+---------+---------+-----------+------+----------+-------------+
| id | select_type | table | partitions | type   | possible_keys | key     | key_len | ref       | rows | filtered | Extra       |
+----+-------------+-------+------------+--------+---------------+---------+---------+-----------+------+----------+-------------+
|  1 | UPDATE      | t1    | NULL       | ALL    | PRIMARY       | NULL    | NULL    | NULL      |    4 |   100.00 | NULL        |
|  1 | SIMPLE      | t2    | NULL       | eq_ref | PRIMARY       | PRIMARY | 4       | test.t1.id|    1 |   100.00 | Using index |
+----+-------------+-------+------------+--------+---------------+---------+---------+-----------+------+----------+-------------+
2 rows in set, 1 warning (0.00 sec)

mysql> select version();
+-----------+
| version() |
+-----------+
| 8.0.22    |
+-----------+
1 row in set (0.00 sec)
```

图 2-17　MySQL 8.0 中半连接优化生效

2. 新增反连接优化

MySQL 8.0 版本实现了对 NOT IN/EXISTS 子查询语句的优化，优化器内部会将查询自动重写为反连接查询 SQL 语句。示例代码如下：

```
explain select * from t1 where id not in (select id from t2);
```

执行结果如图 2-18 所示。

```
mysql> explain select * from t1 where id not in (select id from t2);
+----+-------------+-------+------------+--------+---------------+---------+---------+-----------+------+----------+----------------------------------+
| id | select_type | table | partitions | type   | possible_keys | key     | key_len | ref       | rows | filtered | Extra                            |
+----+-------------+-------+------------+--------+---------------+---------+---------+-----------+------+----------+----------------------------------+
|  1 | SIMPLE      | t1    | NULL       | ALL    | NULL          | NULL    | NULL    | NULL      |    4 |   100.00 | NULL                             |
|  1 | SIMPLE      | t2    | NULL       | eq_ref | PRIMARY       | PRIMARY | 4       | test.t1.id|    1 |   100.00 | Using where; Not exists; Using index |
+----+-------------+-------+------------+--------+---------------+---------+---------+-----------+------+----------+----------------------------------+
2 rows in set, 1 warning (0.00 sec)

mysql> show warnings;
+-------+------+---------+
| Level | Code | Message |
+-------+------+---------+
| Note  | 1003 | /* select#1 */ select `test`.`t1`.`id` AS `id`,`test`.`t1`.`name` AS `name` from `test`.`t1` anti join (`test`.`t2`) on((`test`.`t2`.`id` = `test`.`t1`.`id`)) where true |
+-------+------+---------+
1 row in set (0.00 sec)

mysql>
```

图 2-18　反连接执行计划

在优化器内部，NOT IN 子查询将被重写为如下所示的语句：

```
explain select t1.* from t1 left join t2 on t1.id=t2.id where t2.id is null;
```

NOT IN 重写后的执行计划如图 2-19 所示。

由图 2-19 所示的两个执行计划可以得知，优化前后的执行结果是一样的。

3. 新增 Hash Join 优化算法

MySQL 8.0.18 版本中增加了一项新功能，即 Hash Join 优化算法，其适用于对未创建索引的字段做等值关联查询。在之前的版本里，如果连接的字段没有创建索引，则查询的速度会非常慢（尤其是大表，如果执行频率很高，则很有可能会直接导致数据库卡死），这时的优化器采用的是 BNL（块嵌套）算法。

```
mysql> explain select t1.* from t1 left join t2 on t1.id=t2.id where t2.id is null;
+----+-------------+-------+------------+--------+---------------+---------+---------+-----------+------+----------+------------------------------------+
| id | select_type | table | partitions | type   | possible_keys | key     | key_len | ref       | rows | filtered | Extra                              |
+----+-------------+-------+------------+--------+---------------+---------+---------+-----------+------+----------+------------------------------------+
|  1 | SIMPLE      | t1    | NULL       | ALL    | NULL          | NULL    | NULL    | NULL      |    4 |   100.00 | NULL                               |
|  1 | SIMPLE      | t2    | NULL       | eq_ref | PRIMARY       | PRIMARY | 4       | test.t1.id|    1 |   100.00 | Using where; Not exists; Using index|
+----+-------------+-------+------------+--------+---------------+---------+---------+-----------+------+----------+------------------------------------+
2 rows in set, 1 warning (0.00 sec)

mysql> explain select * from t1 where id not in (select id from t2);
+----+-------------+-------+------------+--------+---------------+---------+---------+-----------+------+----------+------------------------------------+
| id | select_type | table | partitions | type   | possible_keys | key     | key_len | ref       | rows | filtered | Extra                              |
+----+-------------+-------+------------+--------+---------------+---------+---------+-----------+------+----------+------------------------------------+
|  1 | SIMPLE      | t1    | NULL       | ALL    | NULL          | NULL    | NULL    | NULL      |    4 |   100.00 | NULL                               |
|  1 | SIMPLE      | t2    | NULL       | eq_ref | PRIMARY       | PRIMARY | 4       | test.t1.id|    1 |   100.00 | Using where; Not exists; Using index|
+----+-------------+-------+------------+--------+---------------+---------+---------+-----------+------+----------+------------------------------------+
2 rows in set, 1 warning (0.00 sec)
```

图 2-19　NOT IN 重写后的执行计划

　　Hash Join 优化算法的工作原理是，把一张小表数据存储到内存中的 Hash 表里，然后逐行匹配大表中的数据，进而计算 Hash 值，并把符合条件的数据从内存中返回到客户端。

　　Hash Join 优化算法的工作原理如图 2-20 所示。

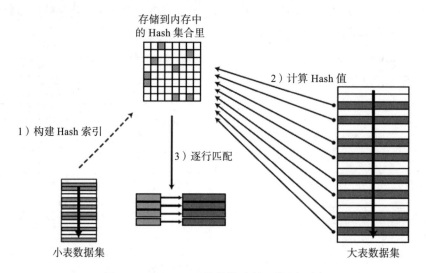

图 2-20　Hash Join 优化算法的工作原理图

　　下面来看一下优化器的执行计划如图 2-21 所示。通过 explain 命令可以看到，执行计划中优化器已经使用了 Hash Join 优化算法。（MySQL 8.0.20 及更高版本可以省略 FORMAT = TREE 直接使用 explain 命令。）

　　注意，这里的字段 name 未创建索引。

　　系统变量 join_buffer_size 可用于控制 Hash Join 优化算法允许使用的内存数量；如果 Hash Join 优化算法所需的内存数超过该阈值，那么 MySQL 将会在磁盘中执行操作。需要注意的是，如果 Hash Join 优化算法无法在内存中完成，并且打开的文件数量超过了系统变量 open_files_limit 的值，则连接操作很有可能会失败。为了解决这个问题，可以使用以下方法中的任意一个。

第一种方法：增加 join_buffer_size 的值，确保 Hash Join 优化算法可以在内存中完成。

第二种方法：增加 open_files_limit 的值。

```
mysql> explain select count(*) from t1 left join t2 on t1.name=t2.name;
+----+-------------+-------+------------+------+---------------+------+---------+------+------+----------+---------------------------------------+
| id | select_type | table | partitions | type | possible_keys | key  | key_len | ref  | rows | filtered | Extra                                 |
+----+-------------+-------+------------+------+---------------+------+---------+------+------+----------+---------------------------------------+
|  1 | SIMPLE      | t1    | NULL       | ALL  | NULL          | NULL | NULL    | NULL |    4 |   100.00 | NULL                                  |
|  1 | SIMPLE      | t2    | NULL       | ALL  | NULL          | NULL | NULL    | NULL |    5 |   100.00 | Using where; Using join buffer (hash join) |
+----+-------------+-------+------------+------+---------------+------+---------+------+------+----------+---------------------------------------+
2 rows in set, 1 warning (0.00 sec)
```

图 2-21　优化器的执行计划

在不创建 name 字段索引的情况下，MySQL 自身就能对图 2-21 里的 SQL 语句进行优化，以减少开发人员的日常工作，避免生产事故的发生。

使用默认配置时，MySQL 在所有可能的情况下都会使用 Hash Join 优化算法。

下面提供了两种用于控制是否使用 Hash Join 优化算法的方法。

第一种方法：在全局或会话级别设置服务器系统变量 optimizer_switch 中的 hash_join=on 或 hash_join=off 选项。默认设置为 hash_join=on。

第二种方法：在语句级别为特定的连接指定优化器提示 HASH_JOIN 或 NO_HASH_JOIN。

4. 扩展应用 Explain Analyze

在 MySQL 8.0 之前的版本里，我们使用 explain 命令来查看 SQL 的具体执行计划。MySQL 8.0.18 版本对 explain 命令进行了扩展，一个是 explain format=tree，另一个是基于 explain format=tree 延伸扩展的 Explain Analyze，下面通过示例来演示该命令是如何执行的。

示例代码如下：

```
explain analyze select count(*) from sbtest1 where id>0;
```

注意，这里必须带上 where 条件，否则不会显示执行计划。

Explain Analyze 的执行计划如图 2-22 所示。

```
mysql> explain analyze select count(*) from sbtest1 where id>0;
+------------------------------------------------------------------------------------------------------------------------------------------------------+
| EXPLAIN                                                                                                                                               |
+------------------------------------------------------------------------------------------------------------------------------------------------------+
| -> Aggregate: count(0)  (actual time=14793.052..14793.053 rows=1 loops=1)                                                                             |
|     -> Filter: (sbtest1.id > 0)  (cost=965483.65 rows=4812985) (actual time=0.032..13891.276 rows=10000000 loops=1)                                   |
|         -> Index range scan on sbtest1 using PRIMARY  (cost=965483.65 rows=4812985) (actual time=0.031..12347.628 rows=10000000 loops=1)              |
|                                                                                                                                                      |
+------------------------------------------------------------------------------------------------------------------------------------------------------+
1 row in set (14.79 sec)
```

图 2-22　Explain Analyze 的执行计划

MySQL 内部会运行查询结果，并计量执行时间，具体说明如下。

1）cost 部分的 rows=4 812 985，与 explain 生成的结果一致，都是估算读取的行数。explain 的执行计划如图 2-23 所示。

```
mysql> explain select count(*) from sbtest1 where id>0;
+----+-------------+---------+------------+-------+---------------+---------+---------+------+---------+----------+--------------------------+
| id | select_type | table   | partitions | type  | possible_keys | key     | key_len | ref  | rows    | filtered | Extra                    |
+----+-------------+---------+------------+-------+---------------+---------+---------+------+---------+----------+--------------------------+
|  1 | SIMPLE      | sbtest1 | NULL       | range | PRIMARY,k_1   | PRIMARY | 4       | NULL | 4812985 | 100.00   | Using where; Using index |
+----+-------------+---------+------------+-------+---------------+---------+---------+------+---------+----------+--------------------------+
1 row in set, 1 warning (0.00 sec)
```

图 2-23　explain 的执行计划

2）actual 部分的 rows=10 000 000，是执行这条 SQL 语句返回的真正结果，执行结果如图 2-24 所示。

```
mysql> select count(*) from sbtest1 where id>0;
+----------+
| count(*) |
+----------+
| 10000000 |
+----------+
1 row in set (12.90 sec)
```

图 2-24　count(*) 的执行结果

3）actual time=14 793.052（单位为毫秒），将其转换为秒，那么这条 SQL 语句的执行时间约为 14.79 秒。

5. 支持一个表有多个 INSERT、DELETE、UPDATE 触发器

MySQL 8.0 版本支持一个表上有多个触发器，这样原表已有的触发器也就可以使用 pt-online-schema-change 修改表结构了。

下面来看个例子，为 t1 表创建两个 INSERT 触发器。第一个触发器名为 t1_1，代码如下：

```
DELIMITER $$
USE `test`$$
DROP TRIGGER  `t1_1`$$
CREATE
    TRIGGER `t1_1` AFTER INSERT ON `t1`
    FOR EACH ROW BEGIN
INSERT INTO t2(id,NAME) VALUES(new.id,new.name);
    END;
$$
DELIMITER ;
```

第二个触发器名为 t1_2，代码如下：

```
DELIMITER $$
USE `test`$$
DROP TRIGGER  `t1_2`$$
CREATE
    TRIGGER `t1_2` AFTER INSERT ON `t1`
    FOR EACH ROW BEGIN
```

```
INSERT INTO t3(id,NAME) VALUES(new.id,new.name);
    END;
$$
DELIMITER ;
```

通过下面的命令，可以验证到一个表支持多个触发器已经生效。

```
select TRIGGER_SCHEMA,TRIGGER_NAME,EVENT_MANIPULATION,EVENT_OBJECT_TABLE,ACTION_S
  TATEMENT  from  information_schema.TRIGGERS
where EVENT_OBJECT_TABLE = 't1';
```

执行结果如图 2-25 所示。

```
mysql> select TRIGGER_SCHEMA, TRIGGER_NAME, EVENT_MANIPULATION, EVENT_OBJECT_TABLE, ACTION_STATEMENT from TRIGGERS where EVENT_OBJECT_TABLE = 't1';

| TRIGGER_SCHEMA | TRIGGER_NAME | EVENT_MANIPULATION | EVENT_OBJECT_TABLE | ACTION_STATEMENT |

| test           | t1_1         | INSERT             | t1                 | BEGIN
INSERT INTO t2(id, NAME) VALUES(new. id, new. name);
    END |
| test           | t1_2         | INSERT             | t1                 | BEGIN
INSERT INTO t3(id, NAME) VALUES(new. id, new. name);
    END |

2 rows in set (0.01 sec)

mysql> select version();

| version() |

| 8.0.23 |

1 row in set (0.00 sec)
```

图 2-25　MySQL 8.0 支持单表拥有多个触发器

6. 支持降序索引

查询 SQL 通常需要按多个字段以不同的顺序进行排序。MySQL 在 8.0 版本之前无法使用索引已排序的特性，因为"order by"的顺序与索引的顺序不一致，而使用降序索引就能够指定联合索引中各个字段的顺序，以适应 SQL 语句中"order by"的顺序，让 SQL 能够充分使用索引已排序的特性，从而提升 SQL 性能。

MySQL 从 8.0 版本开始支持降序索引（InnoDB 引擎）。索引可以直接被定义为 DESC，这样在存储的时候就是降序保存的，在进行降序扫描时，性能会得到大幅度提升。当然，这样做最大的好处是，我们可以使用索引处理混合排序的查询（如 order by a desc,b asc,c desc）。

下面就来通过示例讲解如何使用降序索引，命令如下：

```
CREATE TABLE t1 (
a INT PRIMARY KEY,
b INT,
KEY a_idx(a DESC, b ASC)
) ENGINE = InnoDB;
```

假设有一个查询，需要对多个列进行排序，且顺序要求不一致。在这种场景下，要想避免数据库进行额外的文件排序，则只能使用降序索引。仍是以上面这张表为例，下面就来看看使用降序索引和不使用的区别。

在 MySQL 5.7 版本中执行如下命令：

explain select * from t1 order by a desc,b asc;

执行结果如图 2-26 所示。

```
mysql> explain select * from t1 order by a desc,b asc;
+----+-------------+-------+------------+-------+---------------+-------+---------+------+------+----------+-----------------------------+
| id | select_type | table | partitions | type  | possible_keys | key   | key_len | ref  | rows | filtered | Extra                       |
+----+-------------+-------+------------+-------+---------------+-------+---------+------+------+----------+-----------------------------+
|  1 | SIMPLE      | t1    | NULL       | index | NULL          | a_idx | 9       | NULL |    1 |   100.00 | Using index; Using filesort |
+----+-------------+-------+------------+-------+---------------+-------+---------+------+------+----------+-----------------------------+
1 row in set, 1 warning (0.00 sec)

mysql> select version();
+-----------+
| version() |
+-----------+
| 5.7.31-log |
+-----------+
1 row in set (0.00 sec)
```

图 2-26　MySQL 5.7 需要额外进行文件排序

在 MySQL 8.0 版本中执行如下命令：

explain select * from t1 order by a desc,b asc;

执行结果如图 2-27 所示。

```
MySQL [hcy]> explain select * from t1 order by a desc,b asc;
+----+-------------+-------+------------+-------+---------------+-------+---------+------+------+----------+-------------+
| id | select_type | table | partitions | type  | possible_keys | key   | key_len | ref  | rows | filtered | Extra       |
+----+-------------+-------+------------+-------+---------------+-------+---------+------+------+----------+-------------+
|  1 | SIMPLE      | t1    | NULL       | index | NULL          | a_idx | 9       | NULL |    1 |   100.00 | Using index |
+----+-------------+-------+------------+-------+---------------+-------+---------+------+------+----------+-------------+
1 row in set, 1 warning (0.001 sec)

MySQL [hcy]> select version();
+-----------+
| version() |
+-----------+
| 8.0.23    |
+-----------+
1 row in set (0.000 sec)
```

图 2-27　MySQL 8.0 避免了文件排序

比较二者的结果能够看出，MySQL 8.0 由于存在降序索引，避免了额外的文件排序。注意，MariaDB 10.5 同样也支持降序索引。

7. 支持隐藏索引

MySQL 8.0 支持隐藏索引，该特性可以把某个索引设置为对优化器不可见，但是引擎内部还是会维护这个索引，并且实现不可见属性的修改操作时只需要修改元数据，所以操作速度非常快。如果我们发现不再需要某个索引，想要将其去掉的话，可以先把索引设置为不可见，观察一下业务是否会受到影响，如果一切正常，就可以通过 DROP 命令去掉该索引；如果业务有受到影响，则说明删除这个索引会引发业务问题，就需要快速改回来。所以相对于去掉或增加索引这种影响比较严重的操作，隐藏索引就显得非常灵活方便了。

此外，当优化器选择了错误的索引时，在 MySQL 8.0 之前的版本中，数据库管理员通常会采用如下三种方法处理。

第一种方法：通过 force index 命令强制选择某个索引，但是这种方法可能会导致后续系统迁移或索引名变更时出现问题。

第二种方法：改写 SQL 语句，让 MySQL 优化器再次进行判断，从而选择正确的索引。

第三种方法：直接删除索引本身，让优化器无法选择该索引。

现在可以通过设置隐藏索引来解决了。下面通过示例讲解如何使用隐藏索引，命令如下：

```
CREATE TABLE t1 (
  i INT,
  j INT,
  k INT,
  INDEX i_idx (i) INVISIBLE
) ENGINE = InnoDB;
```

修改表结构，命令如下：

```
ALTER TABLE t1 ADD INDEX k_idx (k) INVISIBLE;
```

若要把隐藏索引设为可见状态，可使用如下命令：

```
ALTER TABLE t1 ALTER INDEX i_idx VISIBLE;
```

注意，不能对主键设置隐藏索引。如果一个表中没有指定明确的主键，但将一个 NOT NULL 的列设为了 UNIQUE 索引，那么也不能对该列设置隐藏索引，因为在这种情况下，该列是此表的隐藏主键。

MariaDB 10.6 版本（本书截稿前尚未发布 GA 版）同样也支持这一特性，该版本中称之为忽略索引，语法如下：

```
ALTER TABLE table_name ALTER {KEY|INDEX} [IF EXISTS] key_name [NOT] IGNORED;
```

图 2-28 展示了忽略索引的使用范例。

```
CREATE OR REPLACE TABLE t1 (id INT PRIMARY KEY, b INT, KEY k1(b) IGNORED);

EXPLAIN SELECT * FROM t1 ORDER BY b;
+----+-------------+-------+------+---------------+------+---------+------+------+----------------+
| id | select_type | table | type | possible_keys | key  | key_len | ref  | rows | Extra          |
+----+-------------+-------+------+---------------+------+---------+------+------+----------------+
|  1 | SIMPLE      | t1    | ALL  | NULL          | NULL | NULL    | NULL | 1    | Using filesort |
+----+-------------+-------+------+---------------+------+---------+------+------+----------------+

ALTER TABLE t1 ALTER INDEX k1 NOT IGNORED;

EXPLAIN SELECT * FROM t1 ORDER BY b;
+----+-------------+-------+-------+---------------+------+---------+------+------+-------------+
| id | select_type | table | type  | possible_keys | key  | key_len | ref  | rows | Extra       |
+----+-------------+-------+-------+---------------+------+---------+------+------+-------------+
|  1 | SIMPLE      | t1    | index | NULL          | k1   | 5       | NULL | 1    | Using index |
+----+-------------+-------+-------+---------------+------+---------+------+------+-------------+
```

图 2-28　忽略索引用法示例

8. 支持以 JSON 格式存储数据

为了兼容 JSON 格式，MySQL 同样也为 NoSQL 的扩展提供了一个接口，以支持原生的 JSON 格式。在这种格式下，表中的每行都可以存储不同列的集合，相当于是将关系型数据库和文档型 NoSQL 数据库集于一身。

为了满足上述需求，MySQL 引入了 JSON 列的概念。表中的每行都可以有一个 JSON 列。这个 JSON 列将作为一个额外的字段存储在 JSON 类型中，并且 MySQL 提供了一系列的函数用于创建、更新、删除、检查或查询这个列。

MySQL 官方列出了 JSON 的相关函数，其与 MariaDB 在命令行和参数上有一些不同。JSON 相关函数的完整列表如表 2-1 所示。

表 2-1　JSON 函数

分类	函数	描述
创建 JSON	json_array	创建 JSON 数组
	json_object	创建 JSON 对象
	json_quote	将 JSON 对象转换成 JSON 字符串类型
查询 JSON	json_contains	判断是否包含某个 JSON 值
	json_contains_path	判断某个路径下是否包 JSON 值
	json_extract	提取 JSON 值
	json_keys	提取 JSON 中的键值，将它设置为 JSON 数组
	json_search	按给定字符串关键字搜索 JSON，返回匹配的路径
修改 JSON	json_array_append	末尾添加数组元素，如果原有值是数值或 JSON 对象，则转成数组后再添加元素
	json_array_insert	插入数组元素
	json_insert	插入值（插入新值，但不替换已经存在的旧值）
	json_merge	合并 JSON 数组或对象
	json_remove	删除 JSON 数据
	json_replace	替换值（只替换已经存在的旧值）
	json_set	设置值（替换旧值，并插入不存在的新值）
	json_unquote	去除 JSON 字符串的引号，将值转换成字符串类型
返回 JSON 属性	json_depth	返回 JSON 文档的最大深度
	json_length	返回 JSON 文档的长度
	json_type	返回 JSON 值的类型
	json_valid	判断是否为合法的 JSON 文档

下面通过示例代码来介绍 JSON 相关函数的使用方法。

创建一个表 t1，结构如下：

```
CREATE TABLE `t1` (
  `jdoc` json DEFAULT NULL
) ENGINE=InnoDB DEFAULT CHARSET=utf8;
```

下面做一个测试，插入 JSON 格式的数据，命令如下：

```
INSERT INTO t1 VALUES('{"name": "张三", "age": 21}');
```

查看数据，结果如图 2-29 所示。

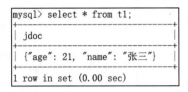

图 2-29　查看 JSON 数据

1）获取键 name 和 age 的值，命令如下：

```
select JSON_EXTRACT(jdoc,'$.age') age,JSON_EXTRACT(jdoc,'$.name') name from t1;
```

查看数据，结果如图 2-30 所示。

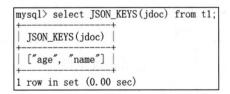

图 2-30　获取键 – 值对

2）获取所有的键，命令如下：

```
select JSON_KEYS(jdoc) from t1;
```

查看数据，结果如图 2-31 所示。

```
mysql> select JSON_KEYS(jdoc) from t1;
+-----------------+
| JSON_KEYS(jdoc) |
+-----------------+
| ["age", "name"] |
+-----------------+
1 row in set (0.00 sec)
```

图 2-31　获取所有的键

3）增加一个键 – 值对，命令如下：

```
update t1 set jdoc=JSON_INSERT(jdoc,'$.address','北京');
```

查看数据，结果如图 2-32 所示。

4）更改一个键 – 值对，命令如下：

```
update t1 set jdoc=JSON_SET(jdoc,'$.address','上海');
```

查看数据，结果如图 2-33 所示。

```
mysql> select * from t1;
+---------------------------+
| jdoc                      |
+---------------------------+
| {"age": 21, "name": "张三"} |
+---------------------------+
1 row in set (0.00 sec)

mysql> update t1 set jdoc=JSON_INSERT(jdoc,'$.address','北京');
Query OK, 1 row affected (0.00 sec)
Rows matched: 1  Changed: 1  Warnings: 0

mysql> select * from t1;
+--------------------------------------------+
| jdoc                                       |
+--------------------------------------------+
| {"age": 21, "name": "张三", "address": "北京"} |
+--------------------------------------------+
1 row in set (0.00 sec)
```

图 2-32　增加键 – 值对

```
mysql> select * from t1;
+--------------------------------------------+
| jdoc                                       |
+--------------------------------------------+
| {"age": 21, "name": "张三", "address": "北京"} |
+--------------------------------------------+
1 row in set (0.00 sec)

mysql> update t1 set jdoc=JSON_SET(jdoc,'$.address','上海');
Query OK, 1 row affected (0.00 sec)
Rows matched: 1  Changed: 1  Warnings: 0

mysql> select * from t1;
+--------------------------------------------+
| jdoc                                       |
+--------------------------------------------+
| {"age": 21, "name": "张三", "address": "上海"} |
+--------------------------------------------+
1 row in set (0.00 sec)
```

图 2-33　更改键 – 值对

5）删除一个键 – 值对，命令如下：

```
update t1 set jdoc=JSON_REMOVE(jdoc,'$.address');
```

查看数据，结果如图 2-34 所示。

9. 支持函数索引

在 MySQL 5.6 中，函数索引是无法用到索引的，下面的 SQL 在执行时会进行全表扫描：

```
select * from t1 where mod(id,10) = 1;
```

为了解决这个问题，MySQL 在 5.7 版本里引入了虚拟列，虚拟列就是一个表达式，在运行时计算，不存储在数据库中，不能更新虚拟列的值。

```
mysql> select * from t1;
+--------------------------------------------------+
| jdoc                                             |
+--------------------------------------------------+
| {"age": 21, "name": "张三", "address": "上海"}   |
+--------------------------------------------------+
1 row in set (0.00 sec)

mysql> update t1 set jdoc=JSON_REMOVE(jdoc,'$.address');
Query OK, 1 row affected (0.00 sec)
Rows matched: 1  Changed: 1  Warnings: 0

mysql> select * from t1;
+-----------------------------+
| jdoc                        |
+-----------------------------+
| {"age": 21, "name": "张三"}  |
+-----------------------------+
1 row in set (0.00 sec)
```

图 2-34　删除键 – 值对

目前，MySQL 提供了两种类型的虚拟列：VIRTUAL 类型和 STORED 类型。STORED 类型虚拟列的值是直接存储在表中的；而 VIRTUAL 类型的虚拟列其实只是一个定义，表结构中并不包括这个列，只会在需要用到的时候进行临时计算，默认值是 VIRTUAL。

在 MySQL 5.7 里，按如下方式创建表即可使用函数索引，如图 2-35 所示。

```
mysql> select version();
+------------+
| version()  |
+------------+
| 5.7.10-log |
+------------+
1 row in set (0.00 sec)

mysql> show create table t2\G;
*************************** 1. row ***************************
       Table: t2
Create Table: CREATE TABLE `t2` (
  `id` int(11) NOT NULL,
  `mod_id` int(11) GENERATED ALWAYS AS ((`id` % 10)) VIRTUAL,
  PRIMARY KEY (`id`),
  KEY `IX_mod_id` (`mod_id`)
) ENGINE=InnoDB DEFAULT CHARSET=utf8
1 row in set (0.00 sec)
```

图 2-35　t2 表结构

插入数据时，注意虚拟列的值必须为 DEFAULT，否则会报错，如图 2-36 所示。

通过 explain 执行计划我们可以看到，字段 mod_id 已经使用了索引，如图 2-37 所示。

```
mysql> insert into t2(id, mod_id) values(55, 55);
ERROR 3105 (HY000): The value specified for generated column 'mod_id' in table 't2' is not allowed.
mysql>
mysql> insert into t2(id, mod_id) values(55, default);
Query OK, 1 row affected (0.07 sec)

mysql> select * from t2;
+----+--------+
| id | mod_id |
+----+--------+
| 55 |      5 |
+----+--------+
1 row in set (0.00 sec)
```

图 2-36   插入的字段值必须为 DEFAULT

```
mysql> explain select * from t2 where mod_id=5;
```

id	select_type	table	partitions	type	possible_keys	key	key_len	ref	rows	filtered	Extra
1	SIMPLE	t2	NULL	ref	IX_mod_id	IX_mod_id	5	const	1	100.00	Using index

```
1 row in set, 1 warning (0.00 sec)
```

图 2-37   执行计划返回结果

MySQL 5.7 通过这种方式实现了函数索引。

MySQL 8.0.13 及更高版本同样支持函数索引，也就是将表达式的值作为索引的内容，而不是列值或列值前缀，即索引是建立在函数的基础之上的。这使得索引的定义更加灵活，不用修改已有的线上 SQL 语句，运算也可以直接转移到索引上去。下面来看个示例。

创建一个表 t1，结构如下：

```
CREATE TABLE `t1` (
  `id` int NOT NULL,
  `cid` int DEFAULT NULL,
  PRIMARY KEY (`id`),
  KEY `functional_index` (((`cid` % 10)))
) ENGINE=InnoDB DEFAULT CHARSET=utf8;
```

基于上表执行 select * from t1 where cid%10 = 1 命令时会用到函数索引，如图 2-38 所示。

```
mysql> explain select * from t1 where cid%10 = 1;
```

id	select_type	table	partitions	type	possible_keys	key	key_len	ref	rows	filtered	Extra
1	SIMPLE	t1	NULL	ref	functional_index	functional_index	5	const	1	100.00	NULL

```
1 row in set, 1 warning (0.00 sec)
```

图 2-38   执行计划中用到了函数索引

但执行 select * from t1 where cid%5 = 1 命令，或者 select * from t1 where cid = 1 命令时不会用到函数索引，如图 2-39 所示。

```
mysql> explain select * from t1 where cid%5 = 1;
+----+-------------+-------+------------+------+---------------+------+---------+------+------+----------+-------------+
| id | select_type | table | partitions | type | possible_keys | key  | key_len | ref  | rows | filtered | Extra       |
+----+-------------+-------+------------+------+---------------+------+---------+------+------+----------+-------------+
|  1 | SIMPLE      | t1    | NULL       | ALL  | NULL          | NULL | NULL    | NULL |    3 |   100.00 | Using where |
+----+-------------+-------+------------+------+---------------+------+---------+------+------+----------+-------------+
1 row in set, 1 warning (0.00 sec)

mysql> explain select * from t1 where cid = 1;
+----+-------------+-------+------------+------+---------------+------+---------+------+------+----------+-------------+
| id | select_type | table | partitions | type | possible_keys | key  | key_len | ref  | rows | filtered | Extra       |
+----+-------------+-------+------------+------+---------------+------+---------+------+------+----------+-------------+
|  1 | SIMPLE      | t1    | NULL       | ALL  | NULL          | NULL | NULL    | NULL |    3 |    33.33 | Using where |
+----+-------------+-------+------------+------+---------------+------+---------+------+------+----------+-------------+
1 row in set, 1 warning (0.00 sec)
```

图 2-39　未使用函数索引

使用函数索引的注意事项如下。

❑ 主键上无法创建函数索引。

❑ 可以混合普通索引和函数索引。

❑ 表达式需要定义在小括号内，但类似 " INDEX ((col1), (col2))" 这样的定义是不允许创建函数索引的。

❑ 不允许将函数索引选做外键。

❑ 空间索引、全文索引不允许创建函数索引。

❑ 如果某列被某个函数索引引用，则需要先删除索引，然后才能删除该列。

❑ 不允许直接引用列前缀。

10. select...for update 增加了 NOWAIT 和 SKIP LOCKED 行级锁限制

select...for update 语句是业务上经常使用的加锁语句。通常情况下，select 语句是不会对数据加锁的，以免影响其他的 DML 和 DDL 操作。同时，在多版本一致读机制的支持下，select 语句也不会受到其他类型语句的影响。借助 for update 子句，select 语句可以在应用程序上实现数据加锁保护操作。

MySQL 8.0 针对 select...for update 语句新增了 NOWAIT 和 SKIP LOCKED 行级锁的限制。

❑ NOWAIT 表示不等待锁，若想获取被锁住的数据，则会立即返回不可访问的报错信息。使用 NOWAIT 的作用就是避免等待被锁住的数据，一旦发现所请求的资源被锁定未释放，就直接返回报错信息。

❑ SKIP LOCKED 表示跳过等待锁，在对数据行进行加锁操作时，如果发现数据行被锁定，就跳过处理。这样 for update 就只会针对未加锁的数据行进行处理。

下面通过示例来说明，会话一和会话二的执行步骤见表 2-2。

那么，什么时候需要使用 for update 子句呢？答案是对于那些需要独占业务层面数据的操作，可以考虑使用 for update 子句。具体场景如火车票订票系统，即使查询时屏幕上显示的是"有票"，当真正出票时，也需要重新确定一下这个数据有没有被其他客户端修改。这个确认过程就可以使用 for update 子句来完成。

表 2-2　select...for update 加锁示例

步骤	会话一	会话二
1	mysql> start transaction; Query OK, 0 rows affected (0.00 sec)	
2	mysql> select * from t1; +----+------+ | id | cid | +----+------+ | 1 | 1 | | 2 | 2 | | 3 | 3 | +----+------+ 3 rows in set (0.00 sec)	
3	mysql> update t1 set cid=11 where id=1; Query OK, 1 row affected (0.01 sec) Rows matched: 1 Changed: 1 Warnings: 0	
4		mysql> start transaction; Query OK, 0 rows affected (0.00 sec)
5		# 不等待锁 mysql> select * from t1 where id=1 for update nowait; ERROR 3572 (HY000): Statement aborted because lock(s) could not be acquired immediately and NOWAIT is set.
6		# 跳过等待锁 mysql> select * from t1 where id=1 for update skip locked; Empty set (0.00 sec)

注意，MariaDB 10.6 版本（本书截稿前尚未发布 GA 版）也同样支持 select...skip locked 这一特性。

11. group by 不再隐式排序

MySQL 8.0 版本中，group by 字段不再隐式排序，如果需要排序，必须显式加上 order by 子句。

下面通过示例来说明。

创建一个表 t1，结构如下：

```
CREATE TABLE `t1` (
  `id` int(11) NOT NULL,
  `cid` int(11) DEFAULT NULL,
  PRIMARY KEY (`id`)
) ENGINE=InnoDB DEFAULT CHARSET=utf8
```

基于上表插入测试数据，命令如下：

```
insert into t1 values(1,0),(2,0),(3,0),(4,0),(5,5),(6,1),(7,5);
```

查看数据，结果如图 2-40 所示。

使用 group by 命令进行分组查询：

```
select * from t1 group by cid;
```

在 MySQL 8.0 版本中，执行结果如图 2-41 所示。

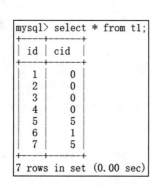

图 2-40　t1 表数据查询结果

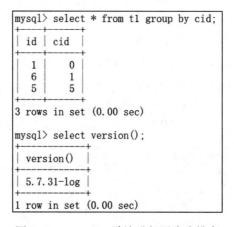

图 2-41　group by 不再隐式排序

在 MySQL 5.7 版本中，执行结果如图 2-42 所示。

图 2-42　group by 默认进行了隐式排序

由上可见，两个版本的执行结果是不一样的。MySQL 5.7 中的 group by 默认有排序功能，MySQL 8.0 则默认只分组不排序，需要加 order by 子句排序。

2.2.5 同步复制的改进

1. 基于表的从库实现并行复制

下面首先介绍一下并行复制的演进历程。

MySQL 最早的主从复制只有两个线程：I/O 线程负责从主库接收二进制日志，并保存在本地的中继日志中；SQL 线程负责解析和重放中继日志中的事件。当主库并行写入压力较大时，从库的 I/O 线程一般不会产生延迟。不过，因为写中继日志是顺序写，SQL 线程重放的速度经常跟不上主库写入的速度，所以会造成主从延迟。如果延迟过大，中继日志会一直在从库中堆积，从而可能导致磁盘被占满。

为了解决这种问题，很自然的想法是提高 SQL 线程重放的并行速度，引入并行复制。

MySQL 5.5 版本里的主从复制是单进程串行复制，即通过 sql_thread 线程来恢复主库推送过来的二进制日志。这种复制模式会产生一个问题：当主库上进行大量的写操作时，从库很有可能会出现延迟。

MySQL 5.6 版本的从库多线程并行复制是基于库的，设置 slave_parallel_workers 参数，即可开启基于库的多线程并行复制。该参数的默认值是 0，表示不开启，最大并发数为 1024 个线程。如果数据库实例中存在多个库，则对从库复制速度的提升有比较大的帮助，因为不同的从库在执行并行复制时，互相之间没有关联，数据不会不一致。2 个从库就会有 2 个 I/O 或 SQL 线程，3 个从库就会有 3 个 I/O 或 SQL 线程，依此类推。

MySQL 5.7 版本的从库多线程并行复制是基于表的，它基于二进制日志组提交事务来实现。简单地说就是，将多个并发提交的事务加入一个队列里，对于这个队列里的事务，可以利用 I/O 合并进行提交。假设主库上，1 秒内有 10 个事务，合并一个 I/O 就提交一次，并在二进制日志里增加一个 last_committed 标记（MariaDB 的二进制日志标记是 cid），那么当 last_committed（cid）的值一样时，从库就可以进行并行复制了。具体来说就是设置多个 sql_thread 线程，将这 10 个事务并行恢复，如图 2-43 所示。

```
[root@dbbak mysql57]# mysqlbinlog -vv mysql-bin.000002 | grep last_committed | more
#160222 14:59:33 server id 17130  end_log_pos 219 CRC32 0x78c11e52    Anonymous_GTID   last_committed=0   sequence_number=1
#160222 14:59:33 server id 17130  end_log_pos 1440 CRC32 0x4b092c4b   Anonymous_GTID   last_committed=0   sequence_number=2
#160222 14:59:33 server id 17130  end_log_pos 2659 CRC32 0x4cc37dba   Anonymous_GTID   last_committed=0   sequence_number=3
#160222 14:59:33 server id 17130  end_log_pos 3879 CRC32 0xcbafe42a   Anonymous_GTID   last_committed=0   sequence_number=4
#160222 14:59:33 server id 17130  end_log_pos 5103 CRC32 0x26e754a4   Anonymous_GTID   last_committed=0   sequence_number=5
#160222 14:59:33 server id 17130  end_log_pos 6320 CRC32 0x695c3dfc   Anonymous_GTID   last_committed=0   sequence_number=6
#160222 14:59:33 server id 17130  end_log_pos 7540 CRC32 0xf15bab79   Anonymous_GTID   last_committed=0   sequence_number=7
#160222 14:59:33 server id 17130  end_log_pos 8761 CRC32 0xe22b1f7e   Anonymous_GTID   last_committed=0   sequence_number=8
#160222 14:59:33 server id 17130  end_log_pos 9981 CRC32 0x1355829e   Anonymous_GTID   last_committed=0   sequence_number=9
#160222 14:59:33 server id 17130  end_log_pos 11201 CRC32 0x01206270  Anonymous_GTID   last_committed=0   sequence_number=10
#160222 14:59:33 server id 17130  end_log_pos 12421 CRC32 0x9e23a056  Anonymous_GTID   last_committed=1   sequence_number=11
#160222 14:59:33 server id 17130  end_log_pos 13642 CRC32 0xb0676a91  Anonymous_GTID   last_committed=1   sequence_number=12
#160222 14:59:33 server id 17130  end_log_pos 14864 CRC32 0x081a70cd  Anonymous_GTID   last_committed=1   sequence_number=13
#160222 14:59:33 server id 17130  end_log_pos 16085 CRC32 0x86f0068c  Anonymous_GTID   last_committed=1   sequence_number=14
#160222 14:59:305 server id 17130 end_log_pos 17305 CRC32 0xebdffefb  Anonymous_GTID   last_committed=1   sequence_number=15
#160222 14:59:33 server id 17130  end_log_pos 18525 CRC32 0x4ba421d2  Anonymous_GTID   last_committed=1   sequence_number=16
#160222 14:59:33 server id 17130  end_log_pos 19745 CRC32 0x8a5c92a2  Anonymous_GTID   last_committed=1   sequence_number=17
```

图 2-43　在二进制日志里增加 last_committed 标记

上述实现中，last_committed 为 0 的事务共有 10 个，表示组提交时提交了 10 个事务，假如将参数 slave_parallel_workers（并行复制的线程数，可根据 CPU 核数来设置）设置为 12，那么这 10 个事务将在从库上通过 12 个线程进行恢复。

将参数 slave-parallel-type 设置为 LOGICAL_CLOCK，表示是基于表的组来提交并行复制，该参数的默认值是 DATABASE，表示是基于库的并行复制。

MySQL 5.7 版本的并行复制还存在一个弊端，即如果主库的并发访问量较低，那么从库回放时也很难并行进行。为此，MySQL 5.7 版本引入了两个参数，具体说明如下。

❑ binlog_group_commit_sync_delay：用于设置等待延迟提交的时间。二进制日志提交后会等待一段时间再调用 fsync 函数进行提交。这样一来，每个组提交的事务更多，人为提高了并发访问量。

❑ binlog_group_commit_sync_no_delay_count：用于设置等待提交的最大事务数。如果等待的时间还没到，而事务数先达到设定值了，就立即调用 fsync 函数提交。达到期望的并发访问量后立即提交的方式可以有效缩小等待延迟的时间。

MySQL 8.0 中已解决上述问题，即使是在主库中串行提交的事务，只要事务之间相互不冲突，在从库中就可以并行回放。

MySQL 8.0 引入了参数 binlog_transaction_dependency_tracking 来控制事务的依赖模式，该参数有三个取值，具体如下。

1）COMMIT_ORDERE：使用 MySQL 5.7 组提交的方式决定事务的依赖模式，如图 2-44 所示。

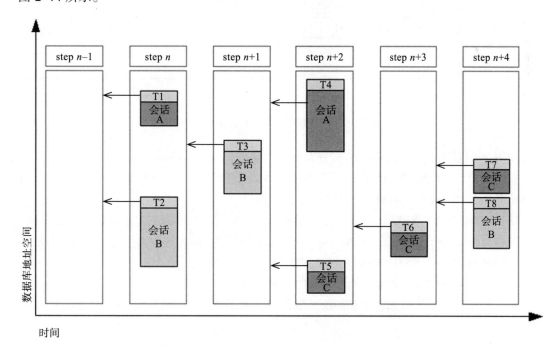

图 2-44　COMMIT_ORDERE 并行复制模式

图 2-44 中，COMMIT_ORDERE 并行复制模式允许先并行执行事务 T1 和 T2，接下来执行 T3，然后并行执行 T4 和 T5，再单独执行 T6，最后一起并行执行 T7 和 T8。

2）WRITESET：通过检测是否更新了相同的记录来判断事务能否并行回放，因此需要在运行时保存已经提交的事务信息以记录历史事务更新了哪些行。记录历史事务的参数为 binlog_transaction_dependency_history_size，该值越大表示可以记录越多已经提交的事务信息。不过需要注意的是，这个值并非指事务大小，而是指追踪的事务更新信息的数量，如图 2-45 所示。

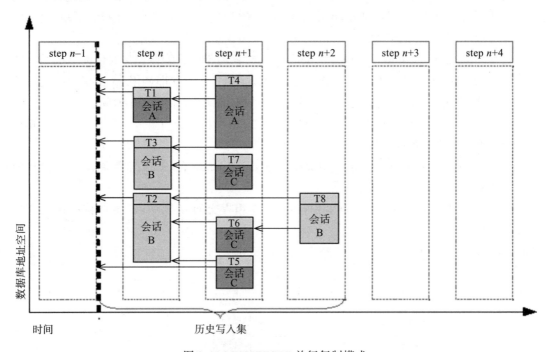

图 2-45　WRITESET 并行复制模式

使用 WRITESET 并行复制模式，并行运行的事务可以从最多 2 个增长到 4 个。

3）WRITESET_SESSION：用于在 WRITESET 并行复制模式的基础上保证同一个会话内的事务不可并行运行，如图 2-46 所示。

使用 WRITESET_SESSION 并行复制模式，同一会话中的事务永远不可并行运行。

参数 transaction_write_set_extraction 将决定采用哪种 Hash 算法，可选的 Hash 算法有 OFF、MURMUR32、XXHASH64，默认采用 XXHASH64 算法。

为了评估 MySQL 8.0 版本中的 COMMIT_ORDER、WRITESET 和 WRITESET_SESSION 这三种并行复制模式，官方进行了一组基准测试。如图 2-47 所示的是官方 Sysbench 的压测结果。

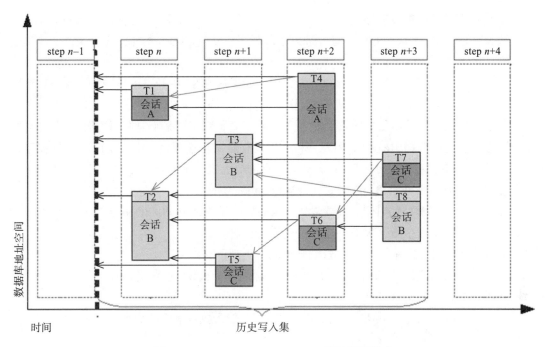

图 2-46　WRITESET_SESSION 并行复制模式

基准测试

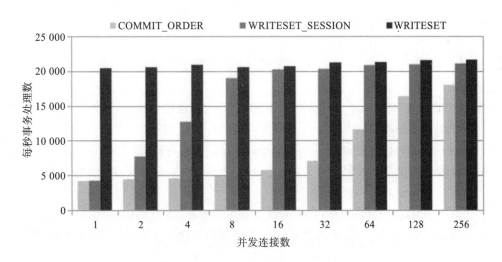

图 2-47　三种并行复制模式压测对比

由图 2-47 可以看到，在客户端线程比较少的时候，WRITESET 的性能最好，在只有一个连接时，WRITESET_SESSION 和 COMMIT_ORDER 的差别较小。

2. 异步连接自动故障转移

从 MySQL 8.0.22 版本开始，官方进一步增强了主从复制的容错性，开始支持"异步连接故障自动转移"的功能。

例如，一主（M）两从（S1 和 S2）的架构，如果从库 S2 中开启了异步连接故障自动转移功能，那么在主库 M 宕机后，从库 S2 复制会自动指向从库 S1。

其原理是在一条异步复制通道上配置多个可用复制源，当某个复制源不可用时（例如，复制源宕机、复制链路中断等），且从库的 I/O 线程尝试重连无效，那么从库将根据权重自动选择新的复制源继续同步。其中，有如下三点需要大家特别注意。

❑ 所有节点均需开启 GTID 模式，即 gtid_mode=ON。

❑ 在配置复制链路的时候，需要设置 MASTER_AUTO_POSITION=1。

❑ 所有节点的复制账号需要使用同一套账号密码。

下面通过示例来讲解异步连接故障自动转移的使用方法。

首先，我们创建三个实例 M、S1 和 S2，其中，S1 和 S2 是 M 的从库，三个实例的端口号分别是 3306、3307 和 3308。

然后在从库 S2 中开启异步连接故障自动转移功能，执行下面的命令：

```
CHANGE MASTER TO
MASTER_HOST='127.0.0.1',MASTER_USER='admin',MASTER_PASSWORD='hechunyang',
MASTER_PORT=3306,MASTER_AUTO_POSITION=1,MASTER_RETRY_COUNT=2,
MASTER_CONNECT_RETRY=10,
SOURCE_CONNECTION_AUTO_FAILOVER=1 FOR CHANNEL 'repl_auto_failover';
```

只有当重试的时间超过一定的阈值时，才会触发自动连接容错，该阈值依赖于如下两个参数。

❑ MASTER_RETRY_COUNT：用于设置主从复制连接超时后，尝试重新连接次数的最大值。

❑ MASTER_CONNECT_RETRY：用于指定与复制源的连接超时后，尝试重新连接时间的最大值，单位为秒。

下面在从库 S2 上配置 asynchronous_connection_failover_add_source，添加备选复制源。配置异步连接故障自动转移（asynchronous connection auto failover）的两个函数具体如下。

❑ asynchronous_connection_failover_add_source(channel-name,host,port,network-namespace,weight)，其中参数 weight 的值越高，代表优先选择权重值较大的备选复制源。

❑ asynchronous_connection_failover_delete_source(channel-name,host,port,network-namespace)。

执行下面的命令设置异步连接故障自动转移：

```
SELECT asynchronous_connection_failover_add_source('repl_auto_failover',
```

```
    '127.0.0.1', 3306, NULL, 50);
SELECT asynchronous_connection_failover_add_source('repl_auto_failover',
    '127.0.0.1', 3307, NULL, 50);
START  SLAVE  FOR  CHANNEL  'repl_auto_failover';
```

最后，检查异步复制通道是否启用了故障转移，命令如下：

```
mysql> select * from mysql.replication_asynchronous_connection_failover\G;
*************************** 1. row ***************************
     Channel_name: repl_auto_failover
             Host: 127.0.0.1
             Port: 3306
Network_namespace:
           Weight: 50
     Managed_name:
*************************** 2. row ***************************
     Channel_name: repl_auto_failover
             Host: 127.0.0.1
             Port: 3307
Network_namespace:
           Weight: 50
     Managed_name:
2 rows in set (0.00 sec)

mysql> SELECT CHANNEL_NAME, SOURCE_CONNECTION_AUTO_FAILOVER
     FROM performance_schema.replication_connection_configuration\G;
*************************** 1. row ***************************
                     CHANNEL_NAME: repl_auto_failover
SOURCE_CONNECTION_AUTO_FAILOVER: 1
1 row in set (0.00 sec)

mysql> select CHANNEL_NAME, SERVICE_STATE  from
     performance_schema.replication_connection_status\G
*************************** 1. row ***************************
 CHANNEL_NAME: repl_auto_failover
SERVICE_STATE: ON
1 row in set (0.00 sec)
```

杀死主节点 M，从节点 S2 会在尝试几轮重连失败后，自动切换到 S1 的复制源，其日志中会输出如下切换信息：

```
2021-06-02T16:58:29.580809+08:00 96 [ERROR] [MY-010584] [Repl] Slave I/O for
  channel 'repl_auto_failover': error reconnecting to master
  'admin@127.0.0.1:3306' - retry-time: 10
retries: 1 message: Can't connect to MySQL server on '127.0.0.1:3306' (111),
  Error_code: MY-002003
2021-06-02T16:58:39.581022+08:00 96 [ERROR] [MY-010584] [Repl] Slave I/O for
  channel 'repl_auto_failover': error reconnecting to master
  'admin@127.0.0.1:3306' - retry-time: 10
retries: 2 message: Can't connect to MySQL server on '127.0.0.1:3306' (111),
  Error_code: MY-002003
2021-06-02T16:58:40.582594+08:00 96 [System] [MY-010562] [Repl] Slave I/O thread
  for channel 'repl_auto_failover': connected to master 'admin@127.0.0.1:3307',
  replication started
in log 'FIRST' at position 152
```

注意，如果主节点发生了故障，且复制链路成功进行了复制转移，那么之后即使原主节点恢复正常，只要新的复制链路没有发生故障，也不会回切到原主节点。如果当前复制链路发生了故障，复制链路将会再次选择权重最高的复制源进行切换。

2.2.6 InnoDB 存储引擎层的改进

1. 亿级大表毫秒内加字段

（1）概述

DDL（Data Definition Language）是数据库内部的对象进行创建、删除和修改操作的语言，主要包括加减列、更改列类型、加减索引等。数据库的模式会随着业务的发展而不断变化，如果没有高效的 DDL 功能，那么数据库内的每一次变更都有可能会影响到业务，甚至引发生产故障。MySQL 在 8.0 版本之前就已经支持在线 DDL 操作了，且在执行时不会阻塞其他 DML 操作，但许多重要的 DDL 操作，如加列、减列等，仍然需要等待很长时间（等待时间与数据量的大小有关）才能生效。为了提高表结构变更的效率，MySQL 在 8.0.12 版本支持了 INSTANT DDL 功能，该功能不需要修改存储层的数据就可以快速完成 DDL 操作。

执行 DDL 的 ALTER 语句增加了新的关键字 INSTANT，用户可以显式地指定。MySQL 也会自动选择合适的算法，因此 INSTANT DDL 对用户来说是透明的。

（2）语法

INSTANT DDL 的 ALTER 语法如下：

```
ALTER TABLE tbl_name
    [alter_specification [, alter_specification] ...]
    [partition_options]
alter_specification:
    table_options
  | ADD [COLUMN] col_name column_definition
        [FIRST | AFTER col_name]
  | ADD [COLUMN] (col_name column_definition,...)
  ....
  | ALGORITHM [=] {DEFAULT|INSTANT|INPLACE|COPY}
```

上述语法中的参数说明如下。

❑ DEFAULT：MySQL 自行选择锁定资源最少的方式。

❑ INSTANT：只需要更新数据字典中的元数据，很快就能完成此操作。

❑ INPLACE：此变更由 InnoDB 引擎独立完成，不需要使用重做日志等，因此可以节省开销。

❑ COPY：此变更会重建聚簇索引，执行 DDL 操作的时候会创建临时表。

2. 在线加列流程

MySQL 8.0.12 版本之前的 MySQL 在执行加列操作时，需要更新数据字典并重建表空间，所有的数据行都必须改变长度，以用于存放增加的数据。此过程中，DDL 操作的运行时间很长，需要占用大量的系统资源，以及额外的磁盘空间（用于建立临时表），会影响系统的吞吐性能,而且一旦执行过程中发生崩溃,故障恢复又要花费很长的时间。如果需要对表执行增加列的操作,则会导致各行数据排列产生变动,这样一来,就需要重建整张表,可见这种变动的成本是很高的。

我们来看一下此过程中在线 DDL 操作的原理。在执行创建或删除操作的同时,将 INSERT、UPDATE、DELETE 这类 DML 操作的日志写到一个缓存中。待将表结果修改完以后,再在原表上重新执行一遍缓存中的操作,以此实现数据的一致性。这个缓存的大小由参数 innodb_online_alter_log_max_size 控制,默认取值为 128MB。若用户对表的更新操作比较频繁,在创建的过程中伴有大量的写事务,那么当 innodb_online_alter_log_max_size 设置的空间不够存放日志时,系统就会抛出错误。对此,我们可以调大该参数的值,以获得更大的日志缓存空间。

注意,若临时表的大小超出上述参数值的上限,则 ALTER 表的操作会失败,当前所有未提交的 DML 操作都会回滚。因此,一个较大的值允许在线 DDL 操作期间执行更多的 DML,但是过大的值会使 DDL 操作结束后,应用 innodb_online_alter_log 日志中的数据时需要花费很长的时间。修改表结构的操作,尤其是对于大表的修改,建议在凌晨业务低峰期进行。另外,在执行在线 DDL 操作的过程中,数据库的吞吐量会下降。

3. 即时添加列流程

随着业务的发展,向表中添加字段成为最常见的表结构变更类型。即时添加列功能不需要修改存储层的数据,更不需要重建表,它只是改变了存储在系统表中的表结构,执行效率非常高。即时添加列功能可用于解决业务上的如下痛点。

- 对大表的加字段操作(通常需要耗时十几个小时甚至数天的时间)。
- 加字段过程中需要创建临时表,会消耗大量的存储资源。
- 二进制日志复制是事务维度的,DDL 操作会造成主从复制延时。

在此功能的实现上,MySQL 并没有在系统表中记录多个版本的数据库的组织和结构,而是非常取巧地扩展了存储格式。它在已有的 info bits 区域和新增的字段数量区域记录即时列的信息时,对之前的数据不会做任何修改,之后的数据则会按照新格式存储。同时,在系统表的 private_data 字段也会存储即时列的默认值信息。查询时,对于读取的老记录,只需要增加即时列的默认值即可,新记录则需要按照新的存储格式进行解析,这样就实现了新老格式的兼容性。当然,这种实现方式也有一定的局限性,那就是只能顺序加字段。

使用即时添加列功能时,需要注意如下限制。

- 如果指定了参数 AFTER,则字段必须是加在最后一列上,否则还是需要重新建表。
- 不适合用于 ROW_FORMAT = COMPRESSED 的情况。
- 通过 modify 命令修改字段属性时需要重新建表。
- 不支持对 DROP COLUMN 采用 INSTANT 算法。

4. 新的数据字典支持原子的 DDL 操作

MySQL 8.0 使用新的数据字典，废弃了 MyISAM 系统表。MySQL 库元信息存储在数据目录中 mysql.ibd 的 InnoDB 表空间文件中（原有的".frm"表结构信息文件将被移除）。

新的数据字典支持原子的 DDL 操作，这就意味着，在执行 DDL 操作时，数据字典的更新、存储引擎上的操作和二进制日志中的写入操作可以组合成一个原子事务。组合操作要么完全执行，要么完全不执行。原子的 DDL 操作提供了更好的可靠性，未完成的 DDL 不会留下任何不完整的数据。比如，通过 alter table modify 命令对一张大表做变更时，"kill -9 mysqld"进程在 MySQL 8.0 之前的版本中会留下临时数据文件（例如"#sql-22a4_17.ibd"），而在 MySQL 8.0 版本里则是直接回滚。

参数 innodb_print_ddl_logsz 是在 MySQL 8.0.3 版本中引入的，是可以动态设置的全局参数。该参数默认取值为 OFF，将其设置为 ON 时能够在标准错误中输出 DDL 的重做和回滚信息。MySQL 8.0 引入了原子 DDL 的特性，InnoDB 通过将 DDL 日志写到 mysql.innodb_ddl_log 的方式来实现 DDL 的重做和回滚，但除非是在调试模式下，mysql.innodb_ddl_log 对用户是不可见的。将参数 innodb_print_ddl_logsz 设置为 ON 时，可以在错误日志中查看 DDL 的重做和回滚信息。

5. InnoDB 数据克隆插件

克隆插件是 MySQL 8.0.17 版本引入的一个重要插件，为什么要引入这个插件呢？个人认为主要还是为组复制服务的。在组复制中添加一个新的节点时，差异数据的补齐是通过分布式恢复来实现的。

在 MySQL 8.0.17 版本之前，恢复方式只有一种，即通过二进制日志恢复。如果新节点需要的二进制日志已经被清除，那就只能先借助备份工具（比如，XtraBackup、mydumper、mysqldump）进行全量数据同步，然后通过分布式恢复方式来同步增量数据。

这种方式虽然也能实现添加节点的目的，但总归还是要借助于外部工具，需要一定的工作量，而且有一定的使用门槛。要知道，MySQL 的竞争对手 PXC 和 MongoDB 在这方面做得更好：PXC 默认集成了 XtraBackup 进行状态快照传输（State Snapshot Transfer，类似于全量同步）操作；而 MongoDB 则更进一步，原生地实现了初始同步全量数据的功能，即在副本集中新加一个节点时，可以通过初始同步自动进行全量数据的复制，进而完成增量数据补齐的操作。上述这些工具对于业务开发或数据库管理员来说既省时又省心。从易用性来看，单就集群添加节点而言，MySQL 确实不如竞争对手。从客户体验上来看，MySQL 还有很大的提升空间。

可以说，克隆（或称为全量数据同步）功能的缺失是 MySQL 的一大短板，为 MySQL 高可用实例和组复制实例的部署和运维增加了不小的难度。好在 MySQL 官方也很重视这个差距，终于在 MySQL 8.0.17 版本中新增了克隆插件，以便快速克隆出一个从库，或者组复制实例中的第二名称节点。

MySQL 8.0.17 版本中引入的克隆插件允许在本地或从远程 MySQL 服务器实例中克隆数据。克隆数据是存储在 InnoDB 中的数据的物理快照，其中包括模式、表、表空间和数据字典元数据等。克隆的数据包含一个功能齐全的数据目录，该目录允许使用克隆插件进行 MySQL 服务器配置。

（1）克隆插件的安装

1）安装克隆插件，命令如下：

```
INSTALL PLUGIN CLONE SONAME 'mysql_clone.so';
```

2）检查克隆插件是否处于活动状态，命令如下：

```
SELECT PLUGIN_NAME, PLUGIN_STATUS  FROM  \
INFORMATION_SCHEMA.PLUGINS  WHERE  PLUGIN_NAME  LIKE  'clone';
+-----------------------+-------------------------+
| PLUGIN_NAME  | PLUGIN_STATUS  |
+-----------------------+-------------------------+
| clone        | ACTIVE         |
+-----------------------+-------------------------+
1 row in set (0.00 sec)
```

3）创建克隆账号的权限（所有节点都执行），命令如下：

```
CREATE USER 'clone_user'@'%' IDENTIFIED BY '123456';
GRANT BACKUP_ADMIN,CLONE_ADMIN ON *.* TO 'clone_user'@'%';
```

（2）远程克隆过程

远程克隆操作过程的示意图如图 2-48 所示。

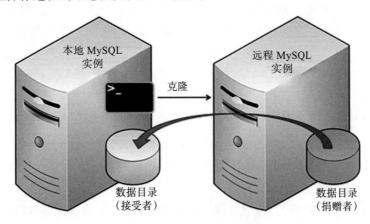

图 2-48　远程克隆示意图

远程克隆涉及两个实例，其中，待克隆的实例是捐赠者，接受克隆数据的实例是接受者。克隆命令需要在接受者上发起。下面通过示例代码讲解远程克隆的用法。

1）设置提供数据的节点（捐赠者），命令如下：

```
set global clone_valid_donor_list = '192.168.137.11:3306';
```

2）开始从远程 MySQL（捐赠者）上克隆数据，并将其传输到当前的 MySQL 实例中，命令如下：

```
CLONE INSTANCE FROM clone_user@192.168.137.11:3306 IDENTIFIED BY '123456';
```

3）完成克隆后，新节点的 mysqld 进程会自动重启（原有数据会被自动删除）。

4）查看克隆状态的命令如下：

```
select * from performance_schema.clone_status;
select * from performance_schema.clone_progress;
```

5）开启复制的命令如下：

```
CHANGE MASTER TO MASTER_HOST = '192.168.137.11', MASTER_PORT =
3306,MASTER_USER='repl',MASTER_PASSWORD='repl',
MASTER_AUTO_POSITION = 1;
start slave;
```

需要注意的是，远程克隆无须额外执行 set global gtid_purged 操作。因为通过克隆数据启动的实例，其 gtid_purged 已经初始化完毕。

使用克隆插件时，需要注意以下三个方面的限制。

❑ 克隆插件仅支持 InnoDB 存储引擎。

❑ TRUNCATE TABLE 在克隆期间为禁止状态。

❑ 如果 DDL 正在运行，则克隆操作须等待其执行完之后再进行。

克隆插件与 XtraBackup 的对比如下。

1）在实现上，两者都有"FILE COPY"和"REDO COPY"阶段，但克隆插件比 XtraBackup 多了一个"PAGE COPY"，由此带来的好处是，克隆插件的恢复速度比 XtraBackup 快。

2）XtraBackup 没有归档重做日志的功能，因此有可能会出现未复制的重做日志被覆盖的情况。

3）在 GTID 模式下建立复制时，无须额外执行 set global gtid_purged 操作。

6. 新增内存自适应调整参数 innodb_dedicated_server

MySQL 能够根据服务器上检测到的内存大小在各种不同的服务器、虚拟机和容器下自动适配服务器的内存资源。

当参数 innodb_dedicated_server 启用时，InnoDB 会自动配置以下参数的取值：

❑ innodb_buffer_pool_size

❑ innodb_log_file_size

❑ innodb_log_files_in_group（自 MySQL 8.0.14 版本起可自动配置该参数）

❑ innodb_flush_method

MySQL 官方建议，在可以使用全部系统资源的专用服务器上开启 innodb_dedicated_server 参数。例如，在仅运行 MySQL 的 Docker 容器或专用虚拟机中可以考虑启用该参数。如果 MySQL 实例与其他应用程序共享资源，或者是单机多实例的情况，则不建议开启 innodb_dedicated_server 参数。

下面就来讲解如何自动配置各个变量。

（1）innodb_buffer_pool_size

缓冲池的大小是根据 MySQL 在服务器上检测到的内存大小来配置的，具体配置可参照表 2-3。

表 2-3　innodb_buffer_pool_size 的自动配置表

检测到的服务器内存的大小	缓冲池的大小
小于 1GB	128MB（默认值）
1GB ~ 4GB	检测到的服务器内存大小 × 0.5
大于 4GB	检测到的服务器内存大小 × 0.75

（2）innodb_log_file_size

InnoDB 日志文件的大小是根据缓冲池的大小配置的，具体配置可参照表 2-4。

表 2-4　innodb_log_file_size 的自动配置表

缓冲池的大小	InnoDB 日志文件的大小
小于 8GB	512MB
8GB~128GB	1024MB
大于 128GB	2048MB

（3）innodb_log_files_in_group

InnoDB 组内日志文件的大小是根据缓冲池的大小自动配置的，具体见表 2-5。

表 2-5　innodb_log_files_in_group 自动配置表

缓冲池的大小	InnoDB 组内日志文件的大小
小于 8GB	ROUND（缓冲池大小）
8GB~128GB	ROUND（缓冲池大小 × 0.75）
大于 128GB	64GB

如果缓冲池小于 2GB，那么 innodb_log_files_in_group 的最小值是 2GB。

如果自适应导致 innodb_log_file_size 对应的重做日志文件的大小超过了磁盘空间的限制，则 mysqld 服务拒绝启动。

（4）innodb_flush_method

开启 innodb_dedicated_server 后 innodb_flush_method 将被设置为 O_DIRECT_NO_FSYNC；如果 O_DIRECT_NO_FSYNC 不可用，则 innodb_flush_method 将使用默认值。

在 XFS（一种高性能的日志文件系统）中需要人工设置 inndob_flush_method=O_DIRECT。在 inndob_flush_method=O_DIRECT_NO_FSYNC 的情况下，InnoDB 将使用 O_DIRECT 来刷新 I/O，但是会跳过 fsync() 步骤。innodb_dedicated_server 对某些文件系统有效，但并不适用于 XFS。为了保证将文件的元数据刷新到磁盘中，XFS 必须选用 O_DIRECT。

自适应参数的使用需要注意以下事项。

- ❑ innodb_dedicated_server 默认设置为 OFF，该参数不是动态参数，无法进行动态调整，也就是说，MySQL 启动后无法修改这个参数。

- ❑ innodb_dedicated_server=ON 的情况下，如果还显式设置了 innodb_buffer_pool_size、innodb_log_file_size、innodb_log_files_in_group 和 innodb_flush_method 参数，则显示设置的这些参数会优先生效，并且会在 MySQL 的错误日志中打印如下内容：

```
[Warning] [MY-013168] [InnoDB] Cannot upgrade server earlier than 5.7 to 8.0 Option
innodb_dedicated_server is ignored for innodb_log_files_in_group
because innodb_log_files_in_group=3 is specified explicitly.
```

- ❑ innodb_dedicated_server=ON 的情况下，mysqld 服务进程每次重启后都会自动调整上述四个参数值。任何时候，MySQL 都不会将自适应值保存在持久配置中。

7. InnoDB 存储引擎的加密功能

InnoDB 支持对独立表空间、通用表空间、MySQL 系统表空间、二进制日志、重做日志和撤销日志的静态数据加密。

（1）InnoDB 加密概述

MySQL 支持使用 InnoDB 存储引擎对表进行静态数据加密。启用该功能后，服务器将数据写入文件时会对其进行加密操作，从文件系统中读取数据时则会对其进行解密操作。可以将 InnoDB 存储引擎加密设置为对所有新的 InnoDB 表进行自动加密，或者为指定的表单独加密。

InnoDB 存储引擎的加密流程如图 2-49 所示。

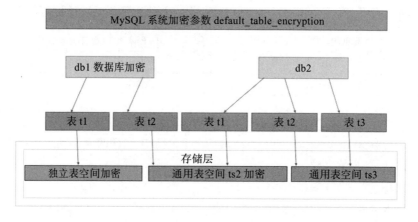

图 2-49 InnoDB 存储引擎加密流程示意图

InnoDB 存储引擎的加密功能是在引擎内部数据页级别实现的，目前广泛使用的是 YaSSL/OpenSSL 提供的 AES 加密算法，加密前后数据页大小不变，因此也称为透明加密。

（2）启用 InnoDB 存储引擎的加密功能

为了使用 InnoDB 存储引擎对表进行静态数据加密，首先需要为服务器配置加密密钥管理插件。完成配置后，通过设置 default_table_encryption 系统变量来加密 InnoDB 系统和文件表空间，设置 innodb_redo_log_encrypt 和 innodb_undo_log_encrypt 系统变量来加密 InnoDB 重做日志和撤销日志，并设置 binlog_encryption 和 binlog_rotate_encryption_master_key_at_startup 系统变量来加密二进制日志。

（3）加密密钥管理

MySQL 提供了四种加密密钥管理解决方案，具体如下。

❑ 文件密钥管理 keyring_file 插件（社区版）。

❑ 文件密钥管理 keyring_encrypted_file 插件（企业版）。

❑ keyring_okv 密钥数据库网关管理插件（企业版）。

❑ keyring_aws 密钥数据库网关管理插件（企业版）。

相较于其他版本，企业版更加安全，因为企业版对密钥也进行了加密存储，而社区版的密钥是放在本地存储的，相对来说不够安全。

数据加密用到的这些插件既要负责密钥的管理，又要负责数据的加密和解密操作。

下面以文件密钥管理 keyring_file 插件（社区版）作为示例来进行讲解。

（4）安装文件密钥管理 keyring_file 插件（社区版）

编辑 my.cnf 配置文件，加入如下参数：

```
[mysqld]
# File Key Management
early-plugin-load=keyring_file.so
```

对表空间加密后，如果没有加密时使用的密钥环插件（该文件由 keyring_file_data 参数设定），就会无法读取加密表空间的数据。所以当发生诸如拖库（黑客入侵数据库窃取数据）的操作时，如果没有相关的密钥环文件，数据基本上是不会泄露的。

文件密钥管理 keyring_file 插件（社区版）一次只能启用一个密钥环插件。

keyring_file_data 存放密钥环文件的路径默认为 /usr/local/mysql/keyring/keyring，如图 2-50 所示。

```
[root@10-10-159-31 keyring]# pwd
/usr/local/mysql/keyring
[root@10-10-159-31 keyring]#
[root@10-10-159-31 keyring]# strings keyring
Keyring file version:2.0x
MySQLReplicationKey_4c8fe865-8551-11eb-87f7-5254000b9723AES(305=LjtO*!@$Hnm
MySQLReplicationKey_4c8fe865-8551-11eb-87f7-5254000b9723_2AES
MySQLReplicationKey_4c8fe865-8551-11eb-87f7-5254000b9723_1AES
INNODBKey-4c8fe865-8551-11eb-87f7-5254000b9723-1AES
EOF[
[root@10-10-159-31 keyring]#
```

图 2-50　密钥环加密文件

下面查看插件是否加载，命令如下：

```
SELECT PLUGIN_NAME, PLUGIN_STATUS
    FROM INFORMATION_SCHEMA.PLUGINS
    WHERE PLUGIN_NAME LIKE 'keyring%';
```

执行结果如图 2-51 所示。

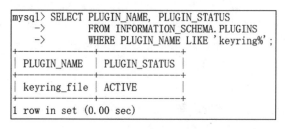

图 2-51 查看插件是否加载

（5）InnoDB 的加密配置

编辑 my.cnf 配置文件，加入如下参数：

```
[mysqld]
# InnoDB  Encryption
binlog_encryption = 1
binlog_rotate_encryption_master_key_at_startup = 1
default_table_encryption = 1
innodb_redo_log_encrypt = 1
innodb_undo_log_encrypt = 1
```

此参数用于控制对重做日志、回滚日志和二进制日志实现加密操作，包括将内存中的重做日志、回滚日志和二进制日志写入磁盘时进行加密，以及从磁盘中将它们读取到内存中时进行解密。重做日志、回滚日志和二进制日志的元数据和加密密钥分别存放于第一个对应日志文件的头部中，如果 MySQL 服务进程启动前已将此文件删除，则会自动取消加密。如果已经加密存储了这些日志，则 MySQL 服务进程会启动失败。

重新启动数据库服务的命令如下：

```
service mysql restart
```

（6）创建 InnoDB 加密表

创建 InnoDB 加密表的命令如下：

```
CREATE TABLE t1 (
  id int(11) NOT NULL,
  str varchar(50) DEFAULT NULL,
  PRIMARY KEY (id)
) ENGINE=InnoDB  ENCRYPTION='Y';
```

（7）验证 InnoDB 加密表

验证 InnoDB 加密表的命令如下：

```
SELECT TABLE_SCHEMA, TABLE_NAME, CREATE_OPTIONS FROM
```

```
INFORMATION_SCHEMA.TABLES
WHERE CREATE_OPTIONS LIKE '%ENCRYPTION%';
```

执行结果如图 2-52 所示。

```
mysql> SELECT TABLE_SCHEMA, TABLE_NAME, CREATE_OPTIONS FROM INFORMATION_SCHEMA.TABLES
    ->        WHERE CREATE_OPTIONS LIKE '%ENCRYPTION%';
+--------------+------------+----------------+
| TABLE_SCHEMA | TABLE_NAME | CREATE_OPTIONS |
+--------------+------------+----------------+
| test         | t1         | ENCRYPTION='Y' |
| test2        | t1         | ENCRYPTION='Y' |
+--------------+------------+----------------+
2 rows in set (0.02 sec)
```

图 2-52 查看加密表

注意，CREATE_OPTIONS 字段的值为 ENCRYPTION='Y' 时，代表 InnoDB 存储引擎加密表已经启动。

（8）更新主加密密钥

为了保证安全性，一旦怀疑密钥泄露，就需要立即更新密钥。更新后之前的表依旧可以正常访问，因为更新只会改变主加密密钥，以及重新加密表空间密钥，而不会对表空间进行重新加密或解密。更新主加密密钥的命令如下：

```
ALTER  INSTANCE  ROTATE  INNODB  MASTER  KEY;
```

对生产数据进行加密时，请确保已采取了相应的措施，以防止主加密密钥丢失。如果主加密密钥丢失，则存储在加密表空间文件中的数据将无法恢复。

注意，第一次对表空间进行加密时，无论是新表加密还是旧表加密，都将生成第一个主加密密钥。但对于正在运行的数据库，移除密钥环后，依然可以创建和读写加密表空间，但在数据库重启或更新主加密密钥后，这些操作会失败。

二进制日志加密后，mysqlbinlog 将无法直接读取它们，但是可以使用参数 --read-from-remote-server 读取，示例代码如下：

```
# mysqlbinlog  -vv  --read-from-remote-server  --host=127.0.0.1  --port=3306
  --user=admin  --password=hechunyang  mysql-bin.000001
```

这个功能只是针对 MySQL 数据库的物理文件进行加密，也就是说在数据目录下，加密后表的物理文件被转移到另外的地方进行物理挂载了，启动数据库时是看不到数据的，必须要有密钥环文件才行，但是表里的数据依然是明文的，需要借助 PHP 或 Java 应用程序进行加密。

8. 强制主键检查参数 sql_require_primary_key

MySQL 8.0.13 版本引入了一个新的参数 sql_require_primary_key，开启这个参数会在建表或改表时检查表中是否有主键，若没有主键则会报错。该参数非常实用，可以减少数据库管理员对 SQL 语句表结构的审计工作。它的相关信息列举如下。

- 作用范围：全局和会话。

❑ 动态修改：YES（支持）。

❑ 默认值：OFF（关闭）。

当参数 sql_require_primary_key 设置为 ON 时，通过 SQL 语句 CREATE TABLE 创建新表，或者通过 ALTER 语句对已存在的表进行修改。这时会强制检查表中是否包含主键，若没有主键则会报错。报错信息如下：

```
mysql> create table t0(id int);
ERROR 3750 (HY000): Unable to create or change a table without a primary key,
when the system variable 'sql_require_primary_key' is set. Add a primary key to
the table or unset this variable to avoid this message. Note that tables without
a primary key can cause performance problems in row-based replication, so please
consult your DBA before changing this setting.
```

MySQL 8.0.20 版本为 change master to 语句增加了一个新的选项，即 REQUIRE_TABLE_PRIMARY_KEY_CHECK，用于主从复制时强制对表的主键进行检查。

参数 REQUIRE_TABLE_PRIMARY_KEY_CHECK 的值可为 STREAM、ON 和 OFF，默认值为 STREAM。这三种取值的说明具体如下。

❑ 当参数取值为 ON 时，表示强制检查主键。

❑ 当参数取值为 OFF 时，表示不检查主键。

❑ 当参数取值为 STREAM 时，表示根据主库复制过来的配置来决定要不要检查主键。复制时会检测主键，如果没有主键，则会出现如下报错信息：

```
mysql> select LAST_ERROR_MESSAGE from
performance_schema.replication_applier_status_by_worker limit 1\G;
*************************** 1. row ***************************
LAST_ERROR_MESSAGE: Worker 1 failed executing transaction '4c8fe865-8551-11eb-
87f7-5254000b9723:1' at master log mysql-bin.000001, end_log_pos 332; Error
'Unable to create or change a table without a primary key, when the system
variable 'sql_require_primary_key' is set. Add a primary key to the table or unset
this variable to avoid this message. Note that tables without a primary key can
cause performance problems in row-based replication, so please consult your DBA
before changing this setting.' on query. Default database: 'test'. Query: 'create
table t0(id int)'1 row in set (0.00 sec)
```

9. 创建 InnoDB 独立表空间可以指定存放路径

采用独立表空间（.ibd）存放数据时，存放路径是可以变更的，比如，磁盘空间满了，又恰巧没有做 LVM 卷组，那么我们可以通过如下命令把创建 t2 表的 ".ibd" 文件存放到 /data2/hcy_data2/ 目录下：

```
CREATE TABLE t2(id int primary key) engine=innodb  \
DATA  DIRECTORY="/data2/hcy_data2/";
```

执行结果如图 2-53 所示。

注意，指定表的存储路径时，需要事先设置参数 innodb_directories，指定 /data2/hcy_data2/ 目录（不支持动态设置），并且需要重启 mysqld 进程才能生效，否则系统会报如下错误：

```
ERROR 3121 (HY000): The DATA DIRECTORY location must be in a known directory.
```

```
mysql> show variables like 'innodb_directories';
+--------------------+----------------+
| Variable_name      | Value          |
+--------------------+----------------+
| innodb_directories | /data2/hcy_data2 |
+--------------------+----------------+
1 row in set (0.00 sec)

mysql> CREATE TABLE t2(id int primary key)engine=innodb DATA DIRECTORY="/data2/hcy_data2/";
Query OK, 0 rows affected (0.02 sec)

mysql> select version();
+-----------+
| version() |
+-----------+
| 8.0.23    |
+-----------+
1 row in set (0.00 sec)
```

图 2-53　指定 t2 表的存储路径

然后，我们就可以在 /data2/hcy_data2/ 目录下，看到一个名为 t2.ibd 的数据文件，如图 2-54 所示。

```
[root@10-10-159-31 test]# pwd
/data2/hcy_data2/test
[root@10-10-159-31 test]#
[root@10-10-159-31 test]# ll -h
total 80K
-rw-r----- 1 mysql mysql 112K Apr 19 00:20 t2.ibd
[root@10-10-159-31 test]#
```

图 2-54　查看 t2 表的数据文件

show_create_table_verbosity 参数解析如下：该参数是在 MySQL 8.0.11 版本中引入的，是可以动态设置的全局和会话级布尔型参数，默认值为 OFF。当该参数设置为 OFF，并且表行格式为默认值时，执行 show create table 命令，显示的建表语句是不会显示 row_format 值的；当该参数设置为 ON 时，执行 show create table 命令，显示的建表语句会一直显示 row_format 值。

查看 t2 表的结构信息，如图 2-55 所示。

```
mysql> show create table t2\G
*************************** 1. row ***************************
       Table: t2
Create Table: CREATE TABLE `t2` (
  `id` int NOT NULL,
  PRIMARY KEY (`id`)
) ENGINE=InnoDB DEFAULT CHARSET=utf8 DATA DIRECTORY='/data2/hcy_data2/'
1 row in set (0.00 sec)

mysql> set global show_create_table_verbosity = 1;
Query OK, 0 rows affected (0.00 sec)

mysql> set show_create_table_verbosity = 1;
Query OK, 0 rows affected (0.00 sec)

mysql> show create table t2\G
*************************** 1. row ***************************
       Table: t2
Create Table: CREATE TABLE `t2` (
  `id` int NOT NULL,
  PRIMARY KEY (`id`)
) ENGINE=InnoDB DEFAULT CHARSET=utf8 ROW_FORMAT=DYNAMIC DATA DIRECTORY='/data2/hcy_data2/'
1 row in set (0.01 sec)
```

图 2-55　t2 表的结构信息

10. 支持 InnoDB 只读事务模式

由于在 READ COMMITTED 隔离级别下无法避免幻读，因此为了避免读取到脏数据，MySQL 在 8.0 版本中增加了显式开启 InnoDB 只读事务模式的功能，如图 2-56 所示。

```
mysql> START TRANSACTION READ ONLY;
Query OK, 0 rows affected (0.00 sec)

mysql> insert into t1 values(1,'hechunyang');
ERROR 1792 (25006): Cannot execute statement in a READ ONLY transaction.
mysql>
mysql> select version();
+-----------+
| version() |
+-----------+
| 8.0.23    |
+-----------+
1 row in set (0.00 sec)
```

图 2-56　开启只读事务模式

只读事务模式在查询时只能看到事务开始那一刻提交的修改，无论其他会话如何修改，START TRANSACTION READ ONLY 事务里的查询结果都不会发生改变，可以将其理解为一个快照。从图 2-56 中可以看出，只读事务模式下是无法进行插入、删除或更新操作的。

此外，我们还可以通过 ALTER DATABASE…READ ONLY 选项控制数据库层面的只读事务模式，如图 2-57 所示。

```
mysql> ALTER DATABASE  test READ ONLY = 1;
Query OK, 1 row affected (0.00 sec)

mysql> insert into t1 values(1,'hechunyang');
ERROR 3989 (HY000): Schema 'test' is in read only mode.
mysql>
mysql> select version();
+-----------+
| version() |
+-----------+
| 8.0.23    |
+-----------+
1 row in set (0.00 sec)
```

图 2-57　开启 test 数据库的只读事务模式

2.2.7　通过 pt-upgrade 工具检测 SQL 语法的兼容性

数据库管理员熟悉的部分 SQL 语法与 MySQL 8.0 不兼容，例如：

```
grant ALL on *.* to admin@'%' identified by 'hechunyang';
select NVL(id/0,'YES') from test.t1 where id = 1;
select user_id,sum(amount) from test.user group by user_id DESC limit 10;
```

第一条语句在 MySQL 8.0 中要改成：

```
create user admin@'%' IDENTIFIED WITH mysql_native_password BY 'hechunyang';
```

```
grant ALL on *.* to admin@'%';
```

在第二条语句中，NVL 函数是 MariaDB 特有的，在 MySQL 8.0 中要改成：

```
select IFNULL(id/0,'YES') from test.t1 where id = 1;
```

在 MySQL 8.0 中，第三条语句的 group by 字段在进行 ASC/DESC 时失效，要改成：

```
select user_id,sum(amount) from test.user group by user_id order by user_id DESC limit 10;
```

那么，如何判断业务上的未知 SQL 是否与 MySQL 8.0 兼容呢？ pt-upgrade 工具可以辅助数据库管理员检测 SQL 语法的兼容性。使用方法如下。

1）把业务上获取的 SQL 语句存入一个文件里，例如存入 pt_upgrade_test.sql 文件中。先在 MySQL 8.0 测试环境中执行如下命令：

```
shell> pt-upgrade h=127.0.0.1,P=3306,u=admin,p=hechunyang
--type rawlog /root/tmp/pt_upgrade_test.sql
--save-results /root/tmp/upgrade_result/
--no-read-only
```

然后到 /root/tmp/upgrade_result/ 目录下执行如下命令：

```
shell> grep 'error' results
```

查看报错信息。如何没有报错，就代表 SQL 是兼容的。

2）在生产环境下开启 general_log，抓取 1 分钟的数据，然后把 general_log 文件复制到测试环境里，并执行如下命令：

```
shell> pt-upgrade h=127.0.0.1,P=3306,u=admin,p=hechunyang
--type genlog /root/tmp/general_log.log
--save-results /root/tmp/upgrade_result/
--no-read-only
```

查看报错信息。如何没有报错，就代表 SQL 是兼容的。

pt-upgrade 工具也支持对慢日志或二进制日志文件进行分析，把 --type 设置成 binlog 或者 slowlog 即可。

第二部分 *Part 2*

故障诊断与性能优化

故 障 诊 断

在本章中，笔者将自己对多年来在 MySQL 服务器管理工作中遇到的一些常见故障进行汇总，同时针对这些故障提供了相应的分析思路和解决方案，希望能给大家一些借鉴和参考。

故障预警的作用应该是尽量把问题扼杀在"摇篮"中，一旦发现问题，及时进行处理，而不是等到服务器宕机后，再充当"救火队员"的角色，否则即使解决了故障，也要面对大量的问题和投诉。比如，用户无法访问网站，修复的时间太慢，类似的问题重复出现，等等。所以，系统应该设立一套监控流程，一旦达到报警阈值，就要立即解决问题，把风险降到最低。

3.1 影响 MySQL 性能的因素

影响 MySQL InnoDB 引擎性能的最主要因素就是磁盘 I/O，目前，磁盘都是以机械方式运作的，该方式主要体现在读写数据之前要在磁道中寻址。磁盘自带的读写缓存大小对于磁盘读写速度至关重要，即读写速度快的磁盘，通常都会带有较大的读写缓存。磁道中的寻址过程采用机械方式来完成，这就决定了其随机读写的速度将明显低于顺序读写的速度。在多进程或多线程并发读取磁盘的情况下，每次执行读写操作时，磁道都可能存在较大的偏移，导致磁道寻址时间增长，进而导致磁盘 I/O 性能急剧下降。

第 1 章介绍的 MariaDB 新特性几乎都是围绕着如何充分利用内存、减少磁盘 I/O 来展开的，例如，innodb_io_capacity 参数可以加大每秒刷新脏页的数量。因此，当单块磁盘遇到 I/O 瓶颈时，可以把磁盘升级为 RAID 或固态硬盘来提升性能。固态硬盘的特点是不用通过磁头在磁道中寻址来读取数据，它会快速进行随机读写，延迟极小，当然价格也很昂贵。目前，生产环境中主要采用的是 RAID10 或 RAID5，对于数据读写操作比较频繁的表或数据库，可以适当采用将数据分级存储在固态硬盘中的方式，这会让数据的读写速度得到较大的提升！

影响 MySQL InnoDB 引擎性能的另一个重要因素是内存，InnoDB 引擎在设计之初就是考虑用于大型、高负荷、高并发生产环境的，因此其内存的大小能够直接反映数据库性能的好坏。数据在内存中的读写速度要比在磁盘里快得多，所以 InnoDB 在内存中开辟了一个 Buffer_Pool 缓冲池，以便把数据页和索引页都放在内存缓冲池中进行读写。

Buffer_Pool 缓冲池涉及的参数为 innodb_buffer_pool_size，它是 InnoDB 引擎中最重要的参数之一，对 InnoDB 的性能有着决定性的影响。该参数的默认大小只有 8MB，使用默认值时，InnoDB 的性能比较差，远不能满足生产的需求。在只有 InnoDB 存储引擎的数据库服务器中，可以将参数 innodb_buffer_pool_size 的值设置为内存大小的 60% ~ 80%。如果内存足够大，还可以将数据量全部放入内存中，这样就能达到最佳性能。

上面从硬件的角度介绍了影响性能的因素，随着业务的增长，硬件配置不够就会导致性能遇到瓶颈。产生性能问题的另一种常见的情况是，由于存在大量的慢 SQL 而导致性能低下。在这种情况下，对慢 SQL 进行优化就非常关键了。在上线前，应有专门的数据库管理员来审核开发人员编写的 SQL 语句，这种审核可以避免系统在线上遇到问题。在某种情况下，优化一条 SQL 语句，比增添一条内存要管用得多。下面通过一个示例来说明，示例代码如下：

```
SELECT * FROM t WHERE id >='10' and id <='30';
```

这条语句看上去并没有什么问题，可运行后马上就记录在慢日志里了，这是怎么回事呢？细心的读者可能会发现，id 是 INT 数值整型，由于加上了引号 ("), id 转化为了字符型，于是造成了不能使用索引的问题。由此可见，审核 SQL 语句是一项很重要的工作。

那么，如何分辨是硬件性能上的瓶颈，还是 SQL 语句自身的问题呢？这就要通过日常的监控来确定了。比如，每天早上发一封慢日志邮件来查看 SQL 语句的运行情况，如此一来，自然就会对业务上的 SQL 语句较为熟悉了。再对比最近两到三天邮件上的慢 SQL 语句，这样就很容易找出问题的所在了。假设某个 SQL 语句在前一天的慢日志里还没有出现，却在今天出现了，那么我们可以尝试着在备机上运行，如果很快就能得到执行结果，那可能就不是 SQL 语句的问题，而是业务增长造成的硬件性能瓶颈。我们还可以用系统命令来做更进一步的分析，关于分析的细节，将在后面的章节中具体介绍。

3.2　系统性能评估标准

在服务器的运维工作中，性能调优是一项富有挑战性的工作，需要运维人员对硬件、操作系统和应用有非常深入的了解。对于 MySQL 数据库管理员来说，需要长期针对系统性能进行实时检测和评估，包括上线前各方面的性能测试、上线后整体性能的评估，并随时掌握系统的运行状态是否健康等。对于数据库服务器而言，这些工作非常重要。本节将对这方面的知识进行全面的介绍。

运维工作中经常会用到的性能分析工具包括 vmstat、sar、iostat、netstat、free、ps、top、mpstat，以及第三方开发的工具，如 dstat、collectl 和淘宝的开源监控项目 Tsar 等。熟练使用这些工具，能让你清楚地了解当前系统的运行情况，帮助你找出影响系统性能的因素。本节将重点介绍由第三方开发并开源的工具，书中示例所用的操作环境都是 CentOS（RHEL）平台。

3.2.1　影响 Linux 服务器性能的因素

在操作系统层面，影响 Linux 服务器性能的因素主要包括服务器 CPU、内存、磁盘 I/O、网络 I/O。

经过几十年的发展，CPU 的性能飞速提高，远远超过了计算机系统中的其他组件。CPU 的性能对于系统的整体性能来说最为关键，因此 CPU 性能的监控与优化也是系统管理员或运维人员必须面对的一个重要课题。性能优化的核心是理解系统的运作原理，以及系统运行的动态，如果不知道系统是如何工作的，就很难对其做出合理的改善。本书不会讲解 CPU 内部的体系结构和运行机制，但是会详细介绍如何实时监控 CPU 的工作情况，以及 CPU 的各项性能指标。

理论上，人们都渴望服务器拥有无限大的存储能力，即便是在互联网时代，各公司也还是在推崇"内存为王"的理念。由此可见，内存对于服务器有多重要。内存是影响 MySQL 服务器性能的最关键指标，在 MySQL 的 InnoDB 引擎中，innodb_buffer_pool_size 参数用于设置表数据和索引数据的最大内存缓存区大小，可将其设置为物理内存大小的 70% ~ 80%。既然把数据存放在内存中比存放在磁盘中要快得多，内存自然是越大越好。但是，也不能随意分配内存，而是要根据系统的整体情况来进行判断。Linux 服务器中的内存主要会被如下四类事务所消耗：内核、文件系统高速缓存、应用程序进程、特定预留的共享内存。至于它们之间具体是如何使用和调度的，请参考《深入理解 Linux 虚拟内存管理》一书，本书就不再赘述了。

磁盘技术发展到今天已有了很大的进步，比如，当今比较火热的 Fusion-io，其读写速度已经很接近内存的速度了，可用于提高应用级的 I/O 性能，但是目前其价格还相当昂贵，一般的企业尚无力普及。再来看看固态硬盘技术，固态硬盘是一种利用固态电子存储芯片阵列制作而成的硬盘，其功能及使用方法与普通硬盘完全相同，不同的是，它的成本比较高。市面上比较常见的固态硬盘，其主控芯片有 LSISandForce、Indilinx、JMicron、Marvell、Samsung 及 Intel，等等。固态硬盘的读写速度很快，其厂商大多会宣称自家的固态硬盘持续读写速度超过了 500MB/s。目前，由于技术的限制，固态硬盘的容量要比普通硬盘小得多，同时在使用寿命方面也有一定的限制。

在磁盘技术中，应用得最多的还是 RAID 技术，即廉价磁盘冗余阵列技术。简单地说，

RAID 技术是一种把多块独立的硬盘（物理硬盘）按照不同的方式组合起来形成一个硬盘组（逻辑硬盘），从而提供比单个硬盘存储性能和数据备份性能更高的技术。RAID 技术可以提供数据冗余备份功能，一旦用户数据遭到损坏，利用备份信息即可使损坏的数据得以恢复，从而保障用户数据的安全性。

RAID 技术有几种不同的等级，它们分别提供了不同的存取速度、安全性和性价比，常用的有 RAID0、RAID1、RAID10、RAID5、RAID50 等，目前，数据库中用得最多的还是 RAID10。限于篇幅，这里不会详细介绍各种 RAID 技术的相关知识，如有需要，请自行查阅相关文档。

将多张网卡绑定为一个虚拟网卡，从而实现本地网卡的冗余、带宽扩容和负载均衡，在生产环境中是一种常用技术。

3.2.2 系统性能评估指标

在了解 Linux 操作系统中的各种调优参数和性能度量工具之前，有必要先讨论一下关于系统性能的各种可用指标及其意义。Linux 有很多开源的性能工具可以使用，这些工具的测量指标都是相同的，理解这些指标能让你更好地使用这些性能工具。本节将会介绍其中最重要的一些性能评估指标。

1. CPU 性能指标

从整体上来说，因为 CPU 处理的事务比较多，所以它的性能指标也比较多。常见的指标及其说明具体如下。

（1）CPU 使用率

CPU 使用率可能是评估 CPU 性能最直接的指标了，它表示每个处理器的整体使用率。如果在持续的一段时间里，CPU 的使用率都大于 80%，就表明 CPU 可能出现了瓶颈。

（2）%us：应用程序（用户空间）

%us 表示用户的应用进程占用的 CPU 百分比。如果 %us 的值很高，则表明系统正在执行实际的工作。

（3）%sy：系统（内核空间）

%sy 表示系统内核操作花费的时间占 CPU 所用时间的百分比，包括中断。如果 %sy 的值持续很高，则表明网络或驱动器堆栈可能存在瓶颈。通常，系统只会花费很少的时间在内核操作上。

（4）%wa：I/O 等待

%wa 表示等待 I/O 操作所需的 CPU 时间总和占 CPU 所用时间的百分比，系统不应该花费过多的时间等待 I/O 操作，否则就要检查一下 I/O 子系统各方面的性能。

（5）%id：空闲时间

%id 表示 CPU 空闲时间总和占 CPU 所用时间的百分比。这个值越大，表明系统 CPU

的负荷越小。

（6）%ni：Nice 时间

%ni 表示花费在执行 re-nicing（改变进程的执行顺序和优先级）进程上的时间占 CPU 所用时间的百分比。

除了上面介绍的这些性能指标以外，还有诸如队列中等待执行的进程数、上下文切换、中断等性能指标，限于篇幅这里就不详细描述了，如有需要请自行查阅相关资料。

2. 内存性能指标

影响内存性能的指标无非就是内存大小和虚拟空间大小。内存性能指标相对比较少，也比较容易理解，常见的主要指标及其说明具体如下。

（1）已使用的内存大小

在 Linux 系统中，内核会将大量未使用的内存分配给文件系统来缓存数据，需要注意的是，free 表示的是当前完全没被程序使用的内存，而 cache 在有需要的时候，是可以释放出来供其他进程使用的，available 才真正表明了系统目前可以提供给应用程序使用的内存。

（2）已使用的交换空间使用大小

交换空间相当于 Windows 系统中的虚拟内存。交换空间的使用能够展示 Linux 在内存管理上的高效特性。要想确定内存是否存在瓶颈，需要用到 Swap 交换空间。如果 Swap 交换空间的使用率长时间保持在每秒钟超过 200 到 300 页，则表示内存可能存在瓶颈。

3. 磁盘性能指标

磁盘的性能对数据库来说至关重要，其对数据库的读写操作有很大的影响。

（1）磁盘 I/O 等待

磁盘 I/O 等待指的是 CPU 在等待 I/O 操作时所花费的时间。如果这个值持续很高，则表示 I/O 很可能存在瓶颈。

（2）队列平均长度

通常硬盘队列值为 2 到 3 时最佳；过高则表示硬盘 I/O 可能存在瓶颈。

（3）平均等待时间

平均等待时间指的是 I/O 请求服务所花费的平均时间。等待时间包括实际 I/O 操作的时间和在 I/O 队列中等待的时间，单位为毫秒。

（4）每秒传输的数量

每秒传输的数量表示每秒执行了多少次 I/O 操作（包括读取和写入）。其与每秒传输字节数相结合，可以帮助确定系统平均传输值的大小。平均传输值通常要与硬盘子系统的条带大小一致。

（5）每秒读写块的数量

在 Linux 2.6.XX 内核中，块的大小为 1024 字节。在早期的内核中块的大小可以不同，其取值范围为 512 字节到 4KB。

（6）每秒读写字节的数量

每秒读写字节的数量表示块设备实际读写的数据量，单位为 KB。

上面介绍的是服务器系统性能的评估指标，这里只是简单介绍了其中最主要的常用指标，关于更多的评估指标，如有兴趣请自行参考相关资料。

3.2.3　开源监控和评估工具

CentOS 操作系统资源监控工具 os_monitor

os_monitor 是一款傻瓜式、免安装的轻量级 CentOS 操作系统可视化监控指标工具，其采集的指标包括 CPU 闲置使用率、CPU 负载使用率、内存使用率和磁盘空间使用率。os_monitor 的下载地址为 https://github.com/hcymysql/os_monitor。

os_monitor 的工作原理如下：被监控端从服务器端的 os_status_info 表中获取被监控主机的系统阈值，采集客户端的主机资源信息以完成入库和报警操作。服务器端监控客户端主机的 SSH 端口是否存活，如果检测到 SSH 端口没有存活，则会触发微信和邮件报警，并通过可视化页面信息展示出来。

只需要一条 SQL 语句以及一些简单的配置，即可完成 os_monitor 的部署。

系统资源状态监控的页面如图 3-1 所示。

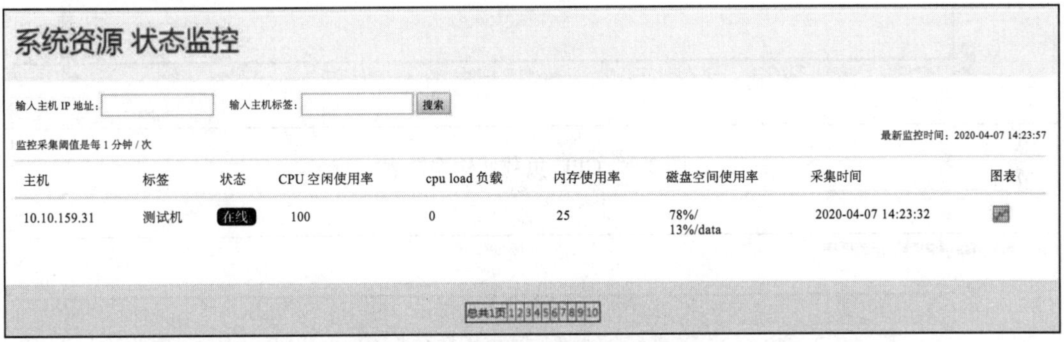

图 3-1　系统资源状态监控页面

点击其中的图表即可查看系统资源状态的历史曲线图。

CPU 空闲使用率图表如图 3-2 所示。

CPU 负载使用率图表如图 3-3 所示。

内存使用率图表如图 3-4 所示。

磁盘空间使用率图表如图 3-5 所示。

磁盘 I/O %util 使用率图表如图 3-6 所示。

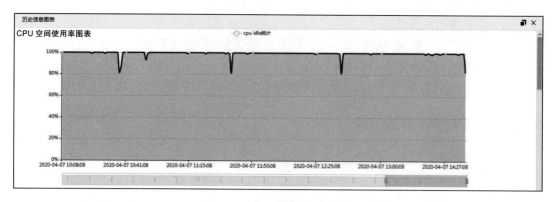

图 3-2 CPU 空闲使用率图表

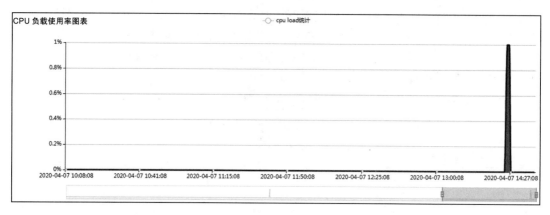

图 3-3 CPU 负载使用率图表

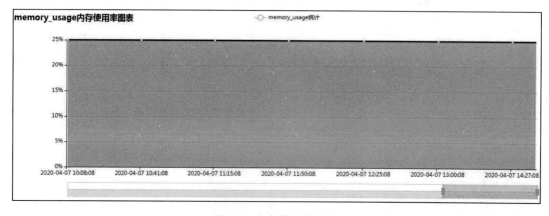

图 3-4 内存使用率图表

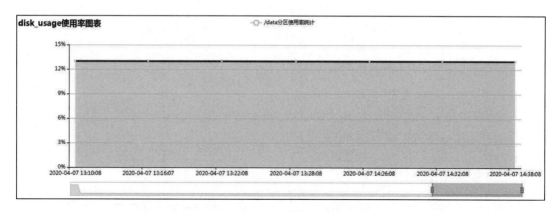

图 3-5　磁盘空间使用率图表

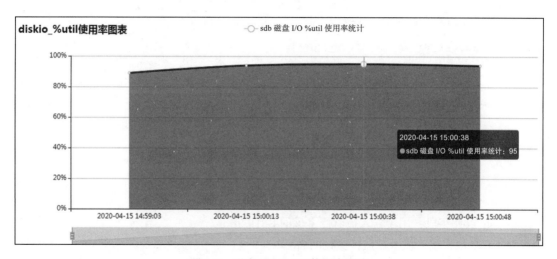

图 3-6　磁盘 I/O %util 使用率图表

（1）环境搭建

监控管理端的环境搭建语句如下：

```
# yum install httpd mysql php php-mysqlnd -y
# service httpd restart
```

注意，2020 年 12 月 3 日之后，CentOS 6 已经停止提供更新支持，同时官方还删除了 yum 源。目前，CentOS 6 系统使用 yum 命令安装软件包会提示失败，因此需要更换 yum 源。具体操作方法如下。

在 SSH 界面执行以下命令，即可将 yum 源一键更换为 CentOS 的 Vault 源（包括 CentOS 官方和阿里云的源）：

```
wget -O /etc/yum.repos.d/CentOS-Base.repo http://files.tttidc.com/centos6/Centos-6.repo
wget -O /etc/yum.repos.d/epel.repo http://files.tttidc.com/centos6/epel-6.repo
yum makecache
```

被监控端的环境搭建语句如下：

```
# yum install php php-mysqlnd -y
```

（2）安装 os_monitor 监控工具

首先来看一下监控管理端的安装方法。

1）从地址 https://github.com/hcymysql/os_monitor/archive/master.zip 中下载安装包，并解压缩到 /var/www/html/ 目录下，命令如下：

```
# cd /var/www/html/os_monitor/
# chmod 755 ./mail/sendEmail
# chmod 755 ./weixin/wechat.py
```

注意，邮件和微信报警是通过第三方工具实现的，所以这里要赋予邮件和微信可执行权限 755。

2）导入 os_monitor 监控工具的表结构（os_monitor_db 库），命令如下：

```
# cd /var/www/html/os_monitor/
# mysql -uroot -p123456 < os_monitor_schema.sql
```

3）录入被监控主机的信息，命令如下：

```
insert into os_status_info(host,ssh_port,tag,monitor,send_mail,
  send_mail_to_list,send_weixin,send_weixin_to_list,threshold_alarm_cpu_idle,
  threshold_alarm_cpu_load,threshold_alarm_memory_usage,threshold_alarm_disk_free)
values ('127.0.0.1',22,'测试机',1,1,'hechunyang@163.com,hechunyang@126.com',1,
  'hechunyang',60,6,80,85);
```

注意，以下字段可以根据需求进行变更。

❑ host 字段：用于输入被监控主机的 IP 地址。

❑ ssh_port 字段：用于输入被监控主机的 SSH 端口。

❑ tag 字段：用于输入被监控主机的名字。

❑ monitor 字段：0 表示关闭监控（不用采集数据，直接跳过即可），1 表示开启监控（需要采集数据）。

❑ send_mail 字段：0 表示关闭邮件报警，1 表示开启邮件报警。

❑ send_mail_to_list 字段：表示邮件接收人列表，多个邮件接收人之间用逗号分隔。

❑ send_weixin 字段：0 表示关闭微信报警，1 表示开启微信报警。

❑ send_weixin_to_list 字段：表示微信公众号。

❑ threshold_alarm_cpu_idle 字段：用于设置空闲 CPU 使用率的阈值，即 CPU 处于空闲状态的时间比例。

❑ threshold_alarm_cpu_load 字段：用于设置 CPU 负载使用率的阈值。

❑ threshold_alarm_memory_usage 字段：用于设置内存使用率的阈值。

❑ threshold_alarm_disk_free 字段：用于设置磁盘空间使用率的阈值。

4）修改 conn.php 配置文件，命令如下：

```
# vim /var/www/html/os_monitor/conn.php
```

然后，将下面的连接信息修改成你的 os_monitor 监控工具的表结构（os_monitor_db 库）连接信息：

```
$conn = mysqli_connect("127.0.0.1","admin","hechunyang","os_monitor_db","3306")
  or die("数据库连接错误" . PHP_EOL .mysqli_connect_error());
```

5）修改邮件报警信息，命令如下：

```
# cd /var/www/html/os_monitor/mail/
# vim mail.php
```

将下面的账号信息修改成你的发件人地址、账号和密码信息，里面的变量不用修改：

```
system("./mail/sendEmail -f chunyang_he@139.com -t '{$this->send_mail_to_list}'
  -s smtp.139.com:25 -u '{$this->alarm_subject}' -o message-charset=utf8 -o
  message-content-type=html -m '报警信息:
{$this->alarm_info}' -xu chunyang_he@139.com -xp '123456' -o tls=no");
```

6）修改微信报警信息，命令如下：

```
# cd /var/www/html/os_monitor/weixin/
# vim wechat.py
```

关于微信企业号的设置，请参考如下教程进行配置：https://github.com/X-Mars/Zabbix-Alert-WeChat/blob/master/README.md。

7）将定时任务 crontab 设置为每分钟抓取一次监控数据，命令如下：

```
*/1 * * * * cd /var/www/html/os_monitor/; /usr/bin/php /var/www/html/os_monitor/
  check_os_server.php > /dev/null 2 >&1
*/1 * * * * cd /var/www/html/os_monitor/; /usr/bin/php /var/www/html/os_monitor/
  check_os_agent.php > /dev/null 2 >&1
```

8）更改页面自动刷新频率，命令如下：

```
# vim os_status_monitor.php
http-equiv="refresh" content="600"
```

默认设置为每 600 秒自动刷新一次页面。

9）页面访问地址为 http://yourIP/os_monitor/os_status_monitor.php。加一个超链接就可以方便地接入你的自动化运维平台里了。

下面来看被监控端的安装方法。

被监控端需要用到 check_os_agent.php 和 conn.php 文件，以及 mail 和 weixin 目录文件。

将定时任务 crontab 设置为每分钟采集一次监控数据，命令如下：

```
*/1 * * * * cd /usr/local/os_monitor_agent/;
  /usr/bin/php /usr/local/
  os_monitor_agent/check_os_agent.php > /
  dev/null 2 >&1
```

执行结果如图 3-7 所示。

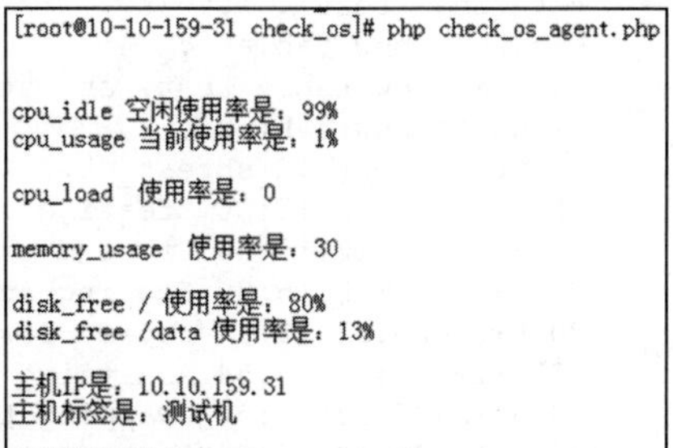

注意，conn.php 文件要与监控管理端的信息内容一致。

图 3-7 被监控端的数据采集信息

3.3 故障与处理

本节的内容取材于生产环境中遇到的故障。在分析故障原因和解决故障的过程中，将问题的相关知识点加以融合说明，以帮助读者快速定位和解决问题。

3.3.1 基于 pt-online-schema-change 修改表结构是否安全[⊖]

InnoDB 表引擎在使用 DELETE 命令进行删除操作的时候，只会将已经删除的数据标记为删除，并没有对数据文件进行物理删除，因此空间并不会得到彻底释放。这些被删除的数据会被保存在一个链接清单中，当有新数据写入的时候，InnoDB 需要重新利用这些已删除的空间进行再写入操作，因此会借助命令 alter table xxx engine = innodb 来达到释放空间的目的。该命令会重新利用未使用的空间，并整理数据文件的碎片。

由于直接在生产环境主库上执行命令 alter table xxx engine = innodb 会对主库的 CPU 造成影响，并且会导致从库同步延迟，因此会使用工具 pt-online-schema-change 在从库上执行该命令，维护的时候再进行一次主从切换，然后回收主库上的表空间碎片。

从库上执行的命令如下：

```
# pt-online-schema-change -S /tmp/mysql.sock --alter="engine=innodb"
--no-check-replication-filters  --recursion-method=none
--user=root D=test,t=sbtest -execute
```

然而数据库管理员在修改完表结构以后，业务方反馈数据不准确，在排查的过程中发现同步报错，错误代码为 1032。

（1）分析

1）主库和从库的二进制日志为行格式。

2）通过 pt-online-schema-change 命令复制原表数据时，原表的数据变更会通过触发器在临时表"_sbtest_new"里执行插入、更新或删除操作。复制完成之后，原表重命名为"_sbtest_old"（老表），临时表"_sbtest_new"重命名为原表 sbtest，最后删除"_sbtest_old"表，过程如下：

```
Altering `test`.`sbtest`...
Creating new table...
Created new table test._sbtest_new OK.
Altering new table...
Altered `test`.`_sbtest_new` OK.
2016-12-06T12:15:30 Creating triggers...
2016-12-06T12:15:30 Created triggers OK.
2016-12-06T12:15:30 Copying approximately 1099152 rows...
2016-12-06T12:15:54 Copied rows OK.
2016-12-06T12:15:54 Analyzing new table...
2016-12-06T12:15:54 Swapping tables...
2016-12-06T12:15:54 Swapped original and new tables OK.
2016-12-06T12:15:54 Dropping old table...
```

⊖ 本节示例源自真实生产案例，感谢网友小豚提供案例，笔者进行了故障重现校验。

```
2016-12-06T12:15:54 Dropped old table `test`.`_sbtest_old` OK.
2016-12-06T12:15:54 Dropping triggers...
2016-12-06T12:15:54 Dropped triggers OK.
Successfully altered `test`.`sbtest`.
```

3）基于行格式的二进制日志复制，触发器不会在从库上工作，这就导致了主从数据不一致的问题。但是基于 STATEMENT（语句）格式的二进制日志复制，触发器会在从库上工作⊖。

（2）复现

1）在主库上创建表 t1，命令如下：

```
CREATE TABLE `t1` (
  `id` int(11) NOT NULL,
  PRIMARY KEY (`id`)
) ENGINE=InnoDB DEFAULT CHARSET=utf8
```

2）在从库上创建表 t2，命令如下：

```
CREATE TABLE `t2` (
  `id` int(11) NOT NULL,
  PRIMARY KEY (`id`)
) ENGINE=InnoDB DEFAULT CHARSET=utf8
```

在从库上创建触发器，命令如下：

```
DELIMITER $$

USE `test`$$

DROP TRIGGER IF EXISTS `t1_1`$$

CREATE
    TRIGGER `t1_1` AFTER INSERT ON `t1`
    FOR EACH ROW BEGIN
    INSERT INTO t2(id) VALUES(NEW.id);
    END;
$$

DELIMITER ;
```

3）在主库中插入如下语句：

```
insert into t1 values(1),(2),(3);
select * from t2;
```

此时表 t2 里没有任何数据，触发器没有工作。

（3）结论

使用 pt-online-schema-change 命令修改表结构时，如果是在主库上运行，则数据不一致的情况不会发生。但如果是在从库上运行，且主库的二进制日志为行格式，就会出现数据不一致的问题。

⊖　此内容的参考地址为：http://dev.mysql.com/doc/refman/5.7/en/replication-features-triggers.html。

3.3.2 修改外键时，pt-osc 内部是如何处理的

在讲解 pt-osc 内部处理流程之前，我们先看看下面的例子，通过重命名操作交换表后，子表的信息会有什么变化？示例代码如下：

```
-- 创建一个父表
CREATE TABLE parent (
id int(11) NOT NULL auto_increment,
parent_id int,
PRIMARY KEY  (id),
KEY IX_parent_id (parent_id)
) ENGINE=InnoDB;

-- 创建一个子表，外键是child_id，与父表parent_id做关联
CREATE TABLE child (
id int(11) NOT NULL auto_increment,
child_id int(11) default NULL,
PRIMARY KEY  (id),
KEY IX_child_id (child_id),
FOREIGN KEY (child_id) REFERENCES parent (parent_id)
) ENGINE=InnoDB;

-- 对父表执行重命名操作
rename table parent to parent_1;
```

此时，子表会自动指向新的父表表名，代码如下：

```
show create table child\G

CREATE TABLE child (
  id int(11) NOT NULL AUTO_INCREMENT,
    child_id int(11) DEFAULT NULL,
  PRIMARY KEY (id),
  KEYI IX_child_id (child_id),
  CONSTRAINT child_ibfk_1 FOREIGN KEY (child_id) REFERENCES parent_1 (parent_id)
) ENGINE=InnoDB DEFAULT CHARSET=utf8
```

接下来，我们要向父表中添加一个字段 name varchar(200)，然后通过 pt-osc 工具执行添加操作，内部的执行过程具体如下。

1）创建一个临时表"_parent_new"。

2）向临时表"_parent_new"中添加 name 字段。

3）在原表"parent"上定义触发器，以便对原表上的数据所做的更改也能应用于临时表"_parent_new"中。

4）将数据从原表"parent"复制到临时表"_parent_new"中。

5）通过 rename table parent to _parent_old, _parent_new to parent 命令交换名字。

6）通过 drop table _parent_old 命令删除原表。

7）删除"增、删、改"三个触发器。

这个过程中，最有可能出错的一步是通过 RENAME 命令交换名字后，子表的外键会指向"_parent_old"，而不会变成"parent"，这将导致数据不一致。

为了解决上述问题，pt-osc 增加了 --alter-foreign-keys-method 参数，默认值是 drop_swap，增加该参数之后，执行过程就与上述过程有区别了。

前 4 步还是一样的，从第 5 步开始就变成了如下步骤。

5）通过 set FOREIGN_KEY_CHECKS=OFF 命令关闭外键检查。

6）通过 rename table parent to _parent_old 命令交换名字。

7）通过 drop table _parent_old 命令删除原表。

8）通过 rename table _parent_new to _parent_old, _parent_old to parent 命令交换名字。

9）删除"增、删、改"三个触发器。

10）通过 set FOREIGN_KEY_CHECKS=ON 命令开启外键检查。

执行第 7 步时，如果表很大，删除表的速度就会很慢（第 8 步不会执行），从而导致业务受到影响，这也是比较容易出现问题的地方。

如果将 --alter-foreign-keys-method 参数修改为 rebuild_constraints，那么 pt-osc 内部的执行过程如下。

1）交换名字，命令如下：

```
rename table parent to _parent_old, _parent_new to parent;
```

这一步与上面的步骤是一样的。

2）删除子表的外键，然后重新关联父表"parent"，命令如下：

```
ALTER TABLE child DROP FOREIGN KEY child_id, ADD CONSTRAINT child_ibfk_1
  FOREIGN KEY (child_id) REFERENCES parent (parent_id);
```

注意，这一步采用的是 ALGORITHM=INPLACE 算法，不会锁表，且支持并发 DML 操作。

3）通过 drop table _parent_old 命令删除原表。

4）删除"增、删、改"三个触发器。

将 --alter-foreign-keys-method 参数设置为 AUTO 后，如果子表中的行数很少，则会使用 rebuild_constraints，否则转换为 drop_swap。

3.3.3　删除大表的小技巧

在日常工作中，我们经常会遇到将历史大表从主库上迁移到备份机中的需求，以便腾出主库空间。在这种场景下，如果直接通过 drop table 命令删除大表，则可能会引起数据库抖动、连接数升高等问题，从而影响到业务的正常运行。

这里为大家介绍一个小技巧，轻轻松松就能从主库上删除历史大表。

创建一个硬链接，在通过 drop table 命令删除大表时，"欺骗"MySQL 已经删除完毕：

```
ln  test.ibd  test.ibd.hdlk
```

注意，这个时候不要直接执行 rm test.ibd.hdlk 命令，因为这样做会导致磁盘 I/O 转速上升，从而导致 MySQL 出现性能抖动问题。

在这里，我们可以编写一个脚本，每次删除 1GB 数据，休眠 2 秒，如此循环直至全部删除完。

1）先将 test.ibd.hdlk 移动到 /data/bak/ 目录下，命令如下：

```
mv  test.ibd.hdlk  /data/bak/
```

2）然后执行下面的脚本即可删除完 test.ibd.hdlk 文件：

```
#!/bin/bash

TRUNCATE=/usr/bin/truncate

for i in `seq 100 -1 0 `
#从100GB 开始每次递减1GB，最终让文件大小变成0GB，即全部删除完
do
  sleep 2
  echo "$TRUNCATE -s ${i}G /data/bak/test.ibd.hdlk"
  $TRUNCATE -s ${i}G /data/bak/test.ibd.hdlk
done
```

注意，可以先通过 ll -h test.ibd.hdlk 命令查看一下该文件的大小，然后在 seq 的后面输入相应数值，上述例子中该文件大小为 100GB。

3.3.4　重构 Percona pt-archiver：轻松归档大表数据

在日常工作中，我们经常会遇到很多大表在业务上没有采取任何形式的切分，数据不停地向一张大表里存入，最终导致磁盘空间报警。作为数据库管理员，我们需要重点考虑的是数据库的操作性能（向大表中增加字段或索引时的 QPS 等）和存储容量，因此，在与开发人员对接工作时，我们需要建议开发人员对数据库里的大表进行数据归档处理。例如，将 3 个月以内的订单数据保留在当前表中，3 个月之前的历史数据经过切分后保存在归档表中，之后再将归档表从主库上移走，以便腾出磁盘空间，并将其迁移至备份主机中（有条件的可以将其转换为 TokuDB 引擎），以便大数据部门将其抽取至 HDFS 上。

如果有一张大表（假设其有 1 亿条记录），原表中需要保存近 7 天的数据，那么利用 Percona pt-archiver 工具进行数据归档的做法如下：把历史数据逐条插入归档表中，同时删除原表数据。假设近 7 天的数据只有 10 万行，那么原表会直接删除 9990 万行记录，操作成本太高，因此这里需要对 Percona pt-archiver 工具进行重构。

重构 Percona pt-archiver 工具的操作如下：将需要保留的近 7 天的数据提取至临时表中，然后将老表和临时表互换名字，这样就可以大大缩减归档的时间。其 GitHub 地址为 https://github.com/hcymysql/pt-archiver。

重构后，Percona pt-archiver 工具的工作原理具体如下。

1）如果表中包含了触发器或外键，或者表中没有主键，或者主键字段默认不是 ID，或者 binlog_format 设置的值不是 ROW 格式，那么 Percona pt-archiver 工具就会直接退出，不

予执行。

2）创建一个归档临时表，表结构与原表一样，命令如下：

```
CREATE TABLE IF NOT EXISTS ${mysql_table}_tmp like ${mysql_table};
```

3）在原表上创建"增、删、改"三个触发器，以便在复制数据的过程中，将原表产生的数据变更也更新到临时表里，命令如下：

```
DROP TRIGGER IF EXISTS pt_archiver_${mysql_database}_${mysql_table}_insert;
CREATE TRIGGER pt_archiver_${mysql_database}_${mysql_table}_insert AFTER INSERT
  ON ${mysql_table} FOR EACH ROW REPLACE INTO ${mysql_database}.
  ${mysql_table}_tmp ($column) VALUES ($new_column);
DROP TRIGGER IF EXISTS pt_archiver_${mysql_database}_${mysql_table}_update;
CREATE TRIGGER pt_archiver_${mysql_database}_${mysql_table}_update AFTER UPDATE
  ON ${mysql_table} FOR EACH ROW REPLACE INTO ${mysql_database}.
  ${mysql_table}_tmp ($column) VALUES ($new_column);
DROP TRIGGER IF EXISTS pt_archiver_${mysql_database}_${mysql_table}_delete;
CREATE TRIGGER pt_archiver_${mysql_database}_${mysql_table}_delete AFTER DELETE ON
  ${mysql_table} FOR EACH ROW DELETE IGNORE FROM ${mysql_database}.
  ${mysql_table}_tmp WHERE ${mysql_database}.${mysql_table}_tmp.id <=> OLD.id;
```

这三个触发器分别对应于插入、更新和删除这三种操作，具体说明如下。

❑ 插入操作的触发器：将所有的 INSERT INTO 命令转换为 REPLACE INTO 命令。当有新的记录插入原表时，如果触发器还未把该记录同步到临时表中，而这条记录之前因为某种原因已经存在了，那么我们就可以通过 REPLACE INTO 命令进行覆盖并插入，这样数据就与原表保持一致了。

❑ 更新操作的触发器：将所有的 UPDATE 命令也转换为 REPLACE INTO 命令。如果临时表中不存在原表更新的那条记录，就直接插入该记录；如果该记录已经同步到临时表了，就直接通过 REPLACE INTO 命令进行覆盖并插入，这样一来，所有的数据都与原表保持一致了。

❑ 删除操作的触发器：若原表有删除操作，则会触发临时表也执行对应的删除操作。如果删除的记录还未同步到临时表，则不在临时表中执行，因为原表中该行的数据已经被删除了，这样数据与原表也会保持一致。

4）将原表的数据复制到临时表（默认 1000 条数据为一批次，插入后休眠 1 秒，如此循环直至全部复制完），命令如下：

```
INSERT LOW_PRIORITY IGNORE INTO ${mysql_database}.${mysql_table}_tmp
SELECT * FROM ${mysql_database}.${mysql_table} WHERE id>=".$begin_Id." AND
id<".($begin_Id=$begin_Id+$limit_chunk)." LOCK IN SHARE MODE;
```

通过主键 ID 进行范围查找，分批次控制插入的行数，可以减少对原表的锁定时间（读锁、共享锁）。将大事务拆分成若干个小事务时，如果临时表已经存在该记录，则会忽略插入动作，并且在导入数据时，会通过参数 sleep 控制休眠时间，以减少对磁盘 I/O 的冲击。

5）将原表重命名为"_bak"，将临时表重命名为原表，可以实现名字互换，命令如下：

```
RENAME TABLE ${mysql_table} to ${mysql_table}_bak, ${mysql_table}_tmp to
${mysql_table};
```

对表执行重命名操作时，会添加元数据表锁，但操作基本上瞬间就结束了，因此加锁操作对线上业务的影响并不大。

6）删除原表上的三个触发器，命令如下：

```
DROP TRIGGER IF EXISTS pt_archiver_${mysql_database}_${mysql_table}_insert;
DROP TRIGGER IF EXISTS pt_archiver_${mysql_database}_${mysql_table}_update;
DROP TRIGGER IF EXISTS pt_archiver_${mysql_database}_${mysql_table}_delete;
```

至此，大表数据归档的过程全部结束。由此可见，重构版 Percona pt-archiver 工具有点类似于 pt-osc 的原理。

注意，考虑到可能出现"删库跑路"等安全性问题，重构版 Percona pt-archiver 工具并没有对原表进行任何删除归档数据的操作。

下面就来介绍重构版 Percona pt-archiver 工具的安装及使用。

（1）环境搭建

环境搭建命令如下：

```
yum install php php-mysql -y
```

注意，请将下面的配置信息修改成你自己的信息：

```
$mysql_server='10.10.159.31';
$mysql_username='admin';
$mysql_password='123456';
$mysql_database='test';
$mysql_port='3306';
$mysql_table='sbtest1';
$where_column="update_time >= DATE_FORMAT(DATE_SUB(now(),interval 30
day),'%Y-%m-%d')";
##$where_column="id>=99900000";
$limit_chunk='10000'; ###分批次插入，默认一批插入10000行
$insert_sleep='1'; ###每次插完1000行后休眠1秒，如此循环直至插完
```

（2）执行

运行的命令如下：

```
php pt-archiver.php
```

如果提示 MySQL 5.7 版本的环境有问题，就执行下面的 2 条语句，重新运行即可。

```
set global show_compatibility_56=on;
set global sql_mode='';
```

重构版工具 Percona pt-archiver 不支持在 MySQL 8.0 版本上运行。

如果对原表执行删除归档数据的操作，则可以借助于原生工具 Percona pt-archiver 实现分批缓慢删除。

原生工具 Percona pt-archiver 的参数及说明如下：

```
pt-archiver --help
--progress 用于指定每多少行打印一次进度信息
--limit  用于限制select返回的行数
--sleep  用于指定select语句的休眠时间
```

--txn-size 用于指定每多少行提交一次事务
--bulk-delete 使用单个DELETE语句批量删除每个行块。该语句可用于删除块的第一行与最后一行之间的
          每一行
--dry-run 用于打印查询，并在不进行任何操作后退出

打印查询，示例代码如下：

```
# pt-archiver --source h=127.0.0.1,P=3306,u=admin,p='hechunyang',D=test,t=sbtest1
  --purge --charset=utf8 --where "id <= 400000" --progress=200  --limit=200
  --sleep=1 --txn-size=200
--statistics --dry-run

SELECT /*!40001 SQL_NO_CACHE */ `id`,`k`,`c`,`pad` FROM `test`.`sbtest1` FORCE
  INDEX(`PRIMARY`) WHERE (id <= 50000) AND (`id` < '10000000') ORDER BY `id` LIMIT
  200

SELECT /*!40001 SQL_NO_CACHE */ `id`,`k`,`c`,`pad` FROM `test`.`sbtest1` FORCE
  INDEX(`PRIMARY`) WHERE (id <= 50000) AND (`id` < '10000000') AND ((`id` >= ?))
  ORDER BY `id` LIMIT 200

DELETE FROM `test`.`sbtest1` WHERE (`id` = ?)
```

删除数据，示例代码如下：

```
# pt-archiver --source h=127.0.0.1,P=3306,u=admin,p='hechunyang',D=test,t=sbtest1
  --purge --charset=utf8 --where "id <= 400000" --progress=200  --limit=200
  --sleep=1 --txn-size=200
--statistics

......
2021-04-29T22:13:27      40      8000
2021-04-29T22:13:28      41      8200
2021-04-29T22:13:29      42      8400
2021-04-29T22:13:30      43      8600
2021-04-29T22:13:31      44      8800
2021-04-29T22:13:32      46      9000
2021-04-29T22:13:32      46      9000
Started at 2021-04-29T22:12:46, ended at 2021-04-29T22:13:33
Source: A=utf8,D=test,P=3306,h=127.0.0.1,p=...,t=sbtest1,u=admin
SELECT 9000
INSERT 0
DELETE 9000
Action          Count       Time        Pct
sleep           45          45.0081     95.72
deleting        9000        1.4520      3.09
commit          46          0.1294      0.28
select          46          0.0446      0.09
other           0           0.3889      0.83
```

上述代码删除了 test 库中表 sbtest1 的数据，其字符集为 utf8，删除条件是 ID ≤ 5 000 000，每次取出 200 行进行处理，每处理 200 行就提交一次，每完成一次处理休眠 1 秒。

3.3.5 Percona pt-kill 改造版（PHP）：慢 SQL 报警及扼杀利器

原生 Percona pt-kill（Perl）工具只是单纯地杀死正在运行中的慢 SQL，而不能作为一个监控工具来使用，由于其缺少邮件报警或微信报警功能，因此需要对其进行重构。

重构版 Percona pt-kill（PHP）会从 information_schema.PROCESSLIST 表中捕获正在运行中的、会消耗过多资源的 DML 或 DDL 查询（比如 SELECT 或 ALTER 等），过滤并杀死它们（也可从选择不杀），然后通过邮件或微信向数据库管理员和相关开发人员报警，避免因慢 SQL 语句执行时间过长，而对数据库造成一定程度的伤害。其 Github 地址为 https://github.com/hcymysql/pt-kill。

注意，慢 SQL 执行完之后才会记录到 slow.log 里，执行过程中是不作记录的。

（1）使用方法和参数选项

重构版 Percona pt-kill（PHP）涉及的参数选项及说明如下。

- ❏ -u：表示用户名。
- ❏ -p：表示用户密码。
- ❏ -h：表示主机 IP 地址。
- ❏ -P：表示端口。
- ❏ -B：表示执行时间，用于设置慢 SQL 最长执行时间，超过便触发报警。
- ❏ -I：表示间隔时间，用于设置守护进程下监测的间隔时间。
- ❏ --kill：如果想要杀死慢查询，加上该选项。
- ❏ --match-info：用于匹配要杀死的 SELECT、INSERT 和 UPDATE 语句。
- ❏ --match-user：用于匹配要杀死的用户。
- ❏ --daemon：取值为 1 时，表示开启后台守护进程；取值为 0 时，表示关闭后台守护进程。
- ❏ --mail：用于开启发送邮件报警功能。
- ❏ --weixin：用于开启发送微信报警功能。
- ❏ --help：用于获取帮助信息。

下面通过示例来讲解重构版 Percona pt-kill（PHP）的使用方法。

前台运行如下命令：

```
shell> php pt-kill.php -u管理-p 123456 -h 10.10.159.31 -P 3306 -B 10 --match-info =
  'select | alter'--match-user ='dev'--kill-邮件--weixin
```

后台运行如下命令：

```
shell> nohup php pt-kill.php -u管理-p 123456 -h 10.10.159.31 -P 3306 -B 10 -I 15
  --match-info ='select | alter'--match-user ='dev'- -kill --mail --weixin --daemon 1&
```

关闭后台运行如下命令：

```
shell> php pt-kill.php --daemon 0
```

以上是重构版 Percona pt-kill（PHP）工具的使用方法和参数选项。

（2）重要参数

下面介绍重构版 Percona pt-kill（PHP）工具的几个重要参数。

- ❏ --kill：如果想要杀死慢 SQL 语句，那么请在命令后面添加该选项。
- ❏ --match-info：既可以单独使用，也可以与 --match-user 结合使用。

- ❏ --daemon：取值为 1 时，表示开启后台守护进程，如果不想添加该参数选项，也可以用系统的 crontab 来代替。

该选项要与 "-I 10"（单位为秒）配合使用，即每休眠 10 秒监控一次。取值为 0 时会关闭后台守护进程。

- ❏ --mail：表示开启发送邮件报警功能，需要事先设置好 smtp_config.php，也就是将邮件信息改成你自己的邮箱账号信息。示例代码如下：

```
******************** 配置信息 *****************************
$smtpserver = "smtp.126.com";//SMTP服务器
$smtpserverport = 25;//SMTP服务器端口
$smtpusermail = "chunyang_he@126.com";//SMTP服务器的用户邮箱
$smtpemailto = 'chunyang_he@126.com';//发送给谁
$smtpuser = "chunyang_he@126.com";//SMTP服务器的用户账号。注意，部分邮箱只需要@前面的用户名
$smtppass = "123456";//SMTP服务器的授权码
$mailtitle = "警告！出现卡顿慢SQL，请及时处理！";//邮件主题
$mailcontent = "<h1>".$content."</h1>";//邮件内容
$mailtype = "HTML";//邮件格式（HTML/TXT），TXT为文本邮件
******************** 配置信息 *****************************
```

- ❏ --weixin：表示开启发送微信报警功能，需要提前安装好 simplejson-3.8.2.tar.gz。安装命令如下：

```
shell> tar zxvf simplejson-3.8.2.tar.gz
shell> cd simplejson-3.8.2
shell> python setup.py build
shell> python setup.py install
```

接下来就可以编辑 pt-kill.php 脚本了。

找到以下代码，将其中的 'hcymysql' 换成你自己的微信号即可：

```
$status1 = system("/usr/bin/python wechat.py 'hcymysql' {$row['DB']}库出现卡顿慢SQL!
'{$content1}'");
```

关于微信企业号的设置，请移步 https://www.cnblogs.com/linuxprobe/p/5717776.html 查看详细的配置教程。

pt-kill.php 脚本执行完后会在工具目录下生成 kill.txt 文件，用于保存慢 SQL。

```
shell> cat kill.txt
2018-11-27 16:41:22
用户名：root
来源IP：localhost
数据库名：hcy
执行时间：18
SQL语句：select sleep(60)
```

默认情况下，程序只会杀死连接中的慢 SQL 而保留会话连接，如果想把会话连接也杀死，则需要去掉关键字 "QUERY"，代码如下：

```
//$kill_sql = "KILL QUERY {$row['ID']}";
$kill_sql = "KILL {$row['ID']}";
```

3.3.6 自适应 Hash 索引引起的 MySQL 崩溃与重启

自适应 Hash 索引是指 InnoDB 存储引擎会监控表内各索引页的查询，假设监控到某个索引页被频繁查询，经过诊断后发现如果为这一页的数据创建 Hash 索引会带来更大的性能提升，系统就会自动为这一页的数据创建 Hash 索引，并称之为自适应 Hash 索引。

自适应 Hash 索引是通过缓冲池中 B+ 树的页构建的，建立速度很快。因为不需要对整张表的数据都构建 Hash 索引，所以可以将其看成是索引的索引。注意，InnoDB 只会对热点页构建自适应索引，且是由 InnoDB 自动创建和删除的，所以不能人为干预是否在 InnoDB 表中创建自适应 Hash 索引。

我们先来看一个报错日志，具体如下：

```
InnoDB: Warning: a long semaphore wait:
--Thread 140593224754944 has waited at btr0cur.c line 528 for 241.00 seconds the
semaphore:
X-lock on RW-latch at 0x7fd9142bfcc8 created in file dict0dict.c line 1838
a writer (thread id 140570526021376) has reserved it in mode exclusive
number of readers 0, waiters flag 1, lock_word: 0
Last time read locked in file btr0cur.c line 535
Last time write locked in file
/pb2/build/sb_0-10180689-1378752874.69/mysql-5.5.34/storage/innobase/btr/btr0cur.
c line 528
InnoDB: Warning: a long semaphore wait:
--Thread 140570431108864 has waited at btr0cur.c line 528 for 241.00 seconds the
semaphore:
X-lock on RW-latch at 0x7fd9142bfcc8 created in file dict0dict.c line 1838
a writer (thread id 140570526021376) has reserved it in mode exclusive
number of readers 0, waiters flag 1, lock_word: 0
Last time read locked in file btr0cur.c line 535
Last time write locked in file
/pb2/build/sb_0-10180689-1378752874.69/mysql-5.5.34/storage/innobase/btr/btr0cur.
c line 528
.....................
END OF INNODB MONITOR OUTPUT
============================
InnoDB: ###### Diagnostic info printed to the standard error stream
InnoDB: Error: semaphore wait has lasted > 600 seconds
InnoDB: We intentionally crash the server, because it appears to be hung.
140101 4:32:58 InnoDB: Assertion failure in thread 140570570065664 in file
srv0srv.c line 2502
InnoDB: We intentionally generate a memory trap.
InnoDB: Submit a detailed bug report to http://bugs.mysql.com.
InnoDB: If you get repeated assertion failures or crashes, even
InnoDB: immediately after the mysqld startup, there may be
InnoDB: corruption in the InnoDB tablespace. Please refer to
InnoDB: http://dev.mysql.com/doc/refman/5.5/...-recovery.html
InnoDB: about forcing recovery.
20:32:58 UTC - mysqld got signal 6 ;
This could be because you hit a bug. It is also possible that this binary
or one of the libraries it was linked against is corrupt, improperly built,
or misconfigured. This error can also be caused by malfunctioning hardware.
We will try our best to scrape up some info that will hopefully help
diagnose the problem, but since we have already crashed,
something is definitely wrong and this may fail.
```

```
key_buffer_size=16777216
read_buffer_size=131072
max_used_connections=608
max_threads=1600
thread_count=516
connection_count=515
It is possible that mysqld could use up to
key_buffer_size + (read_buffer_size + sort_buffer_size)*max_threads = 444459 K
bytes of memory
Hope that's ok; if not, decrease some variables in the equation.
Thread pointer: 0x0
Attempting backtrace. You can use the following information to find out
where mysqld died. If you see no messages after this, something went
terribly wrong...
stack_bottom = 0 thread_stack 0x30000
/usr/local/mysql/bin/mysqld(my_print_stacktrace+0x35)[0x7a5f15]
/usr/local/mysql/bin/mysqld(handle_fatal_signal+0x403)[0x673a13]
/lib/libpthread.so.0(+0xef60)[0x7fde6901cf60]
/lib/libc.so.6(gsignal+0x35)[0x7fde68219165]
/lib/libc.so.6(abort+0x180)[0x7fde6821bf70]
/usr/local/mysql/bin/mysqld[0x7ff2ce]
/lib/libpthread.so.0(+0x68ba)[0x7fde690148ba]
/lib/libc.so.6(clone+0x6d)[0x7fde682b602d]
The manual page at http://dev.mysql.com/doc/mysql/en/crashing.html contains
information that should help you find out what is causing the crash.
131231 04:34:11 mysqld_safe Number of processes running now: 0
131231 04:34:11 mysqld_safe mysqld restarted
```

日志显示，这台机器在凌晨时发生 MySQL 进程崩溃的问题，错误日志里全都是如下报错信息：

```
InnoDB: Warning: a long semaphore wait
--Thread 140570431108864 has waited at btr0cur.c line 528 for 241.00 seconds the
semaphore:
X-lock on RW-latch at 0x7fd9142bfcc8 created in file dict0dict.c line 1838
```

查看 Spin Waits 和 OS Waits 的监控图，如图 3-8 所示（请注意图中 12 月 25 日至 12 月 31 日的监控结果）。

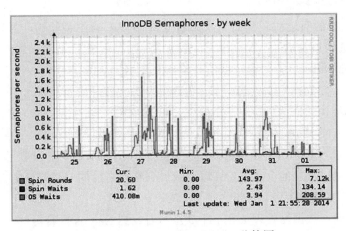

图 3-8　Spin Waits 和 OS Waits 监控图

由图 3-8 我们可以发现，Spin Waits 和 OS Waits 的等待时间都比较长。负载较重的情况下，就不太适合开启自适应 Hash 索引了，因为这样可以避免额外的索引维护带来的性能开销。官方手册里给出的解释翻译如下：

你可以通过 SHOW ENGINE INNODB STATUS 命令输出的 SEMAPHORES 信息来监视自适应 Hash 索引的使用以及对其使用权的争用情况。如果看到许多线程都在等待获取 btr0sea.c 中创建的 RW-latch 锁，那么禁用自适应 Hash 索引可能会很有用。

有时，在繁重的工作负载下（例如高并发连接），开启自适应 Hash 索引访问的读 / 写锁，可能会引起锁争用的问题。

上面的示例由于自适应 Hash 索引造成了大量的锁争用问题，进而造成很多进程堵塞，最终导致 MySQL 崩溃重启。

找到原因后，我们先关闭自适应 Hash 索引，然后再观察一天（参考图 3-8 中最右边 1 月 1 日的数据）发现，Spin Waits 和 OS Waits 的等待时间已逐渐减少。关闭自适应 Hash 索引的命令如下：

```
set global innodb_adaptive_hash_index = 0;
```

系统层面需要修改如下内核参数：

```
# echo "kernel.sem=250 32000 100 128" >> /etc/sysctl.conf
# sysctl -p
```

下面是对参数的具体说明。

第一列（250），表示每个信号集中的最大信号量数目。

第二列（32000），表示系统范围内的最大信号量总数目。

第三列（100），表示每个信号发生时系统操作的最大数目。

第四列（128），表示系统范围内的最大信号集总数目。

3.3.7 诊断事务量突增的原因

在讲解本节的案例之前，我们先来看看二进制日志的相关知识。二进制日志由配置文件的 log-bin 选项负责启用，MySQL 服务器将在数据的根目录下创建两个新文件 XXX-bin.001 和 xxx-bin.index，若配置选项没有给出文件名，则 MySQL 将使用主机名称命名这两个文件，其中，".index"文件包含了一份全体日志文件的清单。MySQL 会把用户对所有数据库的内容和结构的修改情况记入 XXX-bin.n 文件中，而不会记录 SELECT 语句和没有实际更新的 UPDATE 语句。

二进制日志包含如下两个作用：一是恢复数据，比如早上 9 点误删了一张表，那么数据库管理员可以通过凌晨的全量备份，以及凌晨到 9 点之前的二进制日志文件做增量恢复；二是实现 MySQL 的主从复制。

下面进入正题，数据库管理员在下午 5 点左右收到 Nagios 报警短信，提示更新和插入阈值报警，登录到 mysql-monitor 上查看，数据库的性能数据如图 3-9 所示。

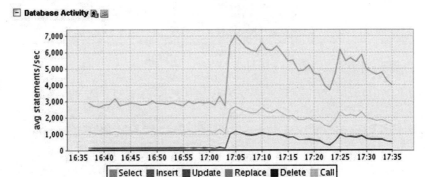

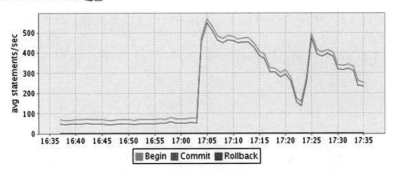

图 3-9 数据库性能监控图

看到图 3-9 的数据波动后，数据库管理员登录 MySQL 服务器，通过二进制日志分析 17:05 左右（数据库发生抖动之前和之后）的表，查看是哪个表的更新导致事务量突增。

下面是 17:05 之前的二进制日志：

```
[root@XXX-02 logs]# mysqlbinlog --no-defaults --base64-output=decode-rows -v -v
mysql-bin.053373 |more
/*!40019 SET @@session.max_insert_delayed_threads=0*/;
/*!50003 SET @OLD_COMPLETION_TYPE=@@COMPLETION_TYPE,COMPLETION_TYPE=0*/;
DELIMITER /*!*/;
# at 4
#120802 16:36:47 server id 4713306  end_log_pos 106     Start: binlog v 4, server
v 5.1.43sp1-br38368-enterprise-gpl-pro-log c
reated 120802 16:36:47
```

然后，通过下面这条命令进行分析，找出写操作频繁的表：

```
[root@XXX-02 logs]# mysqlbinlog --no-defaults --base64-output=decode-rows -v -v
mysql-bin.053373 |awk '/###/{if($0~/UPDATE|INSERT|DELETE/)count[$2" "$NF]++}
END{for(i in count)print i,"\t",count[i]}' | column -t | sort -k3nr | more
UPDATE   DB.Dynamic              133971
UPDATE   DB.User                 54834
UPDATE   DB.Quota                24938
```

```
UPDATE   DB.OrderHistory           24482
UPDATE   DB.BOSSOperation          19767
UPDATE   DB.SmsCount               18235
UPDATE   DB.Buddy                  10919
INSERT   DB.Buddy_Log              10024
====================================================================
```

接下来再查看 17:05 之后的二进制日志：

```
[root@XXX-02 logs]# mysqlbinlog --no-defaults --base64-output=decode-rows -v -v
mysql-bin.053375 |more
/*!40019 SET @@session.max_insert_delayed_threads=0*/;
/*!50003 SET @OLD_COMPLETION_TYPE=@@COMPLETION_TYPE,COMPLETION_TYPE=0*/;
DELIMITER /*!*/;
# at 4
#120802 17:10:54 server id 4713306   end_log_pos 106      Start: binlog v 4, server
v 5.1.43sp1-br38368-enterprise-gpl-pro-log c
reated 120802 17:10:54
# at 106
```

然后，通过下面的这条命令进行分析，找出写操作频繁的表：

```
[root@XXX-02 logs]# mysqlbinlog --no-defaults --base64-output=decode-rows -v -v
mysql-bin.053375 |awk '/###/{if($0~/UPDATE|INSERT|DELETE/)count[$2" "$NF]++}
END{for(i in count)print i,"\t",count[i]}' | column -t | sort -k3nr
INSERT   DB.Buddy_Log              194160
INSERT   DB.Buddy                  192587
UPDATE   DB.Dynamic                62767
UPDATE   DB.User                   30103
UPDATE   DB.OrderHistory           12507
UPDATE   DB.Quota                  12318
UPDATE   DB.BOSSOperation          9892
```

这样就能比较直观地显示出哪些表的更新比较频繁，之后再找开发人员确认问题，了解该问题是不是由业务增长所导致的。

上面的故障案例演示了如何通过二进制日志来分析业务的增长量，确定哪个表的写操作比较频繁，如果你以后遇到了类似的问题，同样也可以采用此方法进行分析。

> 📷 注意　此命令只支持 MySQL 5.5 及以上版本，即 InnoDB 引擎、READ-COMMITTED 隔离级别，或者 binlog_format 为 ROW 格式的情况。关于隔离级别以及二进制日志的格式，3.3.8 节会有详细介绍。

3.3.8　谨慎设置 binlog_format=MIXED

binlog_format 有三种格式：STATEMENT（语句）、ROW（行）和 MIXED（混合）。

STATEMENT 在二进制日志里记录的是实际的 SQL 语句，如图 3-10 所示。

ROW 在二进制日志里记录的不是简单的 SQL 语句，而是实际行的变更，如图 3-11 所示。

```
# at 175
#130521 15:56:04 server id 140   end_log_pos 263
use test/*!*/;
SET TIMESTAMP=1369122964/*!*/;
insert into t2 values(11)
/*!*/;
# at 263
#130521 15:56:04 server id 140   end_log_pos 290
COMMIT/*!*/;
# at 290
#130521 15:56:06 server id 140   end_log_pos 358
SET TIMESTAMP=1369122966/*!*/;
BEGIN
/*!*/;
# at 358
#130521 15:56:06 server id 140   end_log_pos 446
SET TIMESTAMP=1369122966/*!*/;
insert into t2 values(12)
/*!*/;
# at 446
```

图 3-10　二进制日志为 STATEMENT 格式

```
#130522 15:39:57 server id 140   end_log_pos 336
### UPDATE test.t2
### WHERE
###   @1=77 /* INT meta=0 nullable=0 is_null=0 */
### SET
###   @1=78 /* INT meta=0 nullable=0 is_null=0 */
### UPDATE test.t2
### WHERE
###   @1=88 /* INT meta=0 nullable=0 is_null=0 */
### SET
###   @1=89 /* INT meta=0 nullable=0 is_null=0 */
### UPDATE test.t2
### WHERE
###   @1=11 /* INT meta=0 nullable=0 is_null=0 */
### SET
###   @1=12 /* INT meta=0 nullable=0 is_null=0 */
### UPDATE test.t2
### WHERE
###   @1=12 /* INT meta=0 nullable=0 is_null=0 */
### SET
###   @1=13 /* INT meta=0 nullable=0 is_null=0 */
### UPDATE test.t2
### WHERE
```

图 3-11　二进制日志为 ROW 格式

在二进制日志里，MIXED 格式默认还是采用 STATEMENT 格式进行记录的，但在下面这 6 种情况下会转化为 ROW 格式。

❑ 第一种情况：NDB 引擎，表的 DML 操作（增、删、改）会以 ROW 格式记录。

❑ 第二种情况：SQL 语句里包含了 UUID() 函数。

❑ 第三种情况：自增长字段被更新了。

❑ 第四种情况：包含了 INSERT DELAYED 语句。

    ❏ 第五种情况：使用了用户自定义函数（UDF）。

    ❏ 第六种情况：使用了临时表。

下面我们来看一个实例，在该实例中，主从数据库都是 MySQL 5.5 版本，binlog_format 被设置为 MIXED 格式，而且使用的默认隔离级别为 REPEATABLE-READ，我们来看看这样的设置会引发什么问题。

首先来看一下主库上的数据：

```
mysql> select * from t2;
+----+
| id |
+----+
|  1 |
|  2 |
|  3 |
|  4 |
|  5 |
|  6 |
|  7 |
|  8 |
|  9 |
| 10 |
+----+
10 rows in set (0.00 sec)
```

接下来看一下从库上的数据：

```
mysql> select * from t
+------+
| id   |
+------+
|  1   |
|  2   |
|  3   |
|  4   |
|  5   |
+------+
5 rows in set (0.00 sec)
```

如果在主库上执行如下命令：

```
mysql> update t2 set id=99 where id=9;
Query OK, 1 row affected (0.01 sec)
Rows matched: 1  Changed: 1  Warnings: 0
```

那么，从库会报错吗？答案是：不会报错，也没有任何提示。因为在二进制日志里，虽然采用的是 MIXED 格式，但默认还是采用 STATEMENT 格式来记录的（只有前文列举的 6 种特殊情况下才会以 ROW 格式记录），所以我们查看二进制日志时会发现记录的是一条 SQL 语句（update t2 set id=99 where id=9）。这条 SQL 语句在从库上执行后，由于没有发现 id=7 的这条记录，影响的行数为空，因此主从复制进程并不会中断。但是在这种情况下，主从库的数据是很不安全的，很容易出现数据不一致的情况，而且 MySQL 并不会发出任何报警信息。MySQL 5.1 之后的版本通过将 binlog_format 改为 ROW 格式来解决这个问题。

在将 binlog_format 改为 ROW 格式后，再次执行刚才的语句，系统就会报错，具体如下：

```
mysql> update t2 set id=99 where id=9;
Query OK, 1 row affected (0.00 sec)
Rows matched: 1  Changed: 1  Warnings: 0
```

执行结果如图 3-12 所示。

```
                Last_SQL_Errno: 1032
                Last_SQL_Error: Could not execute Update_rows event on table test.t2: Can't find record in 't2', Error_code: 1
32: handler error HA_ERR_END_OF_FILE: the event's master log mysql-bin.000002, end_log_pos 517
[root@hadoop-datanode5 data]# mysqlbinlog --no-defaults --base64-output=decode-rows -v -v mysql-bin.000002 | grep -A 10 '517'
#121011 16:12:44 server id 140  end_log_pos 517          Update_rows: table id 73 flags: STMT_END_F
### UPDATE test.t2
### WHERE
###   @1=9 /* INT meta=0 nullable=0 is_null=0 */
### SET
###   @1=99 /* INT meta=0 nullable=0 is_null=0 */
# at 517
#121011 16:12:44 server id 140  end_log_pos 544          Xid = 150
COMMIT/*!*/;
DELIMITER ;
# End of log file
ROLLBACK /* added by mysqlbinlog */;
/*!50003 SET COMPLETION_TYPE=@OLD_COMPLETION_TYPE*/;
[root@hadoop-datanode5 data]#
```

图 3-12　二进制日志改为 ROW 格式后系统才会报错

如果你采用的是默认隔离级别 REPEATABLE-READ，那么建议设置 binlog_format=ROW。如果是 READ-COMMITTED 隔离级别，那么 binlog_format=MIXED 与 binlog_format=ROW 的效果是一样的，二进制日志的记录格式都是 ROW，很神奇吧？建议大家自行实践一下。ROW 格式对主从复制来说是很安全的参数。

可能会有人提出这样的疑问，如果 binlog_format 为 ROW 格式，那么数据量很大的时候，日志量也会很大，这种情况下，写日志所带来的 I/O 问题是否也要考虑进来呢？

这个问题问得相当好，没错，如果二进制日志设置为 ROW 格式，那么二进制日志文件会比设置为 STATEMENT 格式时大很多，而且主从复制是通过二进制日志来传输的，日志量的增大也会增加网络的开销，这就像是一把双刃剑，看你如何取舍了，是选择安全稳定，还是选择更高的性能？就笔者日常工作中所管理的机器来看，二进制日志设置为 ROW 格式时，若以 15 000 转的希捷硬盘组成 RAID10，写操作保持在每秒 200 条是没有问题的。

不过，MySQL 5.6 版本针对上述问题进行了进一步优化：通过设置 binlog_row_image=MINIMAL 来解决该问题（如图 3-13 所示）。

也就是说，将 binlog_row_image 设置为 MINIMAL 时，二进制日志里只会记录受变更影响的字段值，从而减少了二进制日志的增长量。下面通过具体实例进行讲解，binlog_row_image 设置为 FULL 时，表里的数据如图 3-14 所示。

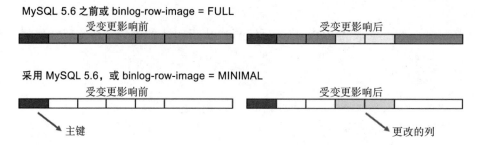

图 3-13 binlog_row_image 参数值的区别对比

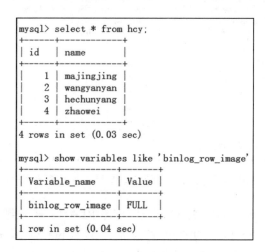

图 3-14 binlog_row_image 设置为 FULL

注意，这里的 binlog_row_image 的取值是默认的 FULL，下面执行一条更新语句，如图 3-15 所示。

```
mysql> update hcy set name='hcymysql' where id=3;
Query OK, 1 row affected (0.08 sec)
Rows matched: 1 Changed: 1 Warnings: 0
```

图 3-15 执行一条更新语句

然后，再到二进制日志里去查看更新情况，如图 3-16 所示。

```
# at 620
#130522 18:11:49 server id 25  end_log_pos 386 CRC32 0x67ae4659
### UPDATE `test`.`hcy`
### WHERE
###   @1=3 /* INT meta=0 nullable=1 is_null=0 */
###   @2='hechunyang' /* VARSTRING(30) meta=30 nullable=1 is_null=0 */
### SET
###   @1=3 /* INT meta=0 nullable=1 is_null=0 */
###   @2='hcymysql' /* VARSTRING(30) meta=30 nullable=1 is_null=0 */
# at 386
```

图 3-16 binlog_row_image=FULL 时二进制日志中的更新信息

由图 3-16 我们可以看到，二进制日志会把更改后的整行（所有字段值）都记录下来。
下面把 binlog_row_image 设置为 MINIMAL，再执行一条更新语句，如图 3-17 所示。

```
mysql> set global binlog_row_image = 'minimal';
Query OK, 0 rows affected (0.01 sec)

mysql> set binlog_row_image = 'minimal';
Query OK, 0 rows affected (0.02 sec)

mysql> show variables like 'binlog_row_image';
+------------------+---------+
| Variable_name    | Value   |
+------------------+---------+
| binlog_row_image | MINIMAL |
+------------------+---------+
1 row in set (0.04 sec)

mysql> update hcy set name='WYY' where id=2;
Query OK, 1 row affected (0.05 sec)
Rows matched: 1  Changed: 1  Warnings: 0
```

图 3-17　binlog_row_image 设置为 MINIMAL 后再执行更新语句

然后到二进制日志里查看更新情况，如图 3-18 所示。

```
# at 586
#130522 18:16:30 server id 25   end_log_pos 643 CRC32 0x90844821
### UPDATE `test`.`hcy`
### WHERE
###   @1=2 /* INT meta=0 nullable=1 is_null=0 */
###   @2='wangyanyan' /* VARSTRING(30) meta=30 nullable=1 is_null=0 */
### SET
###   @2='WYY' /* VARSTRING(30) meta=30 nullable=1 is_null=0 */
# at 643
#130522 18:16:30 server id 25   end_log_pos 674 CRC32 0x8aa7bf8c
COMMIT/*!*/;
```

图 3-18　binlog_row_image=MINIMAL 时二进制日志中的更新信息

如果仔细对比图 3-16 和图 3-18，就会发现二者的区别：binlog_row_image=MINIMAL
时，二进制日志里只记录了更改后受到影响的字段值。

关于 REPEATABLE-READ 和 READ-COMMITTED 的具体区别，将在第 5 章详细介绍。

3.3.9　MySQL 故障切换之事件调度器的注意事项

先来普及一下基础知识。事件调度器是在 MySQL 5.1 版本中新增的另一个特色功能，
可以作为定时任务调度器，用以完成部分原先只能用操作系统任务调度器完成的定时功能。
而且 MySQL 的事件调度器可以实现每秒执行一个任务，这一点在一些对实时性要求较高的
环境下非常实用。不过，在使用这个功能之前必须确保 event_scheduler 已开启。下面就来
执行如图 3-19 所示的命令开启时间调度器。

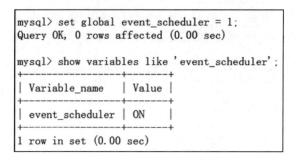

图 3-19　事件调度器的开启命令

接下来我们做一个测试，展示事件调度器在主从切换时具体会产生哪些影响。

在主从架构中，先在主库上创建一个事件，代码如下：

```
mysql> show create event `insert`\G;
*************************** 1. row ***************************
       Event: insert
    sql_mode:
   time_zone: SYSTEM
Create Event: CREATE DEFINER=`root`@`localhost` EVENT `insert`
ON SCHEDULE EVERY 1 MINUTE STARTS '2012-11-20 16:10:09'
ON COMPLETION PRESERVE ENABLE DO BEGIN
insert into t3(name) values('aa');
END
character_set_client: utf8
collation_connection: utf8_general_ci
  Database Collation: utf8_general_ci
1 row in set (0.02 sec)
```

然后使用从库进行主从同步，结果如下所示（请注意粗斜体字）：

```
mysql> show create event `insert`\G;
*************************** 1. row ***************************
       Event: insert
    sql_mode:
   time_zone: SYSTEM
Create Event: CREATE DEFINER=`root`@`localhost` EVENT `insert`
ON SCHEDULE EVERY 1 MINUTE STARTS '2012-11-20 16:10:09'
ON COMPLETION PRESERVE DISABLE ON SLAVE DO BEGIN
insert into t3(name) values('aa');
END
character_set_client: utf8
collation_connection: utf8_general_ci
  Database Collation: utf8_general_ci
1 row in set (0.02 sec)
```

下面再回过头来看一下事件的状态，主库和从库上的事件状态分别如图 3-20 和图 3-21 所示（注意框线中的内容）。

也就是说，事件只能在主库上触发，在从库上不能触发，如果在从库上触发了事件，同步复制就会出现问题。进行主从故障切换时，VIP 地址漂移到了以前的从库上，此时从库变成了新的主库。但此时事件的状态还是维持着 SLAVESIDE_DISABLED，并没有改成

ENABLED，这样就会造成主从切换之后事件无法执行的问题。所以，需要人工重新开启事件状态，命令如下：

```
mysql> alter event `insert` enable;
Query OK, 0 rows affected (0.07 sec)
```

```
mysql> show events\G;
*********************** 1. row ********
                  Db: test
                Name: insert
             Definer: root@localhost
           Time zone: SYSTEM
                Type: RECURRING
          Execute at: NULL
      Interval value: 1
      Interval field: MINUTE
              Starts: 2012-11-20 16:10:09
                Ends: NULL
              Status: ENABLED
          Originator: 22
character_set_client: utf8
collation_connection: utf8_general_ci
   Database Collation: utf8_general_ci
1 row in set (0.09 sec)
```

图 3-20　主库上的事件状态

```
mysql> show events\G;
*********************** 1. row *********
                  Db: test
                Name: insert
             Definer: root@localhost
           Time zone: SYSTEM
                Type: RECURRING
          Execute at: NULL
      Interval value: 1
      Interval field: MINUTE
              Starts: 2012-11-20 16:10:09
                Ends: NULL
              Status: SLAVESIDE_DISABLED
          Originator: 22
character_set_client: utf8
collation_connection: utf8_general_ci
   Database Collation: utf8_general_ci
1 row in set (0.09 sec)
```

图 3-21　从库上的事件状态

参考手册（https://dev.mysql.com/doc/refman/8.0/en/show-events.html）给出的解释翻译如下：

SLAVESIDE_DISABLED 表示在主库上创建的事件会同步复制到从库上，但该事件不会在从库上执行。

上述示例的事件状态截图如图 3-22 所示。

图 3-22 用事件调度器创建定时任务

3.3.10 误操作的恢复

相信很多人都遇到过由于忘记限定 WHERE 条件，结果执行了删除或更新操作后，把整张表的数据全部删改了的情况。传统的解决方法是：通过最近的全量备份和增量二进制日志备份，将数据恢复到误操作之前的状态。但是这个方法有一个弊端，那就是随着表中记录的数据增多以及二进制日志的增大，数据恢复操作会变得既费时又费力。

下面介绍一个简单的方法，可以快速恢复到误操作之前的状态。该方法利用了 Oracle 的闪回功能，虽然 MySQL 8.0 版本目前还不具备这样的功能，不过，我们完全可以通过 MariaDB 的 mysqlbinlog 命令实现。使用该方法之前，请记得将二进制日志设置为 binlog_format = ROW，binlog_row_image=FULL，如果将二进制日志设置为 STATEMENT 格式了，那么这个方法将是无效的。切记！！！

1. 测试步骤

MariaDB 的 mysqlbinlog 命令增加了一个参数 flashback，通过下面的命令可以查看到：

```
# /usr/local/mariadb/bin/mysqlbinlog  --help | grep 'flashback'
  -B, --flashback       Flashback feature can rollback you committed data to a
flashback                          FALSE
```

把 name 字段的值"hechunyang"更改为"hcyhcy"，可使用如下命令：

```
MariaDB [test]> select * from t1;
+----+------------+
| id | name       |
+----+------------+
|  1 | hechunyang |
+----+------------+
1 row in set (0.000 sec)

MariaDB [test]> update t1 set name='hcyhcy' where id = 1;
Query OK, 1 row affected (1.003 sec)
Rows matched: 1  Changed: 1  Warnings: 0

MariaDB [test]> select * from t1;
+----+--------+
```

```
| id | name   |
+----+--------+
|  1 | hcyhcy |
+----+--------+
1 row in set (0.000 sec)
```

2. 查看闪回单表信息

通过下面的命令可以查看到二进制日志更改前后的记录值：

```
# /usr/local/mariadb/bin/mysqlbinlog -vv -B -d test -T t1 mysql-bin.000001
/*!50530 SET @@SESSION.PSEUDO_SLAVE_MODE=1*/;
/*!40019 SET @@session.max_insert_delayed_threads=0*/;
/*!50003 SET @OLD_COMPLETION_TYPE=@@COMPLETION_TYPE,COMPLETION_TYPE=0*/;
DELIMITER /*!*/;
#210506 17:05:01 server id 33121  end_log_pos 256 CRC32 0x3b182375 Start:
  binlog v 4, server v 10.5.8-MariaDB-log created 210506 17:05:01 at startup
# Warning: this binlog is either in use or was not closed properly.
ROLLBACK/*!*/;
BINLOG '
PbGTYA9hgQAA/AAAAABAAABAAQAMTAuNS44LU1hcmlhREItbG9nAAAAAAAAAAAAAAAAAAAAAAAAA
AAAAAAAAAAAAAAAAA9sZNgEzgNAAgAEgAEBAQEEgAA5AAEGggAAAAICAgCAAAACgoKAAAAAAAA
AAAAAAAAAAAAAAAAAAAAAAAAAAAAAAAAAAAAAAAAAAAAAAAAAAAAAAAAAAAAAAAAAAAAAAAAAAA
AAAAAAAAAAAAAAAAAAAAAAAAAAAAAAAAAAAAAAAAAAAAAAAAAAAAAAAAAAAAAAAAAAAAAAAAAAA
AAAAAAAAAAEEwQADQgICAoKCgF1Ixg7
'/*!*/;
#210506 17:05:01 server id 33121  end_log_pos 285 CRC32 0x6599e5be Gtid list []
#210506 17:05:01 server id 33121  end_log_pos 328 CRC32 0x1f919c9e Binlog
  checkpoint mysql-bin.000001
#210506 17:10:12 server id 33121  end_log_pos 433 CRC32 0xddab181a Annotate_rows:
#Q> update t1 set name='hcyhcy' where id = 1
#210506 17:10:12 server id 33121  end_log_pos 481 CRC32 0x6338bc7f Table_map:
  `test`.`t1` mapped to number 44 (has triggers)
# Number of rows: 1
#210506 17:10:12 server id 33121  end_log_pos 574 CRC32 0xdcd92a42 Xid = 3929
START TRANSACTION/*!*/;
#210506 17:10:12 server id 33121  end_log_pos 543 CRC32 0xd1e00255 Update_rows:
  table id 44 flags: STMT_END_F

BINLOG '
dLKTYBNhgQAAMAAAAOEBAAAAACwAAAAAAFABHRlc3QAAnQxAAIDDwJkAAJ/vDhj
dLKTYBhhgQAAPgAAAB8CAAAAACwAAAAAAEAAv///AEAAAAGaGN5aGN5/AEAAAAKaGVjaHVueWFu
Z1UC4NE=
'/*!*/;
**这里显示的是回滚SQL**
### UPDATE `test`.`t1`
### WHERE
###   @1=1 /* INT meta=0 nullable=0 is_null=0 */
###   @2='hcyhcy' /* VARSTRING(100) meta=100 nullable=1 is_null=0 */
### SET
###   @1=1 /* INT meta=0 nullable=0 is_null=0 */
###   @2='hechunyang' /* VARSTRING(100) meta=100 nullable=1 is_null=0 */
COMMIT
/*!*/;
COMMIT
/*!*/;
DELIMITER ;
# End of log file
```

```
ROLLBACK /* added by mysqlbinlog */;
/*!50003 SET COMPLETION_TYPE=@OLD_COMPLETION_TYPE*/;
/*!50530 SET @@SESSION.PSEUDO_SLAVE_MODE=0*/;
```

3. 恢复操作

将要恢复的二进制日志信息保存为 flushback-test.sql 文件，然后将其导入数据库里即可恢复，命令如下：

```
# /usr/local/mariadb/bin/mysqlbinlog -vv -B -d test -T t1 mysql-bin.000001 >
flushback-test.sql

#/usr/local/mariadb/bin/mysql -S /tmp/mysql_mariadb.sock test < flushback-test.sql

MariaDB [test]> select * from t1;
+----+------------+
| id | name       |
+----+------------+
|  1 | hechunyang |
+----+------------+
1 row in set (0.001 sec)
```

4. 总结

❑ MariaDB 在 10.2.4 及以上的版本中加入了闪回功能，但是该功能只能用于 DML 操作，原理与 binlog2sql 类似，该功能的劣势是具有一定的局限性，优势自然是不需要额外下载和安装软件了。

❑ 如果我们明确知道需要回滚的二进制日志的位点（pos）信息，则可以使用 --start-position 命令生成回滚 SQL。

此外，我们还可以借助延迟复制技术在数据库误操作后快速恢复数据。比如，有人误操作了某个表，但在延迟时间内，从库的数据并没有发生变化，这种情况下就可以用从库的数据进行快速恢复。

延迟复制的特性保证了用户有机会从延迟同步的从库中恢复误删除的表，该特性的问题在于，需要保证用户有足够的时间阻止从库进行误操作的复制，MySQL 从 5.6 版本开始支持延迟复制技术。延时特性是在从库中实现的，不会影响主库以及中继日志的接收等，只是 sql_thread 执行更新的过程延迟了指定的时间。

下面就来介绍延迟复制的配置。在从库上设置 MASTER TO MASTER_DELAY 参数即可实现，命令如下：

```
CHANGE MASTER TO MASTER_DELAY = N;
```

其中，N 表示要延迟多少秒，该语句用于设置从库在延时 N 秒后再复制主库的同步数据。

设置完延迟时间后，登录到从库服务器上，执行如下命令：

```
mysql>stop slave;
mysql>CHANGE MASTER TO MASTER_DELAY = 43200;
```

```
mysql>start slave;
mysql>show slave status \G;
```

查看 SQL_Delay 的值，为 43200 表示设置成功。

3.3.11 快速恢复二进制日志

如果发生了误操作，通常情况下，我们会考虑先进行历史全量备份的恢复，再使用二进制日志恢复增量部分的数据。常见的办法是使用 mysqlbinlog 解析二进制日志，并将解析出来的内容重定向到 mysql 命令行中执行，命令如下：

```
for i in `ls` ;do  mysqlbinlog "$i"| mysql  -uroot  -p123456  test -f; done
```

但是，这种方式只能单线程执行，而且利用 mysqlbinlog 解析后再通过管道执行，会产生较大的性能开销。事实上，中继日志的内容与二进制日志的内容其实是一样的，因此我们可以利用 SQL 线程回放二进制日志。

通过二进制日志恢复数据的操作步骤具体如下。

这里生成了两个二进制日志文件：mysql-bin.000001 和 mysql-bin.000002。

1）把二进制日志更名为"relay log"，然后将其复制到中继日志的数据目录下，命令如下：

```
# for i in `seq -f "%06g" 3 4`; do cp -a mysql-bin.$i
/data/mysql/mysql8_1/relaylog/relay-log.$i; done
```

2）修改 relay-log.index，把需要执行的中继日志列表都放进去，命令如下：

```
# ls -lrt -d -1 $PWD/relay-log.0* | awk '{print $NF}' > relay-log.index
# chown mysql.mysql relay-log*
```

3）执行 CHANGE MASTER TO 命令，利用 SQL 线程进行多线程回放，命令如下：

```
> CHANGE  MASTER  TO  RELAY_LOG_FILE=' relay-log.000001',RELAY_LOG_POS=4;

> SET  GLOBAL  SLAVE_PARALLEL_TYPE='LOGICAL_CLOCK';
> SET  GLOBAL  SLAVE_PARALLEL_WORKERS=16;

> START  SLAVE  SQL_THREAD;
```

4）查看操作进度，命令如下：

```
# while true; do sleep 1;  mysql -uroot -p133456 -Be 'show processlist' | awk '/
  Slave has read all relay log/'; done
```

当出现"Slave has read all relay log; waiting for more updates"（从库已经读取了所有的中继日志；等待更多更新）信息时，就代表通过二进制日志恢复数据的操作已经执行完毕。

如果执行时系统报错，则可以通过查看错误日志文件检查报错信息，并进行相应的处理。

处理同步复制报错故障

主从数据库进行故障切换时，经常会遇到同步报错的问题，很多数据库管理员的处理方法都是执行 set global sql_slave_skip_counter=1 命令跳过并忽略错误，这种方法虽然可以达到让同步复制继续执行的目的，但只是无视了问题，并没有真正解决问题，因为此时从库的数据已经与主库不一致了。

另一种方法是在主库上通过 mysqldump 命令导出数据，然后在从库上恢复。当数据很小（比如几吉字节）时，这样做是没有任何问题的。但如果公司的数据量很大（比如150GB ～ 200GB），这种情况下再简单地采用导出和导入方法，就会耗费大量的时间，因此如果数据量较大，这种方法是不可取的。经过一段时间的摸索，笔者总结出了几种处理方法。本章将针对这些方法进行详细讲解。

4.1　最常见的 3 种故障

在介绍同步复制最常见的 3 种故障之前，我们先来看一下异步复制与半同步复制的区别，具体如下。

❑ 异步复制：简单地说就是，主库向从库发送二进制日志，无论从库是否接收完，或者执行完，这一动作就结束了。

❑ 半同步复制：简单地说就是，主库向从库发送二进制日志，从库全部接收完之后，无论它是否执行完，都向主库返回一个已接收的信号，到这里这一动作就结束了。

异步复制的劣势是，如果主库上的写操作比较频繁，例如，当前主库上的 POS 点是10，从库上的 IO_THREAD 线程还只接收到 3，若此时主库宕机，主库上就会有 7 个点未传送到从库，从而导致数据丢失问题。

接下来要介绍的这 3 种故障是在高可用集群切换时产生的，由于是异步复制，且 sync_binlog=0，因此会有一小部分二进制日志没有接收完，从而导致同步复制报错。

4.1.1　在主库上删除一条记录导致的故障

笔者曾经遇到过这样一个问题，在主库上删除一条记录后，从库上因为找不到该记录而报错，报错信息如下：

```
Last_SQL_Error: Could not execute Delete_rows event on table hcy.t1; Can't find
   record in 't1', Error_code: 1032; handler error HA_ERR_KEY_NOT_FOUND; the event's
   master log mysql-bin.000006, end_log_pos 254
```

出现这种报错信息的原因是，主库上已删除了该记录，对此，我们可以采取在从库上直接跳过报错信息的方式来解决，命令如下：

```
stop slave ;set global sql_slave_skip_counter=1;start slave;
```

之后，笔者编写了一个脚本 skip_error_replcation.sh 来帮助处理该问题。该脚本默认跳过 10 次该报错信息（只会跳过由于这种情况而导致的报错信息，其他情况还是会输出错误信息，并等待处理），这个脚本是用 Shell 语言编写的，参考的是 percona-toolkit 工具包的 pt-slave-restart 原理。不过，由于 pt-slave-restart 脚本的原理是无论什么错误一律跳过，这样会造成主从数据不一致的问题，因此笔者在该脚本的功能方面自定义修改了一些内容，使其只针对某些错误进行跳过处理。skip_error_replcation.sh 的脚本具体如下：

```
#!/bin/bash
################################################################################
##
## 此脚本可用于自动处理同步报错问题，默认跳过10次报错信息
##
## 只会跳过Last_SQL_Error: Could not execute Delete_rows event on table hcy.t1;
## Can't find record in 't1', Error_code: 1032; handler error HA_ERR_KEY_NOT_FOUND;
## the event's master log mysql-bin.000003, end_log_pos 253
## 的报错信息，其他情况需要自行处理，以免丢失数据
##
################################################################################
v_dir=/usr/local/mysql/bin/
v_user=root
v_passwd=123456
v_log=/home/logs
v_times=10
if [ -d "${v_log}" ];then
   echo "${v_log} has existed before."
else
   mkdir ${v_log}
fi
echo "" > ${v_log}/slave_status.log
echo "" > ${v_log}/slave_status_error.log
count=1
while true
do
   Seconds_Behind_Master=$(${v_dir}mysql -u${v_user} -p${v_passwd} -e "show slave
       status\G;" | awk -F':' '/Seconds_Behind_Master/{print $2}')
```

```
    if [ ${Seconds_Behind_Master} != "NULL" ];then
       echo "slave is ok!"
       ${v_dir}mysql -u${v_user} -p${v_passwd} -e "show slave status\G;" >> ${v_log}
          /slave_status.log
       break
    else
       echo "" >> ${v_log}/slave_status_error.log
       date >> ${v_log}/slave_status_error.log
       echo "" >> ${v_log}/slave_status_error.log
       ${v_dir}mysql -u${v_user} -p${v_passwd} -e "show slave status\G" >> ${v_log}/
          slave_status_error.log
       ${v_dir}mysql -u${v_user} -p${v_passwd} -e "show slave status\G" | egrep
          'Delete_rows' > /dev/null 2>&1
       if [ $? = 0 ];then
          ${v_dir}mysql -u${v_user} -p${v_passwd} -e "stop slave;SET GLOBAL
             sql_slave_skip_counter=1;start slave;"
       else
          ${v_dir}mysql -u${v_user} -p${v_passwd} -e "show slave status\G"  | grep
             'Last_SQL_Error'
          break
       fi
       let count++
       if [ $count -gt ${v_times} ];then
          break
       else
          ${v_dir}mysql -u${v_user} -p${v_passwd} -e "show slave status\G" >>
             ${v_log}/slave_status_error.log
          sleep 2
          continue
       fi
    fi
  fi
done
```

4.1.2　主键重复

主从数据不一致时，如果从库上已经有了某条记录，而此时又在主库上插入了同一条记录，那么这种情况下系统就会报错，报错信息如下：

```
Last_SQL_Error: Could not execute Write_rows event on table hcy.t1;
Duplicate entry '2' for key 'PRIMARY',
Error_code: 1062; handler error HA_ERR_FOUND_DUPP_KEY;
the event's master log mysql-bin.000006, end_log_pos 924
```

下面就来介绍因主键重复而导致同步复制错误的解决方法。首先，在从库上使用 desc hcy.t1 命令查看表结构：

```
mysql> desc hcy.t1;
+-------+---------+------+-----+---------+-------+
| Field | Type    | Null | Key | Default | Extra |
+-------+---------+------+-----+---------+-------+
| id    | int(11) | NO   | PRI | 0       |       |
| name  | char(4) | YES  |     | NULL    |       |
+-------+---------+------+-----+---------+-------+
2 rows in set (0.03 sec)
```

查看该表的字段信息，可以得到主键的字段名。

接下来，删除重复的主键，命令如下：

```
mysql> delete from t1 where id=2;
Query OK, 1 row affected (0.00 sec)
```

然后，开启同步复制功能，命令如下：

```
mysql> start slave;
Query OK, 0 rows affected (0.00 sec)
mysql> show slave status\G;
……
Slave_IO_Running: Yes
Slave_SQL_Running: Yes
……
mysql> select * from t1 where id=2;
```

注意，完成上述操作后，还要在主库和从库上再分别确认一下，以确保执行成功。

4.1.3　在主库上更新了一条记录，在从库上却找不到

主从数据不一致时，主库上已经有了某条记录，但从库上还没有这条记录，之后如果主库上又更新了这条记录，那么系统就会报错，报错信息如下：

```
Last_SQL_Error: Could not execute Update_rows event on table hcy.t1; Can't find
  record in 't1', Error_code: 1032; handler error HA_ERR_KEY_NOT_FOUND; the
  event's master log mysql-bin.000010, end_log_pos 794
```

下面就来介绍解决这种问题的方法。首先，在主库上通过 mysqlbinlog 命令分析出错的二进制日志进行了哪些操作：

```
[root@vm01 data]# /usr/local/mysql/bin/mysqlbinlog
--no-defaults  -v  -v  --base64-output=DECODE-ROWS
mysql-bin.000010 | grep -A '10' 794
#120302 12:08:36 server id 22  end_log_pos 794  Update_rows: table id 33 flags:
  STMT_END_F
### UPDATE hcy.t1
### WHERE
###   @1=2 /* INT meta=0 nullable=0 is_null=0 */
###   @2='bbc' /* STRING(4) meta=65028 nullable=1 is_null=0 */
### SET
###   @1=2 /* INT meta=0 nullable=0 is_null=0 */
###   @2='BTV' /* STRING(4) meta=65028 nullable=1 is_null=0 */
# at 794
#120302 12:08:36 server id 22  end_log_pos 821  Xid = 60
COMMIT/*!*/;
DELIMITER ;
# End of log file
ROLLBACK /* added by mysqlbinlog */;
/*!50003 SET COMPLETION_TYPE=@OLD_COMPLETION_TYPE*/;
[root@vm01 data]#
```

从上面的信息来看，出错的二进制日志是在更新一条记录。

接下来，在从库上查找更新后的那条记录（应该是不存在的），查找命令如下：

```
mysql> select * from t1 where id=2;
Empty set (0.00 sec)
```

然后，再到主库中查看该记录，命令如下：

```
mysql> select * from t1 where id=2;
+----+------+
| id | name |
+----+------+
|  2 | BTV  |
+----+------+
1 row in set (0.00 sec)
```

可以看到，这里已经找到了该记录。

最后，把丢失的数据填补到从库中，命令如下：

```
mysql> insert into t1 values (2,'BTV');
Query OK, 1 row affected (0.00 sec)
mysql> select * from t1 where id=2;
+----+------+
| id | name |
+----+------+
|  2 | BTV  |
+----+------+
1 row in set (0.00 sec)
```

完成上述操作后，跳过报错信息即可，命令如下：

```
mysql> stop slave ;set global sql_slave_skip_counter=1;start slave;
Query OK, 0 rows affected (0.01 sec)
Query OK, 0 rows affected (0.00 sec)
Query OK, 0 rows affected (0.00 sec)
mysql> show slave status\G;
......
 Slave_IO_Running: Yes
 Slave_SQL_Running: Yes
......
```

4.2 特殊情况：从库的中继日志受损

当从库意外宕机时，有可能会导致从库的中继日志受到损坏，再次开启同步复制时，系统的报错信息如下：

```
Last_SQL_Error: Error initializing relay log position: I/O error reading the header
from the binary log
Last_SQL_Error: Error initializing relay log position: Binlog has bad magic number;
It's not a binary log file that can be used by  this version of MySQL
```

解决方法：找到同步的二进制日志和 POS 点，重新进行同步，这样就可以有新的中继日志了。

下面通过示例介绍中继日志的修复方法。这里模拟了中继日志损坏的情况，查看到的信息如下：

```
mysql> show slave status\G;
*************************** 1. row ***************************
      Master_Log_File: mysql-bin.000010
```

```
          Read_Master_Log_Pos: 1191
             Relay_Log_File: vm02-relay-bin.000005
              Relay_Log_Pos: 253
       Relay_Master_Log_File: mysql-bin.000010
            Slave_IO_Running: Yes
           Slave_SQL_Running: No
             Replicate_Do_DB:
         Replicate_Ignore_DB:
          Replicate_Do_Table:
      Replicate_Ignore_Table:
     Replicate_Wild_Do_Table:
 Replicate_Wild_Ignore_Table:
                  Last_Errno: 1593
                  Last_Error: Error initializing relay log position: I/O error
                    reading the header from the binary log
                Skip_Counter: 1
         Exec_Master_Log_Pos: 821
```

下面先介绍一下其中涉及的几个重要参数。

❑ Slave_IO_Running：表示接收主库的二进制日志信息。该参数包含了两个子参数，
分别是：Master_Log_File，表示读取主库上的二进制日志名；Read_Master_Log_
Pos，表示读取当前主库上二进制日志的 POS 点。

❑ Slave_SQL_Running：表示执行写操作。该参数也包含两个子参数，分别是：
Relay_Master_Log_File，表示同步主库上的二进制日志名；Exec_Master_Log_Pos，
表示同步当前主库上二进制日志的 POS 点。

检查同步状态时，以 Relay_Master_Log_File 参数值和 Exec_Master_Log_Pos 参数值为
基准。示例命令如下：

```
Relay_Master_Log_File: mysql-bin.000010
Exec_Master_Log_Pos: 821
```

接下来就可以重置主从复制操作了，命令如下：

```
mysql> stop slave;
Query OK, 0 rows affected (0.01 sec)
mysql> CHANGE MASTER TO MASTER_LOG_FILE='mysql-bin.000010',
MASTER_LOG_POS=821;
Query OK, 0 rows affected (0.01 sec)
mysql> start slave;
Query OK, 0 rows affected (0.00 sec)
```

重新建立完主从复制以后，就可以查看同步状态信息了，命令如下：

```
mysql> show slave status\G;
*************************** 1. row ***************************
              Slave_IO_State: Waiting for master to send event
                 Master_Host: 192.168.8.22
                 Master_User: repl
                 Master_Port: 3306
               Connect_Retry: 10
             Master_Log_File: mysql-bin.000010
         Read_Master_Log_Pos: 1191
             Relay_Log_File: vm02-relay-bin.000002
```

```
                    Relay_Log_Pos: 623
           Relay_Master_Log_File: mysql-bin.000010
                Slave_IO_Running: Yes
               Slave_SQL_Running: Yes
                 Replicate_Do_DB:
             Replicate_Ignore_DB:
              Replicate_Do_Table:
          Replicate_Ignore_Table:
         Replicate_Wild_Do_Table:
     Replicate_Wild_Ignore_Table:
                      Last_Errno: 0
                      Last_Error:
                    Skip_Counter: 0
             Exec_Master_Log_Pos: 1191
                 Relay_Log_Space: 778
                 Until_Condition: None
                  Until_Log_File:
                   Until_Log_Pos: 0
               Master_SSL_Allowed: No
               Master_SSL_CA_File:
               Master_SSL_CA_Path:
                 Master_SSL_Cert:
               Master_SSL_Cipher:
                  Master_SSL_Key:
           Seconds_Behind_Master: 0
   Master_SSL_Verify_Server_Cert: No
                   Last_IO_Errno: 0
                   Last_IO_Error:
                  Last_SQL_Errno: 0
                  Last_SQL_Error:
```

我们可以通过这种方法来修复中继日志，只是过程有些麻烦。如果你认真了解过第 1 章介绍的新特性，就会发现 MySQL 5.6 版本其实已经考虑到从库宕机导致中继日志损坏这一问题了，它在从库的配置文件 my.cnf 里增加一个参数 relay_log_recovery =1 来修复中继日志。关于这一点前文已经详细介绍过了，这里就不再赘述。

4.3　多台从库中存在重复的 server-id

本节将介绍因人为失误而导致多台从库中存在重复 server-id，从而造成主从同步复制报错的解决方法。

因人为失误而导致的同步复制报错，在生产环境中并不常见。这一般是初级数据库管理员才会犯的错误，导致错误的原因是他们在进行主从配置时，直接把主库的 my.cnf 复制到了从库上，却忘记了修改从库上的 server-id，报错信息如下：

```
Slave: received end packet from server, apparent master shutdown:
Slave I/O thread: Failed reading log event,
reconnecting to retry, log 'mysql-bin.000012' at postion 106
```

在这种情况下，同步复制操作会一直延时，永远也同步不完，错误日志里会一直出现上面的报错信息。解决方法是：修改从库上的 server-id，使其与主库的 server-id 不一致，然后重启 MySQL 即可。

4.4　避免在主库上执行大事务

本节将介绍一个真实的案例，一张表大约有 70GB，因为业务所需，要删除一些数据，由于删除的 ID 关联的数据太多，因此该删除操作变成了一个大事务，直接导致从库卡死。当时表现出来的现象是执行 show slave status\G 命令时，Exec_Master_Log_Pos 的值一直没有发生变化，但 Seconds_Behind_Master 的值却越来越大，致使主从同步复制落后得越来越多。

当时执行删除操作的 SQL 语句如下：

```
delete from bigtable where UserId = v_userid ;
```

该表中的数据截图如图 4-1 所示。

面对这个问题，笔者给出的解决办法是：改用存储过程，每删除 1000 条事务就提交一次，循环操作直至删除完毕。经过优化之后，行锁的范围变小了，性能也就变好了。相关代码如下：

	OwnerId	ContactId	CommonCount
☐	200034797	200034798	161
☐	200034797	200034799	161
☐	200034797	200034800	161
☐	200034797	200034801	161
☐	200034797	200034802	161
☐	200034797	200034803	161
☐	200034797	200034804	161
☐	200034797	200034805	161
☐	200034797	200034806	161
☐	200034797	200034807	161
☐	200034797	200034808	161
☐	200034797	200034809	158
☐	200034797	200034810	158

图 4-1　示例表的数据截图

```
DELIMITER $$
USE BIGDB$$
DROP PROCEDURE IF EXISTS BIG_table_delete_1k$$
CREATE PROCEDURE BIG_table_delete_1k(IN v_UserId INT)
BEGIN
del_1k:LOOP
delete from BIGDB.BIGTABLE where UserId = v_UserId limit 1000;
select row_count() into @count;
IF @count = 0 THEN
        select CONCAT('BIGDB.BIGTABLE UserId = ',v_UserId,' is ',@count,' rows.')
            as BIGTABLE_delete_finish;
    LEAVE del_1k;
END IF;
select sleep(1);
END LOOP del_1k;
END$$
DELIMITER ;
```

存储过程上线后，经过一段时间的观察，发现同步复制时，从库复制一直表现正常，至此问题得到圆满解决。

4.5　slave_exec_mode 参数可自动处理同步复制错误

主从同步报错必须得到及时处理，否则同步复制会因报错而中断，进而便会对业务产生影响（如果事先没有进行特殊设置，MySQL 是不会自动跳过这个错误的），尤其是在开启了读写分离功能的情况下。比如，用户无法找到自己刚才所发的帖子，这时用户很有可能会因为体验差而投诉。

那么应该如何解决上述问题呢？ slave_exec_mode 参数可用于自动处理同步复制错误的问题。

我们可以动态设置 slave_exec_mode 参数，命令如下：

```
set global slave_exec_mode='IDEMPOTENT';
```

slave_exec_mode 参数的默认值是 STRICT（严格模式），如图 4-2 所示。

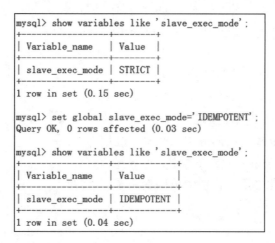

```
mysql> show variables like 'slave_exec_mode';
+-----------------+--------+
| Variable_name   | Value  |
+-----------------+--------+
| slave_exec_mode | STRICT |
+-----------------+--------+
1 row in set (0.15 sec)

mysql> set global slave_exec_mode='IDEMPOTENT';
Query OK, 0 rows affected (0.03 sec)

mysql> show variables like 'slave_exec_mode';
+-----------------+------------+
| Variable_name   | Value      |
+-----------------+------------+
| slave_exec_mode | IDEMPOTENT |
+-----------------+------------+
1 row in set (0.04 sec)
```

图 4-2　将 slave_exec_mode 参数的值设置为 IDEMPOTENT

注意，slave_exec_mode 参数的值设置完之后，并不能立即生效，需要重启复制进程之后才能生效。

slave_exec_mode 参数设置完之后，如果出现 1023 错误（即没找到对应记录）和 1062 错误（即主键重复），系统就会自动跳过该错误，并且将其记录到错误日志里。其实，slave_exec_mode 参数与 slave_skip_errors 参数的作用是一样的，只不过，slave_skip_errors 参数必须添加到配置文件 my.cnf 里，然后重启 MySQL，而 slave_exec_mode 参数是可以动态设置的。

除了上述方法之外，我们还可以在 Nagios 主机上做个监控，一旦出现同步报错的问题，就执行相应的命令，具体如下：

```
mysql -uroot -p123456 -h(yourIP) -e "set global slave_exec_mode='IDEMPOTENT';"
```

下面是笔者实现的一个脚本 skip_slave_error.sh：

```
#!/bin/bash
user=admin
passwd=123456
port=3306
mysqlpath=/usr/local/mysql/bin
for hostip in `cat slaveip.txt`
do
```

```
result=$($mysqlpath/mysql -u$user -p$passwd -h$hostip -P$port \
-e "show slave status\G" | awk -F": " '/Slave_SQL_Running/{print $2}')
if [ "$result" != "Yes" ];then
    $mysqlpath/mysql -u$user -p$passwd -h$hostip -P$port \
    -e "set global slave_exec_mode='IDEMPOTENT';"
    $mysqlpath/mysql -u$user -p$passwd -h$hostip -P$port \
    -e "stop slave;"
    $mysqlpath/mysql -u$user -p$passwd -h$hostip -P$port \
    -e "start slave;"

    echo "replication is error and skip" | mail -s "replcation Alert"
      hechunyang@139.com \
    -- -f nagiosadmin@139.com -F nagiosadmin
    #发送一封邮件，并短信通知你同步报错已经跳过
fi
done
```

在 slaveip.txt 文件中填写从库的 IP，如下面这样逐行添加，上面的脚本会调用 slaveip.txt：

```
# cat slaveip.txt
192.168.8.22
192.168.8.23
192.168.8.24
192.168.8.25
192.168.8.26
```

然后将脚本 skip_slave_error.sh 加入 crontab 里，每十分钟检查一次，命令如下：

```
*/10 * * * *  bash /home/hechunyang/skip_slave_error.sh
```

这样可以尽量降低对业务的影响，即使主从同步复制报错没有得到立即处理，也不会造成严重问题。

4.6　如何验证主从数据是否一致

pt-table-checksum 是 percona-toolkit 的组件之一，可用于检测 MySQL 主、从库的数据是否一致。其原理是通过在主库上执行基于 STATEMENT 的 SQL 语句，来生成主库数据块的校验和（checksum），并把相同的 SQL 语句传递到从库上执行，然后在从库上计算相同数据块的校验和，最后比较主、从库上相同数据块的校验和的值，由此判断主从库的数据是否一致。在检测过程中可根据唯一索引将表按行切分为块，以块为单位计算，从而避免锁表。检测时，pt-table-checksum 会自动判断复制延迟，以及主库的负载情况，超过阈值会自动暂停检测操作，从而减小对线上服务的影响。

pt-table-sync 则用于修复主从数据不一致的问题。

注意　这两个 Perl 脚本在运行时都会锁表，因为在计算主库上某个块的校验和的值时，主库可能还在更新，所以为了保证是对同一份数据计算校验和，需要为该块加上" for update"锁。

使用 pt-table-checksum 组件时，在主库上执行如下命令：

```
# pt-table-checksum h='127.0.0.1',u='admin',p='hechunyang',P=3312 --databases "test"
--tables "t1" --nocheck-replication-filters --replicate=test.checksums
--no-check-binlog-format --create-replicate-table
```

pt-table-checksum 组件中的参数及其说明如下。

❑ --nocheck-replication-filters：表示不检查复制过滤器，建议启用该参数。后面可以用"--databases"来指定需要检查的数据库。

❑ --no-check-binlog-format：表示不检查复制的二进制日志模式，如果二进制日志的记录格式是 ROW 就会报错。

❑ --replicate-check-only：表示只显示不同步的信息。

❑ --replicate：表示把校验和的信息写到指定的表中，建议直接写到被检查的数据库中。

❑ --databases：表示指定需要检查的数据库，如要检查多个数据库，则它们之间用逗号隔开。

❑ --tables：表示指定需要检查的表，如要检查多个表，则它们之间用逗号隔开。

❑ h=127.0.0.1：表示主库的地址为 127.0.0.1。

❑ u=admin：表示用户名为 admin。

❑ p=123456：表示密码为 123456。

❑ P=3312：表示端口为 3312。

❑ --create-replicate-table：第一次计算校验和时需要启用该参数。表示创建一个表，用于存放校验和的结果。

以下是校验和的计算结果：

```
Checking if all tables can be checksummed ...
Starting checksum ...
            TS ERRORS  DIFFS    ROWS  DIFF_ROWS  CHUNKS  SKIPPED   TIME TABLE
05-11T22:23:20      0      1       1          1       1        0  0.017 test.t1
```

上述计算结果中的参数说明如下。

❑ TS：完成检查的时间。

❑ ERRORS：检查时发出报错信息和警告的数量。

❑ DIFFS：取值为 0 则表示数据一致，取值为 1 则表示不一致。

❑ ROWS：表的行数。

❑ CHUNKS：表中划分出的块的数目。

❑ SKIPPED：因为报错或警告或块过大而跳过的块的数目。

❑ TIME：执行的时长。

❑ TABLE：被检查的表。

知道了哪些表的主从数据不一致之后，就可以用 pt-table-sync 修复不一致的数据了。

下面先介绍 pt-table-sync 工具的使用方法。在主库上执行如下命令：

```
# pt-table-sync --replicate=test.checksums
h='127.0.0.1',u='admin',p='hechunyang',P='3312' --databases=test
  --tables=t1 --print
```

在从库上执行如下命令:

```
# pt-table-sync --replicate=test.checksums --sync-to-master
h='127.0.0.1',u='admin',p='hechunyang',P=3314 --databases=test --print
```

pt-table-sync 工具的工作原理具体如下。

1)计算单行数据校验和的值。与 pt-table-checksum 一样,pt-table-sync 也是先检查表的结构,并获取每一列的数据类型,把所有的数据类型都转化为字符串,然后用 concat_ws() 函数进行连接,由此计算出该行的校验和的值,默认采用 CRC32 计算校验和。

2)计算数据块校验和的值。与 pt-table-checksum 工具一样,pt-table-sync 会将表的数据分割成若干块,计算的时候以块为单位。我们可以将这一步理解为将块内所有行的数据拼接起来,再计算 CRC32 的值,从而得到该块的校验和的值。

3)数据修复。在前面两步中,pt-table-sync 与 pt-table-checksum 的算法和原理是一样的。到这里就开始有所不同了。

pt-table-checksum 只是校验,它把校验和的结果存储到统计表中,然后把执行过的SQL 语句记录到二进制日志中,任务就算完成了。语句级的复制则是把计算逻辑传递到从库中,并且在从库中执行相同的计算。

pt-table-sync 则不同,它先计算块的校验和的值,然后进行比较,一旦发现主、从库上相同块的校验和的值不一样,就会深入到该块内部,逐行比较并修复有问题的行。

pt-table-sync 工具修复主从数据不一致问题的过程如下。

1)校验时为每一个块加上 " for update " 锁。一旦获得锁,就记录下当前主库中 show master status 的值。

2)在从库上执行 select master_pos_wait() 函数,等待从库的 SQL 线程执行到主库中 show master status 的位置。这样可以保证主、从数据库上关于这个块的内容不再发生改变。注意,select master_pos_wait('master_log_file', 'master_log_pos') 函数会阻塞,直到同步完主库上指定的日志文件和偏移量。从库和主库同步后,语句返回值为 0。

3)计算该块执行的校验和,然后与主库的校验和进行比较。

4)如果主、从校验和的值相同,则说明主、从数据一致,接下来就可以继续比较下一个块了。

5)如果主、从校验和的值不同,则说明该块存在不一致的问题。接下来需要深入到块内部,逐行计算校验和并比较(单行校验和的比较过程与块的比较过程一样,单行实际上是块的尺寸等于 1 的特例)。

6)如果发现某行存在主、从数据不一致的问题,则做好标记。继续检测剩余的行,直到这个块检测结束。

7)对找到的主、从数据不一致的行,在主库上执行一遍 replace into 语句,以生成该行全量的二进制日志，然后同步到从库上，这样就能以主库数据为基准来修复从库了。对于主库中有而从库中没有的行，则可以采用 replace into 语句在从库中插入对应的行（注意，这里不能采用 INSERT 语句来插入数据。INSERT 语句的使用可分为两种情况：一是表中有唯一主键或索引，通过 INSERT 语句在从库上插入相同记录时会失败；二是表中没有唯一主键或索引，通过 INSERT 语句在从库上插入相同记录时会造成记录重复的问题。故要求 pt-table-sync 的表必须要有唯一主键或索引）。

8）修复完该块中所有不一致的行之后，继续检查和修复下一个块。

9）直到这个从库上所有的表全部修复结束。

pt-table-sync 会对每一个从库、每一个表循环进行上述校验和修复过程。

4.7　binlog_ignore_db 引起的同步复制故障

曾有人向笔者咨询过这样一个问题：在 MySQL 主库上使用 binlog_ignore_db 命令忽略一个库之后，使用 mysql -e 命令执行的所有语句就不再写入二进制日志了，这是为什么？详细询问当时的情况后，得知是在进行主从复制时，有一个库不能正常复制。查询 my.cnf 配置，发现二进制日志的格式为 ROW 模式，当时使用的 mysql -e 命令语句如下：

```
mysql -e "create table db.tb like db.tb1"
```

查看手册，了解到有两个参数可用于忽略某个库的复制，一个是 binlog_ignore_db，另一个是 replicate-ignore-db，二者的区别具体如下。

binlog_ignore_db 参数是设置在主库上的，如果执行 binlog_ignore_db=test 命令，那么针对 test 库的所有操作（增、删、改）都不会记录下来，这样从库在接收主库的二进制日志时文件量就会减少。这样做的好处是可以减少网络 I/O，减少从库端 I/O 线程，从而最大幅度地优化复制性能。但这样做同时也埋下了一个隐患，关于这个隐患，后面的演示中会具体讲解。

replicate-ignore-db 参数是设置在从库上的，如果执行 replicate-ignore-db=test 命令，那么针对 test 库的所有操作（增、删、改）都不会被 SQL 线程执行，从性能上来说，它虽然没有 binlog_ignore_db 好（不管是否需要，复制的二进制日志都被会被 I/O 线程读取到从库端，这样不仅增加了网络 I/O 量，也给从库端的 I/O 线程增加了中继日志的写入量），但在安全性能上，这种设置可以保证主库和从库数据的一致性。

下面就来演示一下上面提到的问题中创建表的操作为什么没有记录在二进制日志里，如图 4-3 所示。

由图 4-3 可以看出，从库上新创建的表一个都没有。为什么会这样呢？因为没有使用 "use 库名" 的命令，使用该命令之后，就可以记录二进制日志了，如图 4-4 所示。

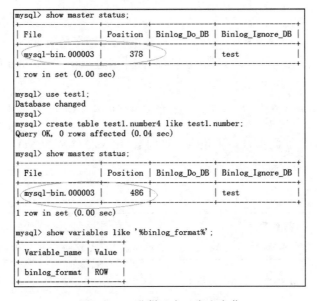

```
mysql> show master status;
+------------------+----------+--------------+------------------+
| File             | Position | Binlog_Do_DB | Binlog_Ignore_DB |
+------------------+----------+--------------+------------------+
| mysql-bin.000003 |    378   |              | test             |
+------------------+----------+--------------+------------------+
1 row in set (0.00 sec)

mysql> create table test1.number3 like test1.number;
Query OK, 0 rows affected (0.07 sec)

mysql> show master status;
+------------------+----------+--------------+------------------+
| File             | Position | Binlog_Do_DB | Binlog_Ignore_DB |
+------------------+----------+--------------+------------------+
| mysql-bin.000003 |    378   |              | test             |
+------------------+----------+--------------+------------------+
1 row in set (0.00 sec)

mysql> show variables like '%binlog_format%';
+---------------+-------+
| Variable_name | Value |
+---------------+-------+
| binlog_format | ROW   |
+---------------+-------+
1 row in set (0.00 sec)
```

图 4-3　二进制日志未发生变化

```
mysql> show master status;
+------------------+----------+--------------+------------------+
| File             | Position | Binlog_Do_DB | Binlog_Ignore_DB |
+------------------+----------+--------------+------------------+
| mysql-bin.000003 |    378   |              | test             |
+------------------+----------+--------------+------------------+
1 row in set (0.00 sec)

mysql> use test1;
Database changed
mysql>
mysql> create table test1.number4 like test1.number;
Query OK, 0 rows affected (0.04 sec)

mysql> show master status;
+------------------+----------+--------------+------------------+
| File             | Position | Binlog_Do_DB | Binlog_Ignore_DB |
+------------------+----------+--------------+------------------+
| mysql-bin.000003 |    486   |              | test             |
+------------------+----------+--------------+------------------+
1 row in set (0.00 sec)

mysql> show variables like '%binlog_format%';
+---------------+-------+
| Variable_name | Value |
+---------------+-------+
| binlog_format | ROW   |
+---------------+-------+
```

图 4-4　二进制日志已发生变化

综上所述，如果想在从库上忽略一个库的复制，那么最好不要用 binlog_ignore_db 参数，取而代之的是使用 replicate-ignore-db 参数。

4.8 在从库上恢复指定表的简要方法

在日常工作中，同步报错是数据库管理员遇到最多的一个问题，如果修复后发现问题依然没有得到解决，那么通常的解决方法是在主库上将数据重新转储一份，然后在从库上恢复。这个方法主要适用于整个库不是很大的情况，那么，对于库很大的情况又该怎么办呢？将数据全部转储之后再进行导入将耗费大量的时间。

对于大库而言，可以通过特殊的方法恢复某几张指定的表。例如，假设 a1、b1、c1 这三张表的数据与主库上的数据不一致，恢复的操作方法具体如下。

1）停止从库复制，命令如下：

```
mysql>stop slave;
```

2）在主库上转储这三张表，生成 a1_b1_c1.sql 文件，并记录下同步的二进制日志和 POS 点：

```
# mysqldump -uroot -p123456 -q --single-transaction --master-data=2 yourdb
a1 b1 c1 > ./a1_b1_c1.sql
```

3）查看 a1_b1_c1.sql 文件，找出记录的二进制日志和 POS 点：

```
# more a1_b1_c1.sql
例如MASTER_LOG_FILE='mysql-bin.002974', MASTER_LOG_POS=55056952;
```

4）把 a1_b1_c1.sql 文件复制到从库机器上，并通过 start slave unti 命令同步到指定的位置点：

```
mysql>start slave until  MASTER_LOG_FILE='mysql-bin.002974',
MASTER_LOG_POS=55056952;
```

5）进行主、从数据同步时，从开始一直到 sql_thread 线程为 NO，这期间的同步报错一律跳过。可用如下命令跳过：

```
stop slave ;set global sql_slave_skip_counter=1;start slave;
```

> **注意** 这一步是为了保障其他表的数据不丢失，一直同步到那个点为止。a1、b1、c1 表的数据在之前进行转储时，已经生成了一份快照，只需要导入后开启同步即可。

6）向从库中导入 a1_b1_c1.sql 文件，命令如下：

```
# mysql -uroot -p123456 yourdb < ./a1_b1_c1.sql
```

7）导入完之后，开启同步即可，命令如下：

```
mysql>start slave;
```

这样我们就恢复了 a1、b1 和 c1 三张表，并且同步问题也得到了解决。

4.9　如何彻底清除从库的同步信息

在某些应用场景中，我们需要下线一台从库时，一般会执行 reset slave 命令来清除
"show slave status\G"里面的同步信息，但是当我们再次执行 reset slave 命令时，会发现执
行结果与我们所预期的并不相同，示例代码如下：

```
mysql> stop slave;
Query OK, 0 rows affected (0.19 sec)

mysql> reset slave;
Query OK, 0 rows affected (0.17 sec)

mysql> show slave status\G;
*************************** 1. row ***************************
               Slave_IO_State:
                  Master_Host: 192.168.8.22
                  Master_User: repl
                  Master_Port: 3306
                Connect_Retry: 10
              Master_Log_File:
          Read_Master_Log_Pos: 4
               Relay_Log_File: vm02-relay-bin.000001
                Relay_Log_Pos: 4
        Relay_Master_Log_File:
             Slave_IO_Running: No
            Slave_SQL_Running: No
              Replicate_Do_DB:
          Replicate_Ignore_DB:
           Replicate_Do_Table:
       Replicate_Ignore_Table:
      Replicate_Wild_Do_Table:
  Replicate_Wild_Ignore_Table:
                   Last_Errno: 0
                   Last_Error:
                 Skip_Counter: 0
          Exec_Master_Log_Pos: 0
              Relay_Log_Space: 126
              Until_Condition: None
               Until_Log_File:
                Until_Log_Pos: 0
           Master_SSL_Allowed: No
           Master_SSL_CA_File:
           Master_SSL_CA_Path:
              Master_SSL_Cert:
            Master_SSL_Cipher:
               Master_SSL_Key:
        Seconds_Behind_Master: NULL
Master_SSL_Verify_Server_Cert: No
                Last_IO_Errno: 0
                Last_IO_Error:
               Last_SQL_Errno: 0
               Last_SQL_Error:
  Replicate_Ignore_Server_Ids:
             Master_Server_Id: 22
1 row in set (0.02 sec)

                   ERROR:
No query specified
```

执行 reset slave 命令，其实只是删除了 master.info 和 relay-log.info 文件，"show slave status\G"里的同步信息还在，如果此时有人再次执行 start slave 命令，结果就是又会从头开始同步，有可能还会造成数据丢失的问题。对此，我们可以采用下面这个方法彻底清除从库的同步信息：

```
mysql> reset slave all;
Query OK, 0 rows affected (0.04 sec)

mysql> show slave status\G;
Empty set (0.02 sec)

ERROR:
No query specified
```

第 5 章　Chapter 5

性 能 调 优

性能调优好比是盖楼打的地基，如果地基打得不稳，楼层一高就会塌方。数据库也是如此，前期的设计阶段尤为重要，可能数据少、并发少的时候还很难发现隐藏问题，一旦达到一定的规模后，所有的问题就会全部暴露出来。如今，数据库的大并发查询、写入操作已成为大多数应用的性能瓶颈，对于 Web 应用来说尤为明显。并不只是数据库管理员、运维人员才需要担心数据库的性能，而是所有开发人员都应该重点关注性能问题。

从宏观角度来说，性能调优共包含三个部分：硬件、网络和软件，前两个取决于各公司的经济实力，这里就不过多介绍了。软件又可细分为表设计（范式、字段类型、存储引擎）、SQL 语句与索引、配置文件参数、操作系统、文件系统、数据库版本（本书中为 MySQL）、体系架构这几大部分。本章将逐一介绍数据库性能调优的相关知识。

5.1　表的设计规范

5.1.1　表的设计目标

表的设计需要达成以下主要目标。

（1）降低存储成本

合理的表设计可以降低数据分层设计上的冗余存储，减小中间表的数据量。对表数据的生命周期进行正确管理，能够直接降低存储的数据量及存储成本。

（2）降低计算成本

规范化的表设计可以帮助我们优化数据的读取操作，从而减少计算过程中的冗余读写和计算，提升计算性能，降低计算成本。

5.1.2 数据库三范式的定义

在设计关系型数据库时，开发人员需要遵从不同的规范要求，以便设计出合理的关系型数据库，这些不同的规范要求称为范式。范式的规范呈现出递次增强的关系，即范式越高，数据库冗余越小。

目前，关系数据库包含六种范式：第一范式、第二范式、第三范式、巴德斯科范式、第四范式和第五范式（又称完美范式）。满足最低要求的范式是第一范式。在第一范式的基础上进一步满足更多规范要求的称为第二范式，其余范式以此类推。一般说来，数据库只需满足第三范式就行了。

1. 第一范式

在第一范式中，数据库表中的字段都是单一属性的，不可再分。这个单一属性是由基本类型构成的，包括整型、字符型、逻辑型、日期型等。当前所有的关系型数据库管理系统（DBMS）基本上都符合第一范式的要求，因为这些数据库管理系统不允许数据库表的一列再被分成两列或多列。

下面来看个例子，表 5-1 是一张病人信息表。

表 5-1　病人信息表

病人编号	姓名	性别	出生日期	就诊记录	联系方式
2003001	王小姐	女	1982.10.14	孕后检查	133 ××××××××
2003002	苏小姐	女	1987.5.6	糖尿病	132 ××××××××
2003003	合小姐	女	1989.12.3	耳鸣	135 ××××××××
2003004	崔小姐	女	1980.5.3	高血压	133 ××××××××
2003005	张小姐	女	1982.1.19	胃溃疡	158 ××××××××
2003006	山小姐	女	1984.6.26	哮喘	159 ××××××××
2003007	赵先生	男	1983.4.14	干眼症	134 ××××××××
2003008	高先生	男	1978.2.26	精神衰弱	132 ××××××××
2003009	董先生	男	1985.6.16	湿疹	131 ××××××××
2003010	邱先生	男	1985.9.4	前列腺炎	130 ××××××××
2003011	李先生	男	1987.2.14	慢性咽炎	148 ××××××××
2003012	周先生	男	1978.4.18	腰间盘突出	154 ××××××××

如果把表 5-1 中的"联系方式"列再细分为手机和家庭电话，就不符合第一范式的要求了，如表 5-2 所示。

想要让表 5-2 符合第一范式的要求，就必须把联系方式那一列变更为住宅电话和手机号，具体调整方式如表 5-3 所示。

表 5-2 不符合第一范式要求的病人信息表

病人编号	姓名	性别	出生日期	就诊记录	联系方式	
2003001	王小姐	女	1982.10.14	孕后检查	6402××××	133×××××××
2003002	苏小姐	女	1987.5.6	糖尿病	6402××××	132×××××××
2003003	合小姐	女	1989.12.3	耳鸣	6402××××	135×××××××
2003004	崔小姐	女	1980.5.3	高血压	6402××××	133×××××××
2003005	张小姐	女	1982.1.19	胃溃疡	6402××××	158×××××××
2003006	山小姐	女	1984.6.26	哮喘	6402××××	159×××××××
2003007	赵先生	男	1983.4.14	干眼症	6402××××	134×××××××
2003008	高先生	男	1978.2.26	精神衰弱	6402××××	132×××××××
……	……	……	……	……	……	……

表 5-3 符合第一范式要求的病人信息表

病人编号	姓名	性别	出生日期	就诊记录	住宅电话	手机号
2003001	王小姐	女	1982.10.14	孕后检查	6402××××	133×××××××
2003002	苏小姐	女	1987.5.6	糖尿病	6402××××	132×××××××
2003003	合小姐	女	1989.12.3	耳鸣	6402××××	135×××××××
2003004	崔小姐	女	1980.5.3	高血压	6402××××	133×××××××
……	……	……	……	……	……	……

综上所述，只要是关系型数据库，就都满足第一范式。

2. 第二范式

第二范式要求实体的属性完全依赖于主关键字。第二范式是在第一范式的基础上建立起来的，因此，要想满足第二范式必须先满足第一范式。

下面还是以前文的病人信息表为例来说明，表 5-4 在表 5-1 的基础上新增加了一些字段。

表 5-4 病人信息表（增加字段）

病人编号	姓名	性别	出生日期	就诊记录	联系方式	医生编号	姓名	性别	职称	科室编号	科室名称	负责人	诊室号
2003001	王小姐	女	1982.10.14	孕后检查	133××××	1	张医生	女	主治医师	101	妇科	王某某	208
2003002	苏小姐	女	1987.5.6	糖尿病	132××××	1	张医生	女	主治医师	101	妇科	王某某	208
2003003	合小姐	女	1989.12.3	耳鸣	135××××	1	张医生	女	主治医师	101	妇科	王某某	208
2003004	崔小姐	女	1980.5.3	高血压	133××××	2	王医生	女	主治医师	101	妇科	王某某	208
2003005	张小姐	女	1982.1.19	胃溃疡	158××××	2	王医生	女	主治医师	101	妇科	王某某	208
2003006	山小姐	女	1984.6.26	哮喘	159××××	2	王医生	女	主治医师	101	妇科	王某某	208
2003007	赵先生	男	1983.4.14	干眼症	134××××	3	李医生	男	主治医师	102	男科	贺某某	209
2003008	高先生	男	1978.2.26	精神衰弱	132××××	3	李医生	男	主治医师	102	男科	贺某某	209
2003009	董先生	男	1985.6.16	湿疹	131××××	3	李医生	男	主治医师	102	男科	贺某某	209
2003010	邱先生	男	1985.9.4	前列腺炎	130××××	4	郭医生	男	主治医师	102	男科	贺某某	209
2003011	李先生	男	1987.2.14	慢性咽炎	148××××	4	郭医生	男	主治医师	102	男科	贺某某	209
2003012	周先生	男	1978.4.18	腰间盘突出	154××××	4	郭医生	男	主治医师	102	男科	贺某某	209

表 5-4 中的信息存在着以下依赖关系：

- ❑ {病人编号}←{姓名，性别，出生日期，就诊记录，联系方式}。
- ❑ {医生编号}←{姓名，性别，职称，科室编号，科室名称，负责人，诊室号}。

可见，表 5-4 中出现了两个主关键字，这显然无法满足第二范式的要求。从表 5-4 中包含的数据来看，其中出现了冗余数据，比如 3 名患者找同一个医生看病，导致医生编号、姓名、职称等字段重复了 3 次。

下面试着把表 5-4 改为三张表，分别如表 5-5 ~ 表 5-7 所示。

表 5-5　病人信息表

病人信息表（主键：病人编号）

病人编号	姓名	性别	出生日期	就诊记录	联系方式
2003001	王小姐	女	1982.10.14	孕后检查	133××××××××
2003002	苏小姐	女	1987.5.6	糖尿病	132××××××××
2003003	合小姐	女	1989.12.3	耳鸣	135××××××××
2003004	崔小姐	女	1980.5.3	高血压	133××××××××
2003005	张小姐	女	1982.1.19	胃溃疡	158××××××××
2003006	山小姐	女	1984.6.26	哮喘	159××××××××
2003007	赵先生	男	1983.4.14	干眼症	134××××××××
2003008	高先生	男	1978.2.26	精神衰弱	132××××××××
2003009	董先生	男	1985.6.16	湿疹	131××××××××
2003010	邱先生	男	1985.9.4	前列腺炎	130××××××××
2003011	李先生	男	1987.2.14	慢性咽炎	148××××××××
2003012	周先生	男	1978.4.18	腰间盘突出	154××××××××

表 5-6　医生信息表

医生信息表（主键：医生编号）

医生编号	姓名	性别	科室编号	科室名称	负责人	诊室号
1	张医生	女	101	妇科	王某某	208
2	王医生	女	101	妇科	王某某	208
3	李医生	男	102	男科	贺某某	209
4	郭医生	男	102	男科	贺某某	209

这样各表就都符合第二范式的要求了，非关键字段都依赖于主键，但这样拆分是不符合第三范式的要求的，详情及优化请见下文。

表 5-7　病人挂号信息表

病人挂号信息表（主键：挂号单号，外键：病人编号、医生编号）

挂号单流水号	病人编号	医生编号
20030531000001	2003001	1
20030531000002	2003002	1
20030531000003	2003003	1
20030531000004	2003004	2
20030531000005	2003005	2
20030531000006	2003006	2
20030531000007	2003007	3
20030531000008	2003008	3
20030531000009	2003009	3
20030531000010	2003010	4
20030531000011	2003011	4
20030531000012	2003012	4

3. 第三范式

第三范式是第二范式的一个子集，即满足第三范式必须满足第二范式。简而言之，第三范式要求不存在非关键字段对任一候选关键字段的传递函数依赖。

下面仍以前文的医生信息表为例进行说明，表 5-6 中是存在传递依赖关系的，具体依赖关系如下。

❑ {医生编号}←{姓名，性别，科室编号}。

❑ {科室编号}←{科室名称，负责人，诊室号}。

由表 5-6 可以看到，科室名称依赖着科室编号、科室编号依赖着医生编号，这里存在数据冗余，所以不符合第三范式的要求，下面将表 5-6 再进行拆分，拆分结果如表 5-8 和表 5-9 所示。

表 5-8　拆分后的医生信息表

医生信息表（主键：医生编号，外键：科室编号）

医生编号	姓名	性别	科室编号
1	张医生	女	101
2	王医生	女	101
3	李医生	男	102
4	郭医生	男	102

表 5-9 拆分后的科室信息表

科室信息表（主键：科室编号）

科室编号	科室名称	负责人	诊室号
101	妇科	王某某	208
102	男科	架某某	209

另外，表 5-7 也会随之发生变动，变动结果如表 5-10 所示。

表 5-10 调整后的病人挂号信息表

病人挂号信息表（主键：挂号单号，外键：病人编号、科室编号、医生编号）

挂号单流水号	病人编号	科室编号	医生编号
20030531000001	2003001	101	1
20030531000002	2003002	101	1
20030531000003	2003003	101	1
20030531000004	2003004	101	2
20030531000005	2003005	101	2
20030531000006	2003006	101	2
20030531000007	2003007	102	3
20030531000008	2003008	102	3
20030531000009	2003009	102	3
20030531000010	2003010	102	4
20030531000011	2003011	102	4
20030531000012	2003012	102	4

上述调整操作消除了数据冗余、更新异常、插入异常和删除异常等问题。至此，这些数据库表均已符合第三范式的要求了。

4. E-R 图

E-R 图也称为实体–联系图，其提供了表示实体类型、属性和联系的方法，程序设计初期需要通过画 E-R 图来确定实体之间的关系。下面就来看看病人和医生信息的 E-R 图，如图 5-1 所示。

小结：在开发应用程序时，设计的数据库表应最大程度地遵守第三范式的规则，特别是对于 OLTP 型的系统来说，第三范式是必须遵守的规则。当然，第三范式最大的问题在于查询时通常需要连接很多表，而这会导致查询效率低下。所以有时基于性能方面的考虑，我们需要适当违反第三范式的要求，适度冗余，以达到提高查询效率的目的。注意，这里的反范式操作是适度的，必须要能为这种做法提供充分的理由。

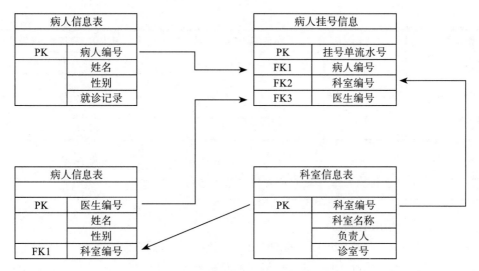

图 5-1 病人和医生信息的 E-R 图

5.2 字段类型的选取

字段类型的选取原则一般是"保小不保大",即能选择占用字节少的字段类型就不选择大字段类型。比如主键,强烈建议用 INT 整型,而不用 UUID 字符串类型,因为这样更省空间、效率更高。按 4 字节和按 32 字节定位一条记录,两者的定位速度差距显著,若再涉及几个表做连接操作,那么效果就更明显了。更小的字段类型会占用更少的内存、磁盘空间和网络带宽,磁盘的 I/O 消耗也更少,因此在日常选择字段类型时必须要遵守"保小不保大"这一规则。

5.2.1 数值类型

MySQL 支持的 5 个主要整数类型分别是 TINYINT、SMALLINT、MEDIUMINT、INT和 BIGINT,表 5-11 列出了各种整数类型及它们占用的内存空间和值的范围。

表 5-11 整数类型

整数类型	字节	最小值(有符号 / 无符号)	最大值(有符号 / 无符号)
TINYINT	1	−128	127
		0	255
SMALLINT	2	−32 768	32 767
		0	65 535
MEDIUMINT	3	−8 388 608	8 388 607
		0	16 777 215

(续)

整数类型	字节	最小值（有符号 / 无符号）	最大值（有符号 / 无符号）
INT	4	–2 147 483 648	2 147 483 647
		0	4 294 967 295
BIGINT	8	–9 223 372 036 854 775 808	9 223 372 036 854 775 807
		0	18 446 744 073 709 551 615

 注意 这里的最小值和最大值代表的是数值类型可用的取值范围。

1. 录入手机号带来的问题

例如，某开发人员考虑到字段 VARCHAR 占用空间大，影响查询性能，于是把它改成了 INT 类型，结果在录入手机号时出现字段溢出的问题，手机号全部变成了"2147483647"。出现这种问题是因为手机号长度为 11 位，而 INT 类型的最大宽度不能大于 11。下面就来演示一下该问题，其表结构如图 5-2 所示。

```
mysql> create table phone(mobile int);
Query OK, 0 rows affected (0.06 sec)

mysql> show create table phone\G;
*************************** 1. row ***************************
       Table: phone
Create Table: CREATE TABLE `phone` (
  `mobile` int(11) DEFAULT NULL
) ENGINE=InnoDB DEFAULT CHARSET=utf8
1 row in set (0.00 sec)
```

图 5-2　手机号表结构

然后插入手机号，发现出现字段溢出的问题，如图 5-3 所示。

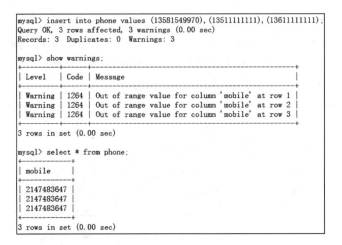

```
mysql> insert into phone values (13581549970),(13511111111),(13611111111);
Query OK, 3 rows affected, 3 warnings (0.00 sec)
Records: 3  Duplicates: 0  Warnings: 3

mysql> show warnings;
+---------+------+-----------------------------------------------+
| Level   | Code | Message                                       |
+---------+------+-----------------------------------------------+
| Warning | 1264 | Out of range value for column 'mobile' at row 1 |
| Warning | 1264 | Out of range value for column 'mobile' at row 2 |
| Warning | 1264 | Out of range value for column 'mobile' at row 3 |
+---------+------+-----------------------------------------------+
3 rows in set (0.00 sec)

mysql> select * from phone;
+------------+
| mobile     |
+------------+
| 2147483647 |
| 2147483647 |
| 2147483647 |
+------------+
3 rows in set (0.00 sec)
```

图 5-3　出现字段溢出问题

对于这种情况，我们可以考虑把 INT 类型转换为 BIGINT 类型，这样就不会发生字段溢出的问题了。调整后的表结构如图 5-4 所示，再插入手机号的结果如图 5-5 所示。

```
mysql> alter table phone modify mobile bigint;
Query OK, 3 rows affected (0.12 sec)
Records: 3  Duplicates: 0  Warnings: 0

mysql> show create table phone\G;
*************************** 1. row ***************************
       Table: phone
Create Table: CREATE TABLE `phone` (
  `mobile` bigint(20) DEFAULT NULL
) ENGINE=InnoDB DEFAULT CHARSET=utf8
1 row in set (0.00 sec)
```

图 5-4　调整后的手机号表结构

```
mysql> insert into phone values (13581549970),(13511111111),(13611111111);
Query OK, 3 rows affected (0.00 sec)
Records: 3  Duplicates: 0  Warnings: 0

mysql> select * from phone;
+-------------+
| mobile      |
+-------------+
|  2147483647 |
|  2147483647 |
|  2147483647 |
| 13581549970 |
| 13511111111 |
| 13611111111 |
+-------------+
6 rows in set (0.00 sec)
```

图 5-5　正常插入手机号

可能有人会问，对于前面那种情况，是否也可以将手机号的字段类型设置为 char(11)？这种设置方式并非不可以，但考虑到字段占用空间的问题，程序的字符集一般是 utf8，utf8 占用 3 字节，那么 11×3 就是 33 字节，而 bigint(20) 的宽度为 20，只占用 8 字节，因此从性能上考虑，应该将其类型设置为 bigint。

2. IP 地址也可采用 INT 整型

MySQL 里提供了一个很好用的函数——INET_ATON()，它负责把 IP 地址转换为数字，而另一个函数 INET_NTOA() 则负责把数字转换为 IP 地址，在使用这两个函数时也需要注意字段溢出的问题。下面就来看一个示例，如图 5-6 所示。

由图 5-6 可知，插入数据后，又出现了字段溢出的问题。要想知道原因，我们先来看看查询结果，如图 5-7 所示。

```
mysql> show create table ipaddress\G;
*********************** 1. row ***************************
       Table: ipaddress
Create Table: CREATE TABLE `ipaddress` (
  `ip` int(11) DEFAULT NULL
) ENGINE=InnoDB DEFAULT CHARSET=utf8
1 row in set (0.00 sec)

ERROR:
No query specified

mysql> insert into ipaddress values(INET_ATON('127.0.0.1'));
Query OK, 1 row affected (0.00 sec)

mysql> insert into ipaddress values(INET_ATON('192.168.1.1'));
Query OK, 1 row affected, 1 warning (0.00 sec)

mysql> show warnings;
+---------+------+-------------------------------------------------+
| Level   | Code | Message                                         |
+---------+------+-------------------------------------------------+
| Warning | 1264 | Out of range value for column 'ip' at row 1     |
+---------+------+-------------------------------------------------+
1 row in set (0.00 sec)
```

图 5-6　IP 地址表结构和插入数据

```
mysql> select INET_NTOA(ip) from book.ipaddress;
+-----------------+
| INET_NTOA(ip)   |
+-----------------+
| 127.0.0.1       |
| 127.255.255.255 |
+-----------------+
2 rows in set (0.01 sec)
```

图 5-7　查询结果

从查询结果来看，IP 地址已不再是之前的 192.168.1.1。那么是否必须将字段类型改为 char(15) 才能避免出现溢出问题呢？答案是否定的，细心的读者应该已经注意到了，INT 整型有符号的最大值是 2 147 483 647，而无符号的最大值是 4 294 967 295。所以对于上述问题，需要先更改一下表的结构才可以存 IP 地址，具体如图 5-8 所示。

```
mysql> alter table ipaddress modify ip int(11) unsigned DEFAULT NULL;
Query OK, 2 rows affected (0.03 sec)
Records: 2  Duplicates: 0  Warnings: 0

mysql> show create table ipaddress\G;
*********************** 1. row ***************************
       Table: ipaddress
Create Table: CREATE TABLE `ipaddress` (
  `ip` int(11) unsigned DEFAULT NULL
) ENGINE=InnoDB DEFAULT CHARSET=utf8
1 row in set (0.00 sec)
```

图 5-8　调整后的 IP 地址表结构

继续插入刚才的 IP 地址，结果正常，如图 5-9 所示。

```
mysql> insert into ipaddress values(INET_ATON('192.168.1.1'));
Query OK, 1 row affected (0.00 sec)

mysql> insert into ipaddress values(INET_ATON('192.168.254.254'));
Query OK, 1 row affected (0.00 sec)

mysql> select INET_NTOA(ip) from ipaddress;
+-----------------+
| INET_NTOA(ip)   |
+-----------------+
| 127.0.0.1       |
| 127.255.255.255 |
| 192.168.1.1     |
| 192.168.254.254 |
+-----------------+
4 rows in set (0.00 sec)
```

图 5-9　插入 IP 地址后的查询结果

再比如，假设想要查询 192.168 这个网段内的所有 IP 地址和对应的主机名，那么可采用如图 5-10 所示的方式。

```
mysql> select INET_NTOA(ip),hostname1 from ipaddress where ip >=INET_ATON(192.168);
+-----------------+-----------+
| INET_NTOA(ip)   | hostname1 |
+-----------------+-----------+
| 192.168.1.1     | testA     |
| 192.168.254.254 | testB     |
+-----------------+-----------+
2 rows in set (0.00 sec)

mysql> explain select INET_NTOA(ip),hostname1 from ipaddress where ip >=INET_ATON(192.168);
+----+-------------+-----------+-------+---------------+-------+---------+------+------+-------------+
| id | select_type | table     | type  | possible_keys | key   | key_len | ref  | rows | Extra       |
+----+-------------+-----------+-------+---------------+-------+---------+------+------+-------------+
| 1  | SIMPLE      | ipaddress | range | ix_ip         | ix_ip | 5       | NULL | 2    | Using where |
+----+-------------+-----------+-------+---------------+-------+---------+------+------+-------------+
1 row in set (0.00 sec)
```

图 5-10　查询 192.168 网段内的 IP 地址和主机名

3. 根据需求选择最小整数类型

有不少开发人员在设计表字段时，只要是针对数值类型的全部选用 INT 整型，但这不一定合适，比如用户的年龄，一般来说，年龄大都在 1~100 岁之间，长度只有 3，这里选用 INT 整型就不适合了，可以用 TINYINT 整型来代替。又比如用户在线状态，0 表示离线、1 表示在线、2 表示离开、3 表示忙碌、4 表示隐身等，其实类似于这样的情况选用 INT 整型都是比较浪费空间的。这时采用 TINYINT 整型完全可以满足存储需求，INT 占用的是 4 字节，而 TINYINT 才占用 1 字节。

这里或许有读者会问，是否可以选用 ENUM 枚举类型，它也只占用 1 字节。答案是否定的，因为采用 ENUM 枚举类型会存在扩展问题。还是以前文用户在线状态的例子来说明，如果其中增加了几个新的状态，比如 5 表示请勿打扰、6 表示开会中、7 表示隐身对好友可见等，那么 ENUM 枚举类型就不可用了，必须更改表字段类型。虽然 Percona 公司提供了 pt-online-schema-change 在线更改表工具，另外，MySQL 5.6 的新特性——在线 DDL 也支持不用锁表而实现在线更改表的功能，但这个更改操作的影响还是很大，所以建议在设计之初就把问题考虑周全，以免日后更改修补，这样就得不偿失了。

下面是关于 ENUM 枚举类型的一个小例子。在该例中，枚举的数值是 0、1、2、3、4，如果插入的值不在这个范围内就会报错，如图 5-11 和图 5-12 所示。所以，比较合适的做法是用 TINYINT 整型来代替 ENUM 枚举类型。

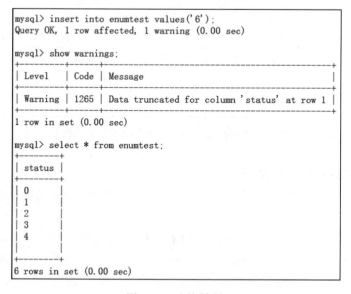

```
mysql> show create table enumtest\G;
*************************** 1. row ***************************
       Table: enumtest
Create Table: CREATE TABLE `enumtest` (
  `status` enum('0','1','2','3','4') DEFAULT NULL
) ENGINE=InnoDB DEFAULT CHARSET=utf8
1 row in set (0.00 sec)

ERROR:
No query specified

mysql> insert into enumtest values('0'),('1'),('2'),('3'),('4');
Query OK, 5 rows affected (0.00 sec)
Records: 5  Duplicates: 0  Warnings: 0
```

图 5-11　ENUM 枚举示例的表结构和插入数据操作

```
mysql> insert into enumtest values('6');
Query OK, 1 row affected, 1 warning (0.00 sec)

mysql> show warnings;
+---------+------+------------------------------------------------+
| Level   | Code | Message                                        |
+---------+------+------------------------------------------------+
| Warning | 1265 | Data truncated for column 'status' at row 1    |
+---------+------+------------------------------------------------+
1 row in set (0.00 sec)

mysql> select * from enumtest;
+--------+
| status |
+--------+
| 0      |
| 1      |
| 2      |
| 3      |
| 4      |
|        |
+--------+
6 rows in set (0.00 sec)
```

图 5-12　查询结果

5.2.2 字符类型

CHAR 和 VARCHAR 是开发者日常使用最多的字符类型。char(N) 用于保存固定长度的字符串，长度最大为 255，比指定长度大的值将被截短，而比指定长度小的值将会用空格进行填补。

varchar(N) 用于保存可变长度的字符串，长度最大为 65 535，它只存储字符串实际需要的长度（它会额外增加 1~2 字节来存储字符串本身的长度），如果字符串的最大长度小于或等于 255，则使用 1 字节，否则就使用 2 字节。

CHAR 和 VARCHAR 与字符编码也存在着密切关系，具体来说就是，latin1 占用 1 字节，gbk 占用 2 字节，utf8 占用 3 字节。

1. 计算 VARCHAR 的最大长度

不同的字符集所占用的存储空间会有所不同，具体如表 5-12 ~ 表 5-14 所示。

表 5-12 latin1 字符集存储的字节

值	char(4)	存储的字节	varchar(4)	存储的字节
' '	' '	4 字节	' '	1 字节
'ab'	'ab '	4 字节	'ab'	3 字节
'abcd'	'abcd'	4 字节	'abcd'	5 字节
'abcdefgh'	'abcd'	4 字节	'abcd'	5 字节

表 5-13 gbk 字符集存储的字节

值	char(4)	存储的字节	varchar(4)	存储的字节
' '	' '	8 字节	' '	1 字节
'ab'	'ab '	8 字节	'ab'	5 字节
'abcd'	'abcd'	8 字节	'abcd'	9 字节
'abcdefgh'	'abcd'	8 字节	'abcd'	9 字节

表 5-14 utf8 字符集存储的字节

值	char(4)	存储的字节	varchar(4)	存储的字节
' '	' '	12 字节	' '	1 字节
'ab'	'ab '	12 字节	'ab'	7 字节
'abcd'	'abcd'	12 字节	'abcd'	13 字节
'abcdefgh'	'abcd'	12 字节	'abcd'	13 字节

这里就引申出了一个问题，既然存储空间的大小与字符编码有关系，那么 varchar(N)

的最大长度应该如何计算呢？下面就以经常使用的 gbk 和 utf8 为例来说明。

（1）gbk 字符集

首先创建一张表，表里采用 gbk 字符集，由图 5-13 可以看出，字段 v 设置为 32766 时可以正常创建，一旦超过了就会失败。

```
mysql> create table t1(v varchar(32766))charset=gbk;
Query OK, 0 rows affected (0.04 sec)

mysql> create table t2(v varchar(32767))charset=gbk;
ERROR 1118 (42000): Row size too large. The maximum row size for the used table type, not counting BLOBs, is 65535. You have t
o change some columns to TEXT or BLOBs
mysql>
```

图 5-13　创建表字符集为 gbk

因为 VARCHAR 类型的长度大于 255，所以这里要用 2 字节来存储值的长度。

计算公式为：（65535−2）/2 = 32766.5，也就是说采用 gbk 字符集时，字段 v 的值不能大于 32767。

（2）utf8 字符集

同样创建一张表，表里采用 utf8 字符集，由图 5-14 可以看出，字段 v 设置为 21844 时可以正常创建，一旦超过了就会失败。

```
mysql> create table t3(v varchar(21844))charset=utf8;
Query OK, 0 rows affected (0.04 sec)

mysql> create table t4(v varchar(21845))charset=utf8;
ERROR 1118 (42000): Row size too large. The maximum row size for the used table type, not counting BLOBs, is 65535. You have t
o change some columns to TEXT or BLOBs
mysql>
```

图 5-14　创建表字符集为 utf8

因为 VARCHAR 类型长度大于 255，因此这里要用 3 字节来存储值的长度。

计算公式为：（65535−2）/3 = 21844.3，也就是说采用 utf8 字符集时，字段 v 的值不能大于 21845。

也许有人会问，一个表里肯定有好几个字段，那么 varchar(N) 的最大长度还是按照上面的公式计算吗？事实上，这时就需要变通一下了，假设一个表有如下字段：

```
(id int,username varchar(20),phone bigint,address varchar(N))
```

我们来计算一下 address 字段的最大长度，这里采用 gbk 字符集，代码如下：

```
create table info
(id int,username varchar(20),phone bigint,address varchar(32766))charset=gbk;
```

SQL 建表语句的执行结果如图 5-15 所示。

```
mysql> create table info(id int,username varchar(20),phone bigint,address varchar(32766))charset=gbk;
ERROR 1118 (42000): Row size too large. The maximum row size for the used table type, not counting BLOBs, is 65535. You have t
o change some columns to TEXT or BLOBs
mysql>
```

图 5-15　SQL 建表语句的执行结果

为什么这里输入 32766 这个长度会报错呢？事实上，MySQL 规定一个表的长度不能超过 65535，若定义的表长度超过了这个值，则会报错。而在这个 info 表中，id 字段占用 4 字节，username 字段占用 41 字节（41 = 20 × 2+1，因为长度小于 255，这里要用 1 字节存储值的长度），phone 字段占用 8 字节，所以计算式为（65535–4–（20 × 2+1）–8–2）/2，最后得到的结果为 32740，也就是长度不能大于 32740，前面输入的 32766 明显大于此数，所以执行结果会报错。下面再来验证一下上面的推论，如图 5-16 所示。

```
mysql> create table info(id int,username varchar(20), phone bigint, address varchar(32740))charset=gbk;
ERROR 1118 (42000): Row size too large. The maximum row size for the used table type, not counting BLOBs, is 65535. You have t
o change some columns to TEXT or BLOBs
mysql>
mysql> create table info(id int,username varchar(20), phone bigint, address varchar(32739))charset=gbk;
Query OK, 0 rows affected (0.04 sec)
```

图 5-16　验证 gbk 字符集的最大长度

由图 5-16 可知，"adress varchar(32739)"能够创建成功！

下面再来看看该示例采用 utf8 字符集时的情况，首先仍然是创建相同的 info 表，字符集为 utf8，依据上面的计算公式计算 address 字段的最大长度：（65535–4–（20 × 3+1）–8–2）/3 = 21820，也就是长度不能大于 21820。下面我们来验证一下，验证结果如图 5-17 所示。

```
mysql> create table infol (id int,username varchar(20),phone bigint, address varchar(21820))charset=utf8;
ERROR 1118 (42000): Row size too large. The maximum row size for the used table type, not counting BLOBs, is 65535. You have
o change some columns to TEXT or BLOBs
mysql>
mysql> create table info1 (id int,username varchar(20),phone bigint, address varchar(21819))charset=utf8;
Query OK, 0 rows affected (0.03 sec)
```

图 5-17　验证 utf8 字符集的最大长度

由图 5-17 可知，验证结果与我们预期的完全一致。

2. 在什么情况下使用 CHAR 类型和 VARCHAR 类型

对于字符串长度会经常发生变化的值，选用 VARCHAR 类型会比较合适，如家庭住址，每个人的家庭住址各不相同，有的地址很长，有的则很短，这时选用 VARCHAR 类型，只会存储字符串实际的长度。

而对于字符串长度固定的值，比如 UUID 函数，是由数字和字母组成的 36 位的字符类型，且其长度是固定不变的，或者是 md5 加密后的 32 位的字符类型，可以将它们分别设置为 char(36) 和 char(32)，这相比于 VARCHAR 类型更节省空间，因为 VARCHAR 类型还要用 1 字节来存储值的长度。

或许有人会说，既然 VARCHAR 类型只存储字符串实际的长度，那么使用 varchar(20) 或 varchar(100) 存储"abc"字节所占用的空间是一样的，所以我在设计表时就把值定义得大一些，为今后的扩展预留空间。

对于这个问题，虽然两者占用的存储空间大小是一样的，但二者的性能完全不一样，因为 MySQL 需要先在内存中分配固定的空间来保存值,这在无形中就浪费了一部分内存,所以最好是只分配真正需要的那部分空间。

5.2.3　时间类型

MySQL 所支持的 5 个时间类型分别是 date、time、datetime、timestamp 和 year,表 5-15 列出了各种时间类型以及它们的允许范围和占用的内存空间。

表 5-15　时间类型

时间类型	值	存储的字节
date	'0000-00-00'	3 字节
time	'00:00:00'	3 字节
datetime	'0000-00-00 00:00:00'	8 字节
timestamp	'0000-00-00 00:00:00'	4 字节
year	0000	1 字节

MySQL 提供的 5 种时间类型中,datetime 和 timestamp 都可以精确到秒,但 datetime 占用了 8 字节,而 timestamp 只占用了 4 字节,在日常建表时应优先选择 timestamp 类型。timestamp 类型还具有自动更新时间的功能,下面就来给大家演示一下。

首先,建立一张表,命令如下:

```
mysql> create table t1(id int,ctime timestamp);
Query OK, 0 rows affected (0.20 sec)
```

然后,只针对 id 字段插入值,查询结果如图 5-18 所示。

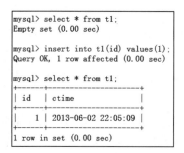

```
mysql> select * from t1;
Empty set (0.00 sec)

mysql> insert into t1(id) values(1);
Query OK, 1 row affected (0.00 sec)

mysql> select * from t1;
+------+---------------------+
| id   | ctime               |
+------+---------------------+
|    1 | 2013-06-02 22:05:09 |
+------+---------------------+
1 row in set (0.00 sec)
```

图 5-18　针对 id 字段插入值后的查询结果

此时,ctime 字段会自动插入当前时间,如图 5-19 所示。

更新 id 字段时,ctime 的时间也会自动更新。

可能有人会提出这样的疑问,如果不想让系统自动更新为当前时间,应该怎么办呢?在回答这个问题之前,先来看一下 timestamp 类型在默认情况下的设置:

```
DEFAULT CURRENT_TIMESTAMP ON UPDATE CURRENT_TIMESTAMP
```

```
mysql> select * from t1;
+------+---------------------+
| id   | ctime               |
+------+---------------------+
|    1 | 2013-06-02 22:05:09 |
+------+---------------------+
1 row in set (0.00 sec)

mysql> update t1 set id=id+1;
Query OK, 1 row affected (0.00 sec)
Rows matched: 1  Changed: 1  Warnings: 0

mysql> select * from t1;
+------+---------------------+
| id   | ctime               |
+------+---------------------+
|    2 | 2013-06-02 22:08:43 |
+------+---------------------+
1 row in set (0.00 sec)
```

图 5-19　ctime 字段自动更新时间

上述问题的答案是只需要将 timestamp 类型的默认值设置为空即可（如图 5-20 所示）。插入或更新完毕后，ctime 字段都不会再自动更改为当前时间了（如图 5-21 所示）。

```
mysql> alter table t1 modify ctime timestamp NULL;
Query OK, 2 rows affected (0.05 sec)
Records: 2  Duplicates: 0  Warnings: 0

mysql> select * from t1;
+------+---------------------+
| id   | ctime               |
+------+---------------------+
|    2 | 2013-06-02 22:08:43 |
|    3 | 2013-06-02 22:40:29 |
+------+---------------------+
2 rows in set (0.00 sec)

mysql> insert into t1(id) values(4);
Query OK, 1 row affected (0.00 sec)

mysql> select * from t1;
+------+---------------------+
| id   | ctime               |
+------+---------------------+
|    2 | 2013-06-02 22:08:43 |
|    3 | 2013-06-02 22:40:29 |
|    4 |                NULL |
+------+---------------------+
3 rows in set (0.00 sec)
```

图 5-20　修改 timestamp 类型的默认值

```
mysql> update t1 set id=id+10;
Query OK, 3 rows affected (0.00 sec)
Rows matched: 3  Changed: 3  Warnings: 0

mysql> select * from t1;
+------+---------------------+
| id   | ctime               |
+------+---------------------+
|   12 | 2013-06-02 22:08:43 |
|   13 | 2013-06-02 22:40:29 |
|   14 |                NULL |
+------+---------------------+
3 rows in set (0.00 sec)
```

图 5-21　时间未自动更新

1. 在 MySQL 5.6 中，时间类型 timestamp 和 datetime 有了重大改变

在 MySQL 5.5（或更老的版本 MySQL 5.1）里，可通过 timestamp 类型实现一个表里只有一个字段既拥有自动插入时间，又拥有自动更新时间的功能，如图 5-22 和图 5-23 所示。

但从 5.6 版本开始，MySQL 打破了这一传统理念，datetime 类型和 timestamp 类型均可实现上述功能，且不再局限于单个字段，即表里多个字段可以有自动插入和更新时间的功能，如图 5-24 和图 5-25 所示。

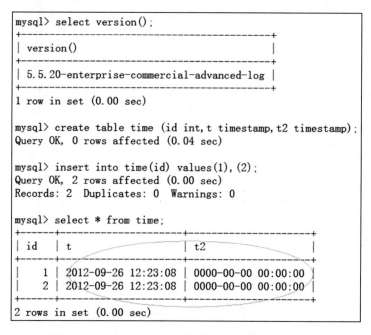

图 5-22　MySQL 5.5 只允许单个字段自动插入时间

```
mysql> update time set id=id+10;
Query OK, 2 rows affected (0.00 sec)
Rows matched: 2  Changed: 2  Warnings: 0

mysql> select * from time;
+------+---------------------+---------------------+
| id   | t                   | t2                  |
+------+---------------------+---------------------+
|   11 | 2012-09-26 12:23:41 | 0000-00-00 00:00:00 |
|   12 | 2012-09-26 12:23:41 | 0000-00-00 00:00:00 |
+------+---------------------+---------------------+
2 rows in set (0.00 sec)
```

图 5-23　MySQL 5.5 只允许单个字段自动更新时间

```
mysql> select version();
+--------------+
| version()    |
+--------------+
| 5.6.6-m9-log |
+--------------+
1 row in set (0.01 sec)

mysql> create table time (id int, t timestamp DEFAULT CURRENT_TIMESTAMP ON UPDATE CURRENT_TIMESTAMP,
    -> t2 timestamp DEFAULT CURRENT_TIMESTAMP ON UPDATE CURRENT_TIMESTAMP);
Query OK, 0 rows affected (0.35 sec)

mysql> insert into time(id) values(1),(2);
Query OK, 2 rows affected (0.09 sec)
Records: 2  Duplicates: 0  Warnings: 0

mysql> select * from time;
+------+---------------------+---------------------+
| id   | t                   | t2                  |
+------+---------------------+---------------------+
|    1 | 2012-09-25 22:14:51 | 2012-09-25 22:14:51 |
|    2 | 2012-09-25 22:14:51 | 2012-09-25 22:14:51 |
+------+---------------------+---------------------+
2 rows in set (0.02 sec)
```

图 5-24　MySQL 5.6 允许多个字段自动插入当前时间

```
mysql> update time set id=id+10;
Query OK, 2 rows affected (0.07 sec)
Rows matched: 2  Changed: 2  Warnings: 0

mysql> select * from time;
+------+---------------------+---------------------+
| id   | t                   | t2                  |
+------+---------------------+---------------------+
|   11 | 2012-09-25 22:15:28 | 2012-09-25 22:15:28 |
|   12 | 2012-09-25 22:15:28 | 2012-09-25 22:15:28 |
+------+---------------------+---------------------+
2 rows in set (0.03 sec)
```

图 5-25　MySQL 5.6 允许多个字段自动更新当前时间

在 MySQL 5.5 中，如果将多个字段设置为 timestamp 类型，那么就会报错，如图 5-26 所示。

```
mysql> select version();
+---------------------------------------+
| version()                             |
+---------------------------------------+
| 5.5.20-enterprise-commercial-advanced-log |
+---------------------------------------+
1 row in set (0.00 sec)

mysql> create table time (id int, t timestamp DEFAULT CURRENT_TIMESTAMP,
    -> t2 timestamp ON UPDATE CURRENT_TIMESTAMP);
ERROR 1293 (HY000): Incorrect table definition; there can be only one TIMESTAMP column with CURRENT_TIMESTAMP in DEFAULT or ON
 UPDATE clause
mysql>
```

图 5-26　MySQL 5.5 不允许将多个字段设置为 timestamp 类型

图 5-27 和图 5-28 展示的是 MySQL 5.6 版本支持多个字段设置 timestamp 类型的示例。

```
mysql> select version();
+-------------+
| version()   |
+-------------+
| 5.6.6-m9-log |
+-------------+
1 row in set (0.01 sec)

mysql> create table time (id int, t timestamp DEFAULT CURRENT_TIMESTAMP,
    -> t2 timestamp ON UPDATE CURRENT_TIMESTAMP);
Query OK, 0 rows affected (0.46 sec)

mysql> insert into time(id) values(1),(2);
Query OK, 2 rows affected (0.07 sec)
Records: 2  Duplicates: 0  Warnings: 0

mysql> select * from time;
+------+---------------------+------+
| id   | t                   | t2   |
+------+---------------------+------+
|    1 | 2012-09-25 23:37:50 | NULL |
|    2 | 2012-09-25 23:37:50 | NULL |
+------+---------------------+------+
2 rows in set (0.03 sec)
```

图 5-27　MySQL 5.6 允许将多个字段设置为 timestamp 类型

```
mysql> update time set id=3 where id=2;
Query OK, 1 row affected (0.03 sec)
Rows matched: 1  Changed: 1  Warnings: 0

mysql> select * from time;
+------+---------------------+---------------------+
| id   | t                   | t2                  |
+------+---------------------+---------------------+
|    1 | 2012-09-25 23:37:50 |                NULL |
|    3 | 2012-09-25 23:37:50 | 2012-09-25 23:38:01 |
+------+---------------------+---------------------+
2 rows in set (0.02 sec)
```

图 5-28　MySQL 5.6 允许多个字段自动更新当前时间

图 5-29 和图 5-30 展示的是在 MySQL 5.6 中，datetime 类型也拥有了 timestamp 类型的功能。

```
mysql> select version();
+-------------+
| version()   |
+-------------+
| 5.6.6-m9-log |
+-------------+
1 row in set (0.01 sec)

mysql> create table time (id int,d_time datetime DEFAULT CURRENT_TIMESTAMP,
    -> d_time2 datetime ON UPDATE CURRENT_TIMESTAMP);
Query OK, 0 rows affected (0.45 sec)

mysql> insert into time(id) values(1),(2);
Query OK, 2 rows affected (0.06 sec)
Records: 2  Duplicates: 0  Warnings: 0

mysql> select * from time;
+------+---------------------+---------+
| id   | d_time              | d_time2 |
+------+---------------------+---------+
|    1 | 2012-09-25 23:40:56 | NULL    |
|    2 | 2012-09-25 23:40:56 | NULL    |
+------+---------------------+---------+
2 rows in set (0.02 sec)
```

图 5-29　MySQL 5.6 中 datetime 类型支持自动插入当前时间的功能

```
mysql> update time set id=3 where id=2;
Query OK, 1 row affected (0.05 sec)
Rows matched: 1  Changed: 1  Warnings: 0

mysql> select * from time;
+------+---------------------+---------------------+
| id   | d_time              | d_time2             |
+------+---------------------+---------------------+
|    1 | 2012-09-25 23:40:56 | NULL                |
|    3 | 2012-09-25 23:40:56 | 2012-09-25 23:41:07 |
+------+---------------------+---------------------+
2 rows in set (0.02 sec)
```

图 5-30　MySQL 5.6 中 datetime 类型支持自动更新当前时间的功能

官方参考手册给出的解释如下：

以前，每个表最多有一个 TIMESTAMP 列可以自动初始化或更新为当前日期时间。现在此限制已取消。如果列字段定义时包含 DEFAULT CURRENT_TIMESTAMP 和 ON UPDATE CURRENT_TIMESTAMP 子句，则列值默认使用当前时间戳，并且自动更新。此外，这些子句现在可以与 DATETIME 列一起使用。更多相关信息请参阅 timestamp 和 datetime 的自动初始化和更新相关资料。

2. 在 MySQL 5.6 中，year(2) 类型会自动转换为 year(4) 类型

MySQL 5.6 已经不再识别 year(2) 的类型了，其会自动转换为 year(4) 类型，如果插入一条记录"12"，则该记录的值会自动转换为"2012"，下面请看示例演示。

图 5-31 和图 5-32 演示的是在 MySQL 5.6 中，year(2) 类型自动转换为 year(4) 类型的效果。

下面再来看一下 year(2) 类型和 year(4) 类型在 MySQL 5.5 中的情况，如图 5-33 所示。

```
mysql> select version();
+--------------+
| version()    |
+--------------+
| 5.6.6-m9-log |
+--------------+
1 row in set (0.02 sec)

mysql> CREATE TABLE y (y2 YEAR(2),y4 YEAR(4));
Query OK, 0 rows affected, 1 warning (0.40 sec)

mysql> show warnings;
+---------+------+-----------------------------------------------------------------+
| Level   | Code | Message                                                         |
+---------+------+-----------------------------------------------------------------+
| Warning | 1818 | YEAR(2) column type is deprecated. Creating YEAR(4) column instead. |
+---------+------+-----------------------------------------------------------------+
1 row in set (0.01 sec)

mysql> desc y;
+-------+---------+------+-----+---------+-------+
| Field | Type    | Null | Key | Default | Extra |
+-------+---------+------+-----+---------+-------+
| y2    | year(4) | YES  |     | NULL    |       |
| y4    | year(4) | YES  |     | NULL    |       |
+-------+---------+------+-----+---------+-------+
2 rows in set (0.09 sec)
```

图 5-31　表结构信息

```
mysql> insert into y values(12,2012);
Query OK, 1 row affected (0.07 sec)

mysql> select * from y;
+------+------+
| y2   | y4   |
+------+------+
| 2012 | 2012 |
+------+------+
1 row in set (0.03 sec)
```

图 5-32　MySQL 5.6 中 year 类型的查询结果

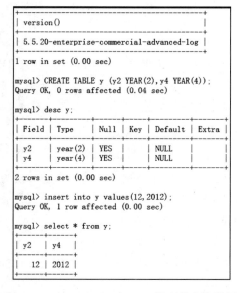

```
+----------------------------------------+
| version()                              |
+----------------------------------------+
| 5.5.20-enterprise-commercial-advanced-log |
+----------------------------------------+
1 row in set (0.00 sec)

mysql> CREATE TABLE y (y2 YEAR(2),y4 YEAR(4));
Query OK, 0 rows affected (0.04 sec)

mysql> desc y;
+-------+---------+------+-----+---------+-------+
| Field | Type    | Null | Key | Default | Extra |
+-------+---------+------+-----+---------+-------+
| y2    | year(2) | YES  |     | NULL    |       |
| y4    | year(4) | YES  |     | NULL    |       |
+-------+---------+------+-----+---------+-------+
2 rows in set (0.00 sec)

mysql> insert into y values(12,2012);
Query OK, 1 row affected (0.00 sec)

mysql> select * from y;
+------+------+
| y2   | y4   |
+------+------+
|   12 | 2012 |
+------+------+
```

图 5-33　MySQL 5.5 中 year 类型的查询结果

官方参考手册给出的说明如下：

从 MySQL 5.6.6 开始，不推荐使用 year(2)。现有表中的 year(2) 列还按以前的方式处理，但新表或更改表中的 year(2) 将转换为 year(4)。

5.3　采用合适的锁机制

MySQL 的锁共包含以下三种形式。

- ❑ 表锁：开销小，加锁快；不会出现死锁的问题；锁定粒度最大，发生锁冲突的概率最高，并发度最低。MyISAM 引擎属于这种类型。
- ❑ 行锁：开销大，加锁慢；会出现死锁的问题；锁定粒度最小，发生锁冲突的概率最低，并发度最高。InnoDB 引擎属于这种类型。
- ❑ 页面锁：开销和加锁速度界于表锁和行锁之间；会出现死锁的问题；锁定粒度界于表锁和行锁之间，并发度一般。NDB 属于这种类型。

5.3.1　表锁

MyISAM 存储引擎只支持表锁，所以对 MyISAM 表进行操作会出现以下问题。

- ❑ 对 MyISAM 表执行读操作（加读锁）时，不会阻塞其他进程对同一表的读请求，但会阻塞对同一表的写请求。只有在读锁释放后，才会执行其他进程的写请求。
- ❑ 对 MyISAM 表执行写操作（加写锁）时，会阻塞其他进程对同一表的读和写请求。只有在写锁释放后，才会执行其他进程的读写请求。

下面就来演示一下表锁的读取与释放操作，具体示例见表 5-16。

表 5-16　MyISAM 表锁演示示例

步骤	会话 1	会话 2

1	```mysql> show create table t2\G;
	*********************** 1.
	row ***********************
	      Table: t2
	Create Table: CREATE TABLE `t2` (
	  `id` tinyint(3) unsigned NOT
	NULL AUTO_INCREMENT,
	  `name` varchar(10) NOT NULL,
	  PRIMARY KEY (`id`)
	) ENGINE=MyISAM AUTO_INCREMENT=8
	DEFAULT CHARSET=gbk
	1 row in set (0.00 sec)```	

2	```mysql> use test; Database changed mysql> lock table t2 read; Query OK, 0 rows affected (0.00 sec) （这里对 t2 表加读锁）```	

（续）

步骤	会话 1	会话 2
3	```mysql> select * from t2; +----+------+ | id | name | +----+------+ | 1 | a | | 2 | b | | 3 | c | | 4 | d | | 5 | e | | 6 | f | | 7 | g | +----+------+ 7 rows in set (0.00 sec)```	```mysql> select * from t2; +----+------+ | id | name | +----+------+ | 1 | a | | 2 | b | | 3 | c | | 4 | d | | 5 | e | | 6 | f | | 7 | g | +----+------+ 7 rows in set (0.00 sec)```
4		```mysql> update t2 set name='g1' where id=7;``` （此时会话 2 会等待会话 1 释放锁）
5	```mysql> show processlist; +----+-------+-------------------+-------+---------+------+--------------------------------+--------------------------------+ | Id | User | Host | db | Command | Time | State | Info | +----+-------+-------------------+-------+---------+------+--------------------------------+--------------------------------+ | 1 | admin | 192.168.8.1:3269 | test | Sleep | 535 | | NULL | | 2 | admin | 192.168.8.1:3271 | NULL | Sleep | 552 | | NULL | | 4 | root | localhost | test | Query | 0 | NULL | show processlist | | 5 | root | localhost | test | Query | 57 | Waiting for table level lock | update t2 set name='g1' where id=7 | +----+-------+-------------------+-------+---------+------+--------------------------------+--------------------------------+ 4 rows in set (0.00 sec)```	

（续）

步骤	会话 1	会话 2
6	mysql> unlock tables; Query OK, 0 rows affected (0.00 sec)	
7		mysql> update t2 set name='g1' where id=7; Query OK, 1 row affected (27 min 24.11 sec) Rows matched: 1 Changed: 1 Warnings: 0 （会话 1 释放锁后，会话 2 顺利更新）

5.3.2 行锁

InnoDB 存储引擎是通过给索引上的索引项加锁来实现行锁的，这就意味着只有通过索引条件检索数据，InnoDB 才会使用行锁，否则 InnoDB 将使用表锁。

下面就来演示一下行锁的读取与释放操作，具体示例见表 5-17。

表 5-17 InnoDB 行锁演示示例

步骤	会话 1	会话 2
1	mysql> show create table t\G; *************************** 1. row *************************** Table: t Create Table: CREATE TABLE `t` (`id` tinyint(3) unsigned NOT NULL AUTO_INCREMENT, `name` varchar(10) NOT NULL, PRIMARY KEY (`id`)) ENGINE=InnoDB AUTO_INCREMENT=8 DEFAULT CHARSET=gbk 1 row in set (0.00 sec)	
2	mysql> begin; Query OK, 0 rows affected (0.00 sec)	mysql> begin; Query OK, 0 rows affected (0.00 sec)
3	mysql> select * from t; +----+------+ | id | name | +----+------+ | 1 | a | | 2 | b | | 3 | c | | 4 | d | | 5 | e |	mysql> select * from t; +----+------+ | id | name | +----+------+ | 1 | a | | 2 | b | | 3 | c | | 4 | d | | 5 | e |

（续）

步骤	会话 1	会话 2

3	`| 6 | f      |`
	`| 7 | g      |`
	`+----+------+`
	`7 rows in set (0.01 sec)`
		`| 6 | f      |`
		`| 7 | g      |`
		`+----+------+`
		`7 rows in set (0.01 sec)`

4	`mysql> update t set name='d1' where id=4;`
	`Query OK, 1 row affected (0.03 sec)`
	`Rows matched: 1  Changed: 1`
	`Warnings: 0`	

5		`mysql> update t set name='d2' where id=4;`
		（此时会话2会等待会话1释放锁，因为更新的是同一行记录）
		`mysql> update t set name='e1' where id=5;`
		`Query OK, 1 row affected (0.01 sec)`
		`Rows matched: 1  Changed: 1`
		`Warnings: 0`
		（更新下一行记录时就不用再等待锁了，因为InnoDB引擎是行锁，而不是表锁）

在并发访问比较高的情况下，如果大量事务因无法立即获得所需的锁而挂起，则会占用大量的计算机资源，导致严重的性能问题，甚至会拖垮数据库。对于这种情况，就需要通过为锁等待超时阈值参数 innodb_lock_wait_timeout 设置合适的值来解决，一般设置为100秒即可。

5.3.3 行锁转表锁

下面就来演示一下行锁转表锁的情况，具体示例见表 5-18。

表 5-18　InnoDB 行锁转表锁的示例

步骤	会话 1	会话 2

1	`mysql> show create table t1\G;`
	`*********************** 1. row ***********************`
	`        Table: t1`
	`Create Table: CREATE TABLE \`t1\` (`
	`  \`id\` tinyint(3) unsigned NOT NULL DEFAULT '0',`
	`  \`name\` varchar(10) NOT NULL`
	`) ENGINE=InnoDB DEFAULT CHARSET=gbk`
	`1 row in set (0.00 sec)`	

（续）

步骤	会话 1	会话 2
2	mysql> begin; Query OK, 0 rows affected (0.00 sec)	mysql> begin; Query OK, 0 rows affected (0.00 sec)
3	mysql> select * from t; +----+------+ | id | name | +----+------+ | 1 | a | | 2 | b | | 3 | c | | 4 | d | | 5 | e | | 6 | f | | 7 | g | +----+------+ 7 rows in set (0.01 sec)	mysql> select * from t; +----+------+ | id | name | +----+------+ | 1 | a | | 2 | b | | 3 | c | | 4 | d | | 5 | e | | 6 | f | | 7 | g | +----+------+ 7 rows in set (0.01 sec)
4	mysql> update t1 set name='d1' where id=4; Query OK, 1 row affected (0.01 sec) Rows matched: 1 Changed: 1 Warnings: 0	
5		mysql> update t1 set name='e1' where id=5; ERROR 1205 (HY000): Lock wait timeout exceeded; try restarting transaction （此时会话 2 会等待会话 1 释放锁，因为 t1 加上了表锁）

从表 5-18 演示的内容可以看出，只有通过索引条件检索数据，InnoDB 才会使用行锁，否则其将使用表锁。

5.3.4　死锁

如果两个事务都需要获得对方持有的排他锁才能继续完成事务，那么就会陷入循环锁等待的情况，这就是典型的死锁现象。

下面就来演示一下死锁的情况，具体示例见表 5-19。

表 5-19　InnoDB 死锁示例

步骤	会话 1	会话 2
1	mysql> select * from t2; +----+------+	mysql> select * from t2; +----+------+

（续）

步骤	会话 1	会话 2
1	``` | id | name | +----+------+ | 1 | a | | 2 | b | | 3 | c | | 4 | d | | 5 | e | | 6 | f | +----+------+ 6 rows in set (0.48 sec)```	``` | id | name | +----+------+ | 1 | a | | 2 | b | | 3 | c | | 4 | d | | 5 | e | | 6 | f | +----+------+ 6 rows in set (0.48 sec)```
2	``` mysql> begin; Query OK, 0 rows affected (0.02 sec)```	``` mysql> begin; Query OK, 0 rows affected (0.02 sec)```

3	```
	mysql> update t2 set name='bb' where id=2;
	Query OK, 1 row affected (0.25 sec)
	Rows matched: 1 Changed: 1
	Warnings: 0```	

4		```
		mysql> update t2 set name='cc' where id=3;
		Query OK, 1 row affected (0.07 sec)
		Rows matched: 1 Changed: 1 Warnings: 0```

5	```
	mysql> update t2 set name='cc1' where id=3;
	(等待……)```	

6		```
		mysql> update t2 set name='bb1' where id=2;
		ERROR 1213 (40001): Deadlock found when trying to get lock; try restarting transaction```

7	```
	mysql> update t2 set name='cc1' where id=3;
	Query OK, 1 row affected (6.75 sec)
	Rows matched: 1 Changed: 1
	Warnings: 0```	

　　发生死锁问题时，InnoDB 一般都能自动检测到，它会让一个事务先释放锁并回退，这样另一个事务就能获得相应的资源，继续完成事务。死锁是无法避免的，我们可以通过调整业务的逻辑来尽量降低死锁出现的概率。

　　MySQL 8.0 增加了一个新的动态变量 innodb_deadlock_detect，其可用于控制 InnoDB 是否执行死锁检测。该参数的默认值为 ON，即打开死锁检测。

　　对于高并发系统，当大量线程等待同一个锁时，死锁检测可能会导致性能下降。此时，如果禁用死锁检测，改为依靠参数 innodb_lock_wait_timeout 执行死锁发生时的事务回滚操作，效率可能会更高。

不过，只有在确认死锁检测影响到了系统的性能，并且禁用死锁检测不会带来负面影响时，才可以尝试关闭 innodb_deadlock_detect 选项。另外，如果禁用了 InnoDB 死锁检测，那么开发人员应调整参数 innodb_lock_wait_timeout 的值，以满足实际的需求。

通常来说，死锁检测还是应该启用的，并且开发人员在应用程序中应尽量避免产生死锁，如果产生，则尽快对死锁进行相应的处理，例如重新开始事务。

5.4　选择合适的事务隔离级别

MySQL 在 InnoDB 引擎下对 READ COMMITTED 与 REPEATABLE READ 这两个隔离级别均采用的是一致性非锁定读，即多版本并发控制协议（MVCC），以提高并发性能。这两种隔离级别下默认的读操作都是读快照，但是读取的快照版本不一样。READ COMMITTED 读取的是最新版的快照，所以一个事务提交了对数据的修改后对另一个事务是可见的。但是在 REPEATABLE READ 隔离级别，事务读取的永远是事务刚开启时的那个旧版本的快照，这样就不会读取到另一个事务新提交的数据了，也就不会引起不可重复读的现象。

5.4.1　事务的概念

事务处理可以确保只有在事务性单元内的所有操作全部成功完成的情况下，才会更新面向数据的资源。将一组相关操作组合为一个要么全部成功要么全部失败的单元，可以简化错误恢复，并且可以使应用程序更加安全可靠。一个逻辑工作单元要想成为事务，必须满足 ACID（即原子性、一致性、隔离性和持久性）原则，具体说明如下。

❑ 原子性（Atomicity）：事务包含的所有操作要么全部成功，要么全部失败，不存在成功一半的概念。典型的例子是"西方二元对立思想——非此即彼"，在二元逻辑体系中只存在两种逻辑值，就是对和错，或正和负，不存在既对又错或非正非负的其他状态。

❑ 一致性（Consistency）：一个事务执行之前和执行之后都必须处于一致性状态。典型的例子如你向朋友借 5000 元钱，不论朋友用什么方式给你转账，以及分几次转，借钱结束后你银行卡里的余额都是增加了 5000 元，朋友卡里少了 5000 元，不能突然多出 1 万元来。

❑ 隔离性（Isolation）：数据库采用锁机制来实现事务的隔离性。当多个事务同时更新数据库中相同的数据时，只允许持有锁的事务更新该数据，其他事务必须等待，直到前一个事务处理完毕释放锁后，其他事务才有机会更新该数据。典型的例子如去医院看病时，要先到护士那里分诊排号，大夫诊完一个患者才会叫下一个患者的号，没有叫到号的患者必须耐心等候。

❑ 持久性（Durability）：事务成功提交后，它对数据库所做的修改就会永久保存下来，即使数据库崩溃，数据还能恢复到事务成功提交后的状态。典型的例子如你在自动取款机上取钱，刚取完自动取款机就出了故障，但这不会影响你卡里的状态，你取出了多少元，卡里的余额就会减少多少元。

5.4.2 事务的实现

与其他数据库一样，MySQL 在进行事务处理的时候是通过日志先行的方式来保证事务快速、持久地运行的，也就是在写数据之前先写日志。开始一个事务时，会先记录该事务的日志序列号（LSN）；执行事务时，会向 innodb_log_buffer 日志缓冲区里插入重做日志；事务提交时，会将日志缓冲区里的重做日志刷入磁盘。这个动作是由 innodb_flush_log_at_trx_commit 参数来控制的。

❑ innodb_flush_log_at_trx_commit=0，表示每个事务提交时，每隔一秒就把缓存区中重做日志的数据写到日志文件中，并把日志文件的数据刷新到磁盘上；它的性能是最好的，但是安全性却是最差的，即系统宕机时，会丢失 1 秒钟的数据。

❑ innodb_flush_log_at_trx_commit=1，表示每个事务提交时，都会把重做日志的数据从缓存区写到日志文件中，并且将日志文件的数据刷新到磁盘上。

❑ innodb_flush_log_at_trx_commit=2，表示每个事务提交时，都会把重做日志数据从缓存区写到日志文件中；每隔一秒，刷新一次日志文件，但不一定刷新到磁盘上，是否刷新到磁盘上取决于操作系统的调度。

图 5-34 ~ 图 5-36 是 innodb_flush_log_at_trx_commit 参数取值不同时，重做日志刷新到磁盘的示意图。

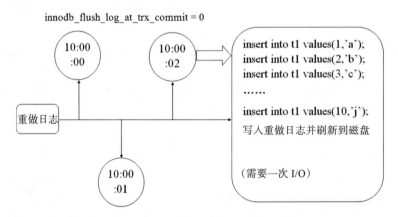

图 5-34　innodb_flush_log_at_trx_commit=0 时的事务提交情况

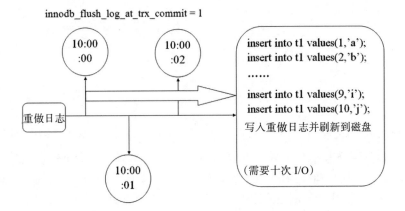

图 5-35　innodb_flush_log_at_trx_commit=1 时的事务提交情况

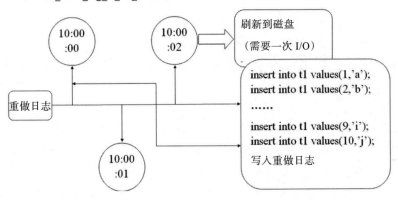

图 5-36　innodb_flush_log_at_trx_commit=2 时的事务提交情况

使用命令"show innodb status\G;"即可看到当前刷新重做日志的情况，具体如下。

❑ Log sequence number 184 3577056574：表示当前的日志序列号。

❑ Log flushed up to 184 3576959795：表示刷新到重做日志的日志序列号。

❑ Last checkpoint at 184 3535957301：表示刷新到磁盘的日志序列号。

除了记录重做日志以外，数据库还会记录一定量的撤销日志。撤销日志与重做日志的操作正好相反，在对数据进行修改时，由于某种原因失败了，或者人为执行了回滚语句，就可以利用这些撤销日志将数据回滚到修改之前的样子。重做日志保存在 ib_logfile0/1/2 里，而撤销日志则保存在 ibdata1 里，在 MySQL 5.6 中，还可以把撤销日志单拆分出去。

默认情况下，事务都是自动提交的。如果想在程序里自己控制事务，那么在开始一个事务之前要先写明 BEGIN 或 START TRANSACTION，执行完以后再以 COMMIT 提交。

比如下面的示例代码：

```
begin;
insert into t1 values(1,'张三');
commit;

begin;
update t1 set name='李四' where id=1;
rollback;
```

事务提交以后，首先会刷新到二进制日志中，然后会刷新到重做日志中。如果在刷新到二进制日志中的时候宕机，那么 MySQL 数据库在下次启动时，由于重做日志里没有该事务的记录，因此系统会执行回滚操作，但是二进制日志已经记录了该事务的信息，这会导致不能回滚。而另一端的从库会复制主库上的二进制日志，这样主从数据就会出现不一致的问题。XA 事务可用于解决该问题，其可以保证 InnoDB 重做日志与 MySQL 二进制日志的一致性。

5.4.3　事务的隔离级别

在数据库操作中，为了有效保证并发读取数据的正确性，MySQL 提出了事务隔离级别的概念。InnoDB 包含四种隔离级别，分别为读未提交、读提交、可重复读和可序列化。Oracle 和 SQL Server 的默认隔离级别均是读提交，而 MySQL 的默认隔离级别是可重复读。

数据库需要为广大客户提供共享访问服务，因此在数据库操作过程中很可能会出现以下几种不确定情况。

❑ 更新丢失：两个事务同时更新同一行数据，但是第二个事务中途更新失败退出了，这导致对该行数据所进行的两个修改都失效了。这是因为系统没有执行任何锁操作，所以并发事务没有被隔离开来。

❑ 脏读：一个事务更新了某行数据但没有能够及时提交，此时另一个事务读取了该行数据。这是相当危险的，因为很可能会导致所有的操作全部回滚。

❑ 不可重复读：一个事务对同一行数据重复读取两次，却得到了不同的结果。如果在两次读取的间隙，有另外一个事务对该行数据进行了修改并提交，那么两次读取到的数据就会不同。

❑ 两次更新问题：无法重复读取的特例。有两个并发事务同时读取同一行数据，如果其中一个事务对该数据进行修改并提交，而另一个事务也对其进行修改并提交，在这种情况下就会造成第一次写操作失效。

❑ 幻读：事务在操作过程中进行了两次查询，如果第二次查询的结果中包含了第一次查询中未出现的数据（这里并不要求两次查询的 SQL 语句相同），那么这可能是因为在两次查询的间隙有另外一个事务插入了数据。

为了避免出现上述情况，标准 SQL 规范中定义了 4 个事务隔离级别，不同的隔离级别对事务的处理方式不同，具体如下。

❑ 读未提交（也称为未授权读取）：允许脏读，但不允许更新丢失。如果一个事务已经开始写数据，则不允许另外一个数据同时进行写操作，但允许其他事务读取此行数据。该隔离级别可以通过"排他写锁"来实现。

❑ 读提交（也称为授权读取）：允许不可重复读，但不允许脏读。该隔离级别可以通过"瞬间共享读锁"和"排他写锁"来实现。读取数据的事务允许其他事务继续访问该行数据，但是未提交的写事务则会禁止其他事务访问该行。

❑ 可重复读：禁止不可重复读和脏读，但有时可能会出现幻读。该隔离级别可以通过"共享读锁"和"排他写锁"来实现。读取数据的事务将会禁止写事务（但允许读事务），写事务则会禁止任何其他事务。

❑ 可序列化：提供了严格的事务隔离。它要求事务序列化执行，也就是说，事务只能一个接一个地执行，不能并发执行。如果仅仅通过"行级锁"，是无法实现事务序列化的，必须通过其他机制保证新插入的数据不会被刚执行查询操作的事务访问到。

表 5-20 简单总结了事务隔离四个级别的特点。

表 5-20 事务隔离级别

隔离级别	读数据一致性	脏读	不可重复读	幻读
读未提交	最低级别，只能保证不读取物理上损坏的数据	是	是	是
读提交	语句级	否	是	是
可重复读	事务级	否	否	是
可序列化	最高级别，事务级	否	否	否

下面就用表格的形式来展示可重复读和读提交二者之间的区别。

1. 可重复读的演示

下面开启两个会话端来演示可重复读的特性，具体操作过程如表 5-21 所示。

表 5-21 可重复读隔离级别的示例

步骤	会话 1	会话 2
1	```mysql> show variables like '%iso%'; +---------------+-----------------+ | Variable_name | Value | +---------------+-----------------+ | tx_isolation | REPEATABLE-READ | +---------------+-----------------+ 1 row in set (0.09 sec)```	```mysql> show variables like '%iso%'; +---------------+-----------------+ | Variable_name | Value | +---------------+-----------------+ | tx_isolation | REPEATABLE-READ | +---------------+-----------------+ 1 row in set (0.09 sec)```
2	```mysql> select * from t1; +----+ | id | +----+ | 1 | | 2 |```	```mysql> select * from t1; +----+ | id | +----+ | 1 | | 2 |```

（续）

步骤	会话 1	会话 2

2	`| 3 |`
	`| 4 |`
	`| 5 |`
	`| 6 |`
	`| 7 |`
	`| 8 |`
	`+----+`
	`8 rows in set (0.52 sec)`
		`| 3 |`
		`| 4 |`
		`| 5 |`
		`| 6 |`
		`| 7 |`
		`| 8 |`
		`+----+`
		`8 rows in set (0.52 sec)`

3	`START TRANSACTION;`	`START TRANSACTION;`

4		`mysql> update t1 set id=88 where id=8;`
		`Query OK, 1 row affected (0.31 sec)`
		`Rows matched: 1   Changed: 1`
		`Warnings: 0`

5		`mysql> select * from t1;`
		`+----+`
		`| id |`
		`+----+`
		`| 1 |`
		`| 2 |`
		`| 3 |`
		`| 4 |`
		`| 5 |`
		`| 6 |`
		`| 7 |`
		`| 88 |`
		`+----+`
		`8 rows in set (0.04 sec)`

6		`commit;`

7	`mysql> select * from t1;`
	`+----+`
	`| id |`
	`+----+`
	`| 1 |`
	`| 2 |`
	`| 3 |`
	`| 4 |`
	`| 5 |`
	`| 6 |`
	`| 7 |`
	`| 8 |`
	`+----+`
	`8 rows in set (0.05 sec)`	

8	`commit;`	

（续）

步骤	会话 1	会话 2
9	```mysql> select * from t1;
+----+
id
+----+
| 1 |
| 2 |
| 3 |
| 4 |
| 5 |
| 6 |
| 7 |
| 88 |
+----+
8 rows in set (0.03 sec)``` | |

　　会话 2 提交后，会话 1 看到的仍是先前的数据，只有在会话 1 也提交之后才能看到新的数据，所以这个隔离级别称为可重复读。

　　可重复读可以避免出现脏读或不可重复读的情况。不可重复读的侧重点在于更新修改的数据，即在同一个事务里，两次查询的数据结果不一致。其与脏读的区别是：脏读是一个事务读取了另一个事务未提交的脏数据。

2. 读提交的演示

　　下面开启两个会话端来演示读提交的特性，具体操作过程如表 5-22 所示。

表 5-22　读提交隔离级别的示例

步骤	会话 1	会话 2
1	```mysql> show variables like '%iso%';
+---------------+----------------+
Variable_name	Value
+---------------+----------------+
| tx_isolation | READ-COMMITTED |
+---------------+----------------+
1 row in set (0.18 sec)``` | ```mysql> show variables like '%iso%';
+---------------+----------------+
| Variable_name | Value |
+---------------+----------------+
| tx_isolation | READ-COMMITTED |
+---------------+----------------+
1 row in set (0.18 sec)``` |
| 2 | ```mysql> select * from t1;
+----+
| id |
+----+
| 1 |
| 2 |
| 3 |
| 4 |
| 5 |``` | ```mysql> select * from t1;
+----+
| id |
+----+
| 1 |
| 2 |
| 3 |
| 4 |
| 5 |``` |

（续）

步骤	会话 1	会话 2

2	`| 6 |`
	`| 7 |`
	`| 88 |`
	`+----+`
	`8 rows in set (0.13 sec)`
		`| 6 |`
		`| 7 |`
		`| 88 |`
		`+----+`
		`8 rows in set (0.13 sec)`

3	`START TRANSACTION;`	`START TRANSACTION;`

4		`mysql> update t1 set id=77 where id=7;`
		`Query OK, 1 row affected (0.23 sec)`
		`Rows matched: 1   Changed: 1`
		`Warnings: 0`

5		`mysql> select * from t1;`
		`+----+`
		`| id |`
		`+----+`
		`| 1 |`
		`| 2 |`
		`| 3 |`
		`| 4 |`
		`| 5 |`
		`| 6 |`
		`| 77 |`
		`| 88 |`
		`+----+`
		`8 rows in set (0.02 sec)`

6		`commit;`

7	`mysql> select * from t1;`
	`+----+`
	`| id |`
	`+----+`
	`| 1 |`
	`| 2 |`
	`| 3 |`
	`| 4 |`
	`| 5 |`
	`| 6 |`
	`| 77 |`
	`| 88 |`
	`+----+`
	`8 rows in set (0.02 sec)`	

会话 2 提交后，会话 1 看到的是新数据，所以这个隔离级别称为读提交。

3. 间隙锁的演示

间隙锁主要是防止幻读，用于可重复读的隔离级别，指的是当对数据进行条件检索和范围检索时，对其范围内也许并不存在的值进行加锁操作。在读提交的隔离级别下没有间隙锁。间隙锁会对高并发访问业务的性能产生较大的影响。

下面开启两个会话端来演示间隙锁的特性，具体操作过程如表 5-23 所示。

表 5-23　可重复读隔离级别间隙锁的示例

步骤	会话 1	会话 2
| 1 | ```
mysql> show variables like '%iso%';
+---------------+-----------------+
| Variable_name | Value           |
+---------------+-----------------+
| tx_isolation  | REPEATABLE-READ |
+---------------+-----------------+
``` | ```
mysql> show variables like '%iso%';
+---------------+-----------------+
| Variable_name | Value           |
+---------------+-----------------+
| tx_isolation  | REPEATABLE-READ |
+---------------+-----------------+
``` |
| 2 | begin; | begin; |
| 3 | ```
mysql> select * from t2 where id
<8 lock in share mode;
+----+
| id |
+----+
|  1 |
|  2 |
|  3 |
|  7 |
+----+
4 rows in set (0.00 sec)
``` | |
| 4 | | ```
mysql> insert into t2 values(5);
ERROR 1205 (HY000): Lock wait timeout
exceeded; try restarting transaction
``` |
| 5 | | ```
mysql> insert into t2 values(22);
Query OK, 1 row affected (0.00 sec)
``` |

在表 5-23 所示的示例中，由于会话 1 的锁设定了一个范围（小于 8），因此会话 2 在向其插入小于 8 的值时就会被锁住，而大于 8 的值是可以插入的，只有默认隔离级别为可重复读时才会有间隙锁，读提交不会有间隙锁。

下面将隔离级别设置为读提交，再重新进行上面的测试，具体操作如表 5-24 所示。

表 5-24　读提交隔离级别间隙锁的示例

步骤	会话 1	会话 2
| 1 | ```
mysql> show variables like '%iso%';
+---------------+----------------+
| Variable_name | Value          |
+---------------+----------------+
| tx_isolation  | READ-COMMITTED |
+---------------+----------------+
1 row in set (0.00 sec)
``` | ```
mysql> show variables like '%iso%';
+---------------+----------------+
| Variable_name | Value          |
+---------------+----------------+
| tx_isolation  | READ-COMMITTED |
+---------------+----------------+
1 row in set (0.00 sec)
``` |
```

（续）

步骤	会话 1	会话 2
2	begin;	begin;

3	`mysql> select * from t2 where id`
	`<8 lock in share mode;`
	`+----+`
	`| id |`
	`+----+`
	`|  1 |`
	`|  2 |`
	`|  3 |`
	`|  7 |`
	`+----+`
	`4 rows in set (0.00 sec)`	

4		`mysql> insert into t2 values(4);`
		`Query OK, 1 row affected (0.00 sec)`
		
		`mysql> insert into t2 values(5);`
		`Query OK, 1 row affected (0.00 sec)`

由表 5-24 可以看到，隔离级别改成读提交以后，间隙锁就失效了，插入小于 8 的值时不再被锁住。

4. 默认隔离级别可重复读并没有解决幻读问题

下面开启两个会话端来演示幻读的问题，具体操作过程如表 5-25 所示。

表 5-25　可重复读隔离级别幻读的示例

步骤	会话 1	会话 2

1	`MySQL [test]> select * from t1;`
	`+------+`
	`| id   |`
	`+------+`
	`|    1 |`
	`|    2 |`
	`|    3 |`
	`|    4 |`
	`+------+`
	`4 rows in set (0.000 sec)`
		`MySQL [test]> select * from t1;`
		`+------+`
		`| id   |`
		`+------+`
		`|    1 |`
		`|    2 |`
		`|    3 |`
		`|    4 |`
		`+------+`
		`4 rows in set (0.000 sec)`

2	`MySQL [test]> begin;`
	`Query OK, 0 rows affected (0.000 sec)`
	
	（开启事务 1）
		`MySQL [test]> begin;`
		`Query OK, 0 rows affected (0.000 sec)`
		
		（开启事务 2）

3	`MySQL [test]> insert into t1 values(5);` `Query OK, 1 row affected (0.000 sec)`	`MySQL [test]> select * from t1;` `+------+`

（续）

步骤	会话 1	会话 2
3	MySQL [test]> select * from t1; +------+ | id | +------+ | 1 | | 2 | | 3 | | 4 | | 5 | +------+ 5 rows in set (0.000 sec) （插入一条数据 5）	| id | +------+ | 1 | | 2 | | 3 | | 4 | +------+ 4 rows in set (0.000 sec) （因会话 1 未提交，所以在会话 2 的事务里是看不见更改后的结果的）
4	MySQL [test]> commit; Query OK, 0 rows affected (0.002 sec) （会话 1 执行事务提交）	
5		MySQL [test]> select * from t1; +------+ | id | +------+ | 1 | | 2 | | 3 | | 4 | +------+ 4 rows in set (0.000 sec) MySQL [test]> update t1 set id = id+10; Query OK, 5 rows affected (0.001 sec) Rows matched: 5 Changed: 5 Warnings: 0 （执行全表更新，id+10）
6		MySQL [test]> select * from t1; +------+ | id | +------+ | 11 | | 12 | | 13 | | 14 | | 15 |

(续)

步骤	会话 1	会话 2
6		``` +------+ 5 rows in set (0.000 sec) ``` （当再次查看时，就会发现已有 5 条数据被更改，产生了幻读）
7		``` MySQL [test]> select version(); +-----------+ | version() | +-----------+ | 8.0.21 | +-----------+ 1 row in set (0.000 sec) ```

在 MySQL 的默认隔离级别，可重复读下，表 5-25 所示的操作中，会话 2 未提交的事务里会莫名其妙地看到第 5 条数据，这种现象称为幻读。由此可见，可重复读并不能解决幻读的问题，而只有通过串行化（Serializable）隔离级别才能避免出现幻读的问题。

幻读和不可重复读很像，但幻读的侧重点在于新增和删除数据，而不可重复读的侧重点在于更改数据，二者的共同之处是一个事务中两次查询得到的数据结果不一致。

5. 小结

隔离级别越高，越能保证数据的完整性和一致性，但是其对并发性能的影响也越大。对于大多数应用程序来说，可以优先考虑把数据库系统的隔离级别设置为读提交，它能够避免脏读，而且具有较好的并发性能。尽管读提交也会导致不可重复读、幻读等问题，但是对于一般的业务场景来说，这些问题还是可以接受的，因为读到的是已经提交的数据，本身并不会带来很大的问题。Oracle、SQL Server 默认的隔离级别都是读提交。

5.5 SQL 优化与合理利用索引

在应用系统的开发初期，由于数据库里的数据比较少，在查询 SQL 语句、复杂视图的编写等方面尚不足以体现性能的优劣差距。后期随着应用系统的使用、数据库中数据的增加，系统的响应速度就会成为我们关注的重点。系统优化一个很重要的工作就是对 SQL 语句进行优化。对于海量数据来说，劣质 SQL 语句和优质 SQL 语句之间的速度天差地别。由此可见，对于一个系统来说，并不是简单地实现其功能就可以了，而是要写出高质量的 SQL 语句，以提高系统的可用性。

5.5.1 慢查询的定位方法

数据库上线后，多多少少会遇到一些问题，比如常见的慢查询等。对于运维人员或数据库管理员来说，处理慢查询问题也许就是日常工作中的重点，也是难点。本节主要讲解 MySQL 的慢日志对系统性能的影响和作用，并说明定位慢查询的方法，然后根据日志的相关特性总结相应的优化思路。

慢日志导致的直接性能损耗就是数据库系统中最为昂贵的 I/O 资源。对于 MySQL 数据库来说，I/O 出现瓶颈会导致连接数增大和锁表等问题，甚至有可能会导致业务访问失败，在高并发场合下这种问题尤其严重。开启慢查询记录功能的好处是可以通过分析慢查询来优化 SQL 语句，从而解决因慢查询而引起的各种问题。

开启慢查询日志功能的方法很简单，只需要在 my.cnf 配置文件里加入以下参数即可：

```
slow_query_log = 1
slow_query_log_file = mysql.slow
long_query_time = 2  （超过2秒的SQL语句会被记录下来）
```

当数据库的连接数很大时就要引起注意了。可以通过 cacti 监控软件观察时间点，然后把该时间段的慢日志截取出来，命令如下：

```
sed -n '/# Time: 110720 16:17:39/,/end/p' mysql.slow > slow.log
```

之后，用 mysqldumpslow 命令取出耗时最长的前 10 条慢查询语句进行分析：

```
mysqldumpslow -s t -t 10 slow.log
```

5.5.2　SQL 优化案例分析

与设计和调整数据库一样，对 SQL 语句进行优化可以提高应用程序的性能。但如果在此过程中不遵循一些基本原则，那么无论数据库的结构设计得有多合理，调整得有多好，都不会得到令用户满意的查询结果。对于 SQL 查询，应明确要完成的目标，并努力提高查询效率，以最少的时间准确地检索数据。如果最终用户得到的只是一个低速的查询，就好比饥饿者不耐烦地等待迟迟不到的饭菜一样，用户体验极差。大多数查询都可以通过多种方式来完成，不过，不同的查询方式执行的时间也会不同，可能为几秒、几分甚至是几小时，可见，查询方式的选择很重要。

我们可以通过对 MySQL 慢日志进行监控，找出 SQL 语句运行慢的主要原因，然后对这些 SQL 语句进行优化。下面会介绍一些 SQL 语句优化的原则和方法。但在这之前，我们先说明 SQL 语句优化的理由，具体如下。

- ❑ SQL 语句是操作数据库（数据）的唯一途径。
- ❑ SQL 语句消耗了 70% ~ 90% 的数据库资源。
- ❑ SQL 语句独立于程序设计逻辑，相对于对程序源代码进行优化，对 SQL 语句的优化在时间成本和安全风险上的代价都很低。
- ❑ SQL 语句可以有多种不同的写法。

1. "not in" 子查询优化

下面就来看看对 "not in" 子查询进行优化的案例。

案例一：在将子查询 SQL 改为 JOIN 表连接 SQL 时，子查询的性能很差。下面是一个测试示例。

```
Mysql> select SQL_NO_CACHE count(*) from test1 where id not in(select id from test2);
+----------+
| count(*) |
+----------+
| 215203 |
+----------+
1 row in set (5.81 sec)

mysql> select SQL_NO_CACHE count(*) from test1 where not exists (select * from
test2 where test2.id=test1.id);
+----------+
| count(*) |
+----------+
| 215203 |
+----------+
1 row in set (5.25 sec)

mysql>select SQL_NO_CACHE count(*) from test1 left join test2 on test1.id=test2.
id where test2.id is null;
+----------+
| count(*) |
+----------+
| 215203 |
+----------+
1 row in set (4.63 sec)
```

从上述测试示例可以看出，修改后子查询的性能确实很差，因此在生产环境里，应尽量避免使用子查询语句，可用"left join"表连接代替。第 4 章在介绍故障处理的相关内容时也有介绍，这里不再赘述。

案例二：出现"mysql error 1093"的解决方法。

通过子查询删除已查询的记录时会报错，报错信息如下：

```
mysql> delete from t where id in (select id from t where id < 5);
ERROR 1093 (HY000): You can't specify target table 't' for update in FROM clause
mysql>
```

对于这种报错问题，可将 SQL 语句更改为：

```
mysql> delete from t where id in (select * from (select id from t where id < 5) tmp);
Query OK, 4 rows affected (0.00 sec)
```

上述语句可删除已查询的记录。下面再进一步优化此语句，改为表连接模式：

```
mysql> delete t from t join (select id from t where id < 5) tmp on t.id=tmp.id;
Query OK, 4 rows affected (0.01 sec)
```

2. 模式匹配"like '%xxx%'"优化

在 MySQL 里，"like 'xxx%'"语句可以用到索引，但"like '%xxx%'"语句却不行。比如图 5-37 所示的这个例子就不会用到索引，而是会进行全表扫描。

```
mysql> explain select * from artist where name like '%Queen%';
+----+-------------+--------+------+---------------+------+---------+------+--------+-------------+
| id | select_type | table  | type | possible_keys | key  | key_len | ref  | rows   | Extra       |
+----+-------------+--------+------+---------------+------+---------+------+--------+-------------+
| 1  | SIMPLE      | artist | ALL  | NULL          | NULL | NULL    | NULL | 589410 | Using where |
+----+-------------+--------+------+---------------+------+---------+------+--------+-------------+
1 row in set (0.02 sec) |
```

图 5-37　全表扫描

那么，这种情况应该如何处理呢？答案是通过覆盖索引来进一步优化，如图 5-38 所示。

```
mysql> explain select artist_id from artist where name like '%Queen%';
+----+-------------+--------+-------+---------------+------+---------+------+--------+------------------------+
| id | select_type | table  | type  | possible_keys | key  | key_len | ref  | rows   | Extra                  |
+----+-------------+--------+-------+---------------+------+---------+------+--------+------------------------+
| 1  | SIMPLE      | artist | index | NULL          | name | 257     | NULL | 589410 | Using where; Using index |
+----+-------------+--------+-------+---------------+------+---------+------+--------+------------------------+
1 row in set (0.03 sec)
```

图 5-38　覆盖索引优化

这里，artist_id 是主键（聚集索引），叶子节点上保存了数据，从索引中就能够取得 SELECT 语句的 artist_id 列，而不必读取数据行（如果你查询的字段正好就是索引，那么这里就用到了覆盖索引）。覆盖索引可用于减少 I/O，提高性能。下面打个比方来简单说明，假设要在书里查找某个内容，由于目录写得很详细，在目录中直接就可以获取要找的内容，那么就不需要再翻到书中的具体位置来查看了。

优化完成之后，下面就来对比一下 SQL 语句的执行时间，图 5-39 所示是优化之前的 SQL 语句的执行时间。

```
mysql> select count(*) from artist where name like '%Queen%';
+----------+
| count(*) |
+----------+
|      280 |
+----------+
1 row in set (17.12 sec)
```

图 5-39　优化之前 SQL 语句的执行时间

图 5-40 所示的是优化之后 SQL 语句的执行时间。

```
mysql> select count(*) from artist a join
    -> (select artist_id from artist where name like '%Queen%') b
    -> on a.artist_id=b.artist_id;
+----------+
| count(*) |
+----------+
|      280 |
+----------+
1 row in set (8.31 sec)
```

图 5-40　优化之后 SQL 语句的执行时间

3. limit 分页优化

下面就用两个案例来说明如何进行 limit 分页优化。

案例一：对 limit 查询语句进行优化。

首先，看一下带有 limit 查询的示例语句：

```
mysql> select SQL_NO_CACHE * from test1 order by id limit 99999,10;
+--------+--------+------+
| id     | tid    | name |
+--------+--------+------+
| 100000 | 100000 | abc  |
| 100001 | 100001 | abc  |
| 100002 | 100002 | abc  |
| 100003 | 100003 | abc  |
| 100004 | 100004 | abc  |
| 100005 | 100005 | abc  |
| 100006 | 100006 | abc  |
| 100007 | 100007 | abc  |
| 100008 | 100008 | abc  |
| 100009 | 100009 | abc  |
+--------+--------+------+
10 rows in set (0.07 sec)
```

在上面的 SQL 语句中，虽然用上了 ID 索引，但查询要从第一行开始起定位至 99 999 行，然后再扫描出后 10 行，相当于是进行了全表扫描，这种方式显然效率不高。下面我们来看一下优化方法，具体如下：

```
mysql> select SQL_NO_CACHE * from test1 where id >=100000 order by id limit 10;
+--------+--------+------+
| id     | tid    | name |
+--------+--------+------+
| 100000 | 100000 | abc  |
| 100001 | 100001 | abc  |
| 100002 | 100002 | abc  |
| 100003 | 100003 | abc  |
| 100004 | 100004 | abc  |
| 100005 | 100005 | abc  |
| 100006 | 100006 | abc  |
| 100007 | 100007 | abc  |
| 100008 | 100008 | abc  |
| 100009 | 100009 | abc  |
+--------+--------+------+
10 rows in set (0.00 sec)
```

这种写法比第一种的效率高了 7 倍，利用 ID 索引直接定位 100 000 行，然后再扫描出后 10 行，相当于是进行了范围扫描。

案例二：对某房地产网进行优化。

下面是某房地产网站的开发人员写的一条 SQL 语句，据了解此语句是用于读取最老的新闻标题的（从 334 570 行数据开始，读取后面的 10 条记录）：

```
select id,title,createdate from 表名 order by createdate asc limit 334570,10;
```

图 5-41 是该 SQL 语句的索引信息。

图 5-41　索引信息

优化器 explain 的执行计划如图 5-42 所示。

```
mysql> explain select id,title,createdate from ▓▓▓▓▓▓▓▓ order by createdate asc limit 334570,10;
+----+-------------+-------+------+---------------+------+---------+------+--------+----------------+
| id | select_type | table | type | possible_keys | key  | key_len | ref  | rows   | Extra          |
+----+-------------+-------+------+---------------+------+---------+------+--------+----------------+
|  1 | SIMPLE      | ▓▓▓▓▓ | ALL  | NULL          | NULL | NULL    | NULL | 355069 | Using filesort |
+----+-------------+-------+------+---------------+------+---------+------+--------+----------------+
1 row in set (0.00 sec)
```

图 5-42　全表扫描

我们先来看一下这个 SQL 语句的执行情况，如图 5-43 所示。

```
mysql> select id,title,createdate from ▓▓▓▓ ▓▓▓▓ order by createdate asc limit 334570,10;
+--------+-------------------------------------+---------------------+
| id     | title                               | createdate          |
+--------+-------------------------------------+---------------------+
| 340156 | 20▓▓▓▓即将启动 开启4阅卷点▓▓     | 2012-06-10 10:11:36 |
| 340157 | 【汉嘉▓▓▓▓▓▓▓▓ 6月10日▓       | 2012-06-10 10:51:11 |
| 340158 | 【海洲景秀世家】o▓▓▓商▓▓▓居▓   | 2012-06-10 11:48:48 |
| 340159 | 【新华国际公寓】精装▓▓▓▓全城    | 2012-06-10 13:16:42 |
| 340160 | 神力▓▓▓▓▓▓▓首▓▓航员           | 2012-06-10 13:29:44 |
| 340161 | 人保▓▓▓室温生命领取普识报▓▓动   | 2012-06-10 14:02:11 |
| 340162 | 5月0▓▓▓▓▓▓▓▓▓▓▓动              | 2012-06-10 14:10:01 |
| 340163 | 写字▓▓综合征频发 专家来支招      | 2012-06-10 14:23:07 |
| 340164 | 谁来▓▓▓▓▓▓▓▓▓▓                | 2012-06-10 14:25:28 |
| 340165 | 谁来买单 ▓▓别墅购买群体趋向细分  | 2012-06-10 14:25:47 |
+--------+-------------------------------------+---------------------+
10 rows in set (21.87 sec)
```

图 5-43　优化之前查询所要消耗的时间

由图 5-43 可以看到，这条 SQL 语句的执行速度是比较慢的，优化思路是先取出 334 570 行后面的 1 条记录 ID，然后采用表内连接的方法取出后 10 条记录，图 5-44 所示的是通过这种方式优化后的执行情况。

可以看到，优化确实有效果，查询要消耗的时间减少了很多。

4. count(*) 统计数据的速度优化

在 InnoDB 里用 count(*) 来统计数据一般都是比较慢的，尤其是对于数据量很大的情况，通过 SQL 语句进行优化，可以在一定程度上提升统计的速度，下面通过两个案例来说明。

```
mysql> select a.id, a.title, a.createdate from ███████████ a
    -> join (select id from ████████ ███ order by createdate asc limit 334570, 1) b
    -> on a.id >=b.id limit 10;
+--------+----------------------------------------+---------------------+
| id     | title                                  | createdate          |
+--------+----------------------------------------+---------------------+
| 340156 | 2███████████████████一启4个卷点评卷     | 2012-06-10 10:11:36 |
| 340157 | 【汉嘉都市森林】晶锐公寓 █月良心盘火开盘  | 2012-06-10 10:51:11 |
| 340158 | 【海洲晏秀世家】88-288平米商铺10日火爆认筹 | 2012-06-10 11:48:48 |
| 340159 | ███████████75㎡ █ █热销               | 2012-06-10 13:16:42 |
| 340160 | 神九飞天或16日 五大看点揭秘首位女宇航员    | 2012-06-10 13:29:44 |
| 340161 | 人保部确定退休金领取证识程序将启动        | 2012-06-10 14:02:11 |
| 340162 | 5月0██什么██████████张底              | 2012-06-10 14:10:01 |
| 340163 | 写字楼综合征频发 专家来支招              | 2012-06-10 14:23:07 |
| 340164 | 谁来█████████群体趋向细分              | 2012-06-10 14:25:28 |
| 340165 | 谁来买单 ███购买群体趋向细分            | 2012-06-10 14:25:47 |
+--------+----------------------------------------+---------------------+
10 rows in set (13.10 sec)
```

图 5-44　优化后查询所要消耗的时间

案例一：count（辅助索引）快于 count(*)。

在下面的 SQL 语句中，第一种写法耗时了 6 分 40 秒，改为辅助索引后耗时为 2 分 59 秒。示例代码如下：

```
mysql> select count(*) from UP_User;
+----------+
| count(*) |
+----------+
| 77515560 |
+----------+
1 row in set (6 min 40.36 sec)
mysql> select count(*) from UP_User where Sid >= 0;
+----------+
| count(*) |
+----------+
| 77515560 |
+----------+
1 row in set (2 min 59.14 sec)
```

通过上面的测试得出的结论是 count（辅助索引）较快，辅助索引不用于存放数据，而是会通过一个指针指向对应的数据块。因此，在统计的时候辅助索引消耗的资源更少，速度也就更快。

案例二：优化 count（distinct）。

优化 distinct 最有效的方法是利用索引来进行排重操作，首先把排重的记录查找出来，再通过 count 函数进行统计，这样效率更高。下面我们来看两个例子，如图 5-45 和图 5-46 所示。

注意，虽然 select count(*) from (select distinct k from sbtest) tmp 方法加快了速度，但类似统计的 SQL 语句（如 select count(*)select sum()）千万不要在主库上执行，因为在生产环境中数据库采用的是 InnoDB 引擎（OLTP，联机事务处理），它不像 MyISAM 引擎（OLAP，联机分析处理）那样内置了一个计数器，可在使用"select count(*) from table"的时候直接从计数器中取出数据。InnoDB 必须要进行全表扫描方能得到总的数量，而且会在操作过程中锁表（采用的是表锁，而不是行锁）。当数据达到千万级别时，这个操作的速度会很慢，一个 SQL 语句就能让数据库卡死。

```
mysql> explain select count(distinct k) from sbtest;
+----+-------------+--------+-------+---------------+-----+---------+------+---------+-------------+
| id | select_type | table  | type  | possible_keys | key | key_len | ref  | rows    | Extra       |
+----+-------------+--------+-------+---------------+-----+---------+------+---------+-------------+
| 1  | SIMPLE      | sbtest | index | NULL          | k   | 4       | NULL | 1000073 | Using index |
+----+-------------+--------+-------+---------------+-----+---------+------+---------+-------------+
1 row in set (0.01 sec)

mysql> explain select count(*) from (select distinct k from sbtest)tmp;
+----+-------------+--------+-------+---------------+------+---------+------+------+-----------------------------+
| id | select_type | table  | type  | possible_keys | key  | key_len | ref  | rows | Extra                       |
+----+-------------+--------+-------+---------------+------+---------+------+------+-----------------------------+
| 1  | PRIMARY     | NULL   | NULL  | NULL          | NULL | NULL    | NULL | NULL | Select tables optimized away |
| 2  | DERIVED     | sbtest | range | NULL          | k    | 4       | NULL | 19   | Using index for group-by    |
+----+-------------+--------+-------+---------------+------+---------+------+------+-----------------------------+
2 rows in set (0.07 sec)
```

图 5-45　优化 distinct 的两个执行计划

```
mysql> select count(distinct k) from sbtest;
+-------------------+
| count(distinct k) |
+-------------------+
|                 1 |
+-------------------+
1 row in set (0.50 sec)

mysql> select count(*) from (select distinct k from sbtest)tmp;
+----------+
| count(*) |
+----------+
|        1 |
+----------+
1 row in set (0.00 sec)
```

图 5-46　查询耗时对比

5. 条件 or 如何优化

如果 SQL 语句里有条件 or，则不会用到索引，下面通过一个示例来说明。

在下面的 SQL 语句中，name 和 age 字段都建立了索引：

```
mysql> SELECT * FROM USER WHERE name='d' or age=41;
+----+------+------+
| id | name | age  |
+----+------+------+
| 4  | d    | 23   |
| 6  | f    | 41   |
+----+------+------+
2 rows in set (0.00 sec)
```

上面这条语句会用到索引吗？答案是不会。下面通过查询分析器来看一下：

```
mysql> explain SELECT * FROM USER WHERE name='d' or age=41;
+----+-------------+-------+------+---------------+------+---------+------+------+
| id | select_type | table | type | possible_keys | key  | key_len | ref  | rows |
```

```
Extra |
+----+------------+-------+------+---------------+------+---------+------+------
+-------------+
| 1 | SIMPLE | USER | ALL | name,age | NULL | NULL | NULL | 9 | Using where |
+----+------------+-------+------+---------------+------+---------+------+------
+-------------+
1 row in set (0.00 sec)
```

上面显示的内容表示查询时是通过全表扫描得出的结果。下面将 SQL 语句中的"or"改为"union all"合并结果集：

```
mysql> SELECT * FROM USER WHERE name='d' union all SELECT * FROM USER WHERE age=41;
+----+------+------+
| id | name | age |
+----+------+------+
| 4 | d    | 23 |
| 6 | f    | 41 |
+----+------+------+
2 rows in set (0.00 sec)

mysql> explain SELECT * FROM USER WHERE name='d' union all SELECT * FROM USER
WHERE age=41;
+----+--------------+------------+------+---------------+------+---------+-------
+------+-------------+
| id | select_type | table | type | possible_keys | key | key_len | ref | rows |
Extra |
+----+--------------+------------+------+---------------+------+---------+-------
+------+-------------+
| 1 | PRIMARY | USER | ref | name | name | 18 | const | 1 | Using where |
| 2 | UNION | USER | ref | age | age | 2 | const | 1 | Using where |
| NULL | UNION RESULT | <union1,2> | ALL | NULL | NULL | NULL | NULL | NULL | |
+----+--------------+------------+------+---------------+------+---------+-------
+------+-------------+
3 rows in set (0.00 sec)
```

可以看到，查询时用到了索引，扫描 1 行即可得出结果（观察 rows 那列）。

6. 使用 ON DUPLICATE KEY UPDATE 语句

MySQL 中有一种非常高效的主键冲突处理方法，若发生冲突则执行更新操作，否则执行插入逻辑语句 ON DUPLICATE KEY UPDATE，比如下面这个例子：

```
INSERT INTO UP_Relation(OwnerId,ContactId,IsBuddy,IsChatFriend,IsBlackList)
VALUES(v_UserId,v_ContactId,1,0,0)
ON DUPLICATE KEY UPDATE IsBuddy=1,IsChatFriend=0;
```

相当于：

```
IF EXISTS(select * from UP_Relation where OwnerId=v_UserId and ContactId= v_
ContactId) THEN
   UPDATE UP_Relation
   SET IsBuddy=1, IsChatFriend=0
   WHERE OwnerId=v_UserId AND ContactId= v_ContactId;
ELSE
   INSERT INTO UP_Relation(OwnerId,ContactId,IsBuddy,IsChatFriend,IsBlackList)
   VALUES(v_UserId,v_ContactId,1,0,0);
END IF;
```

前一种写法明显更简洁高效，所以在进行 MySQL 开发时，如果有类似的逻辑，请尽量使用第一种写法，而且建议把它作为开发规范要求。

下面再来看一个示例，插入的 id 值为 3 时发生主键冲突，ON DUPLICATE KEY UPDATE 语句会把 id 的值加 1：

```
mysql> select * from gg;
+----+------+
| id | name |
+----+------+
|  1 | a    |
|  2 | b    |
|  3 | c    |
+----+------+
3 rows in set (0.00 sec)

mysql> insert into gg values(3,'d') ON DUPLICATE KEY UPDATE id=id+1;
Query OK, 2 rows affected (0.00 sec)

mysql> select * from gg;
+----+------+
| id | name |
+----+------+
|  1 | a    |
|  2 | b    |
|  4 | c    |
+----+------+
3 rows in set (0.00 sec)
```

7. 不必要的排序

下面这条 SQL 语句可用于统计子表所包含记录的条数。因为最终的结果是数据总和，所以再对 a 表的 title 字段排序在这里就是多此一举了，而且还会额外消耗性能：

```
SELECT count(1) AS rs_count FROM
(
    SELECT a.id,a.title,a.content,b.log_time,b.name
    FROM a,b
    WHERE a.content LIKE 'rc_%' AND a.id = b.id
    ORDER BY a.title DESC
) AS rs_table;
```

可将其修改为：

```
SELECT count(1) AS rs_count FROM
(
    SELECT a.id FROM a JOIN b
    ON a.id = b.id AND a.content LIKE 'rc_%'
) AS rs_table;
```

去掉"ORDER BY a.title DESC"排序后，性能得到了提升。

8. 不必要的嵌套查询

下面这条 SQL 语句在子表的查询结果里会再过滤出前 30 条记录，这样会增加对性能的消耗：

```
SELECT * FROM
(
    SELECT a.id,a.title,a.content,b.log_time,b.name
    FROM a,b
    WHERE a.content LIKE 'rc_%' AND a.id = b.id
    ORDER BY a.title DESC
) AS rs_table LIMIT 0,30;
```

可以将其修改为：

```
SELECT a.id,a.title,a.content,b.log_time,b.name
FROM a JOIN b
ON a.id = b.id AND a.content LIKE 'rc_%'
ORDER BY a.title DESC LIMIT 0,30;
```

优化后，只需要一条 select 语句就能够满足查询条件，避免了外层的嵌套查询，性能得到了提升。

9. 不必要的表连接

下面的例子中使用了不必要的表连接，导致出现了数据重复的问题，而不是想要的结果，如图 5-47 所示。

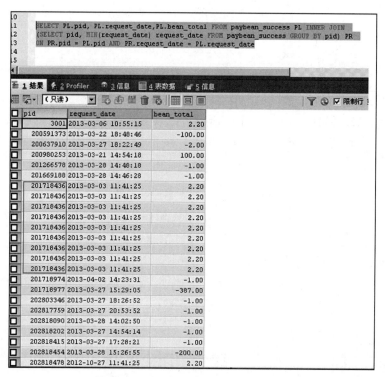

图 5-47　查询结果出现数据重复问题

从图 5-47 中可以看到，查出来的数据存在重复记录，将查询语句修改为如图 5-48 所示的 SQL 语句后，即可得到想要的结果。

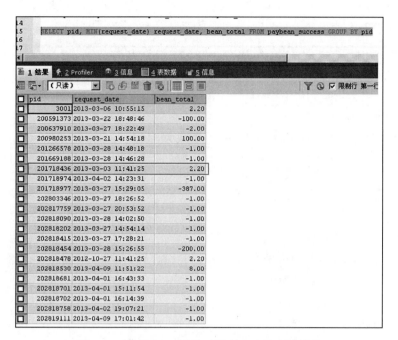

图 5-48　修改 SQL 语句后得到正确的查询结果

去掉不必要的表连接后就可以查询到正确的结果了。

10. 用 where 子句替换 having 子句

请避免使用 having 子句，having 子句只会在检索出所有记录之后对结果集进行过滤。这个过程中还会涉及排序、总计等操作。如果能通过 where 子句限制记录的数目，就能减少这方面的性能开销。来看一下图 5-49 所示的这个 SQL 语句的查询结果。

```
mysql> select * from sbtest where id>40 group by id limit 3;
+----+---+---+---------------------------------------------------+
| id | k | c | pad                                               |
+----+---+---+---------------------------------------------------+
| 41 | 0 |   | qqqqqqqqqqwwwwwwwwwweeeeeeeeeerrrrrrrrrrtttttttttt |
| 42 | 0 |   | qqqqqqqqqqwwwwwwwwwweeeeeeeeeerrrrrrrrrrtttttttttt |
| 43 | 0 |   | qqqqqqqqqqwwwwwwwwwweeeeeeeeeerrrrrrrrrrtttttttttt |
+----+---+---+---------------------------------------------------+
3 rows in set (0.00 sec)

mysql> select * from sbtest group by id having id>40 limit 3;
+----+---+---+---------------------------------------------------+
| id | k | c | pad                                               |
+----+---+---+---------------------------------------------------+
| 41 | 0 |   | qqqqqqqqqqwwwwwwwwwweeeeeeeeeerrrrrrrrrrtttttttttt |
| 42 | 0 |   | qqqqqqqqqqwwwwwwwwwweeeeeeeeeerrrrrrrrrrtttttttttt |
| 43 | 0 |   | qqqqqqqqqqwwwwwwwwwweeeeeeeeeerrrrrrrrrrtttttttttt |
+----+---+---+---------------------------------------------------+
3 rows in set (0.00 sec)
```

图 5-49　查询结果

如果改用 where 子句替换 having 子句，性能就会不一样，如图 5-50 所示。

```
mysql> explain select * from sbtest group by id having id>40 limit 3;
+----+-------------+--------+-------+---------------+---------+---------+------+---------+-------------+
| id | select_type | table  | type  | possible_keys | key     | key_len | ref  | rows    | Extra       |
+----+-------------+--------+-------+---------------+---------+---------+------+---------+-------------+
|  1 | SIMPLE      | sbtest | index | NULL          | PRIMARY | 4       | NULL | 1000073 |             |
+----+-------------+--------+-------+---------------+---------+---------+------+---------+-------------+
1 row in set (0.00 sec)

mysql> explain select * from sbtest where id>40 group by id limit 3;
+----+-------------+--------+-------+---------------+---------+---------+------+--------+-------------+
| id | select_type | table  | type  | possible_keys | key     | key_len | ref  | rows   | Extra       |
+----+-------------+--------+-------+---------------+---------+---------+------+--------+-------------+
|  1 | SIMPLE      | sbtest | range | PRIMARY       | PRIMARY | 4       | NULL | 500036 | Using where |
+----+-------------+--------+-------+---------------+---------+---------+------+--------+-------------+
1 row in set (0.01 sec)
```

图 5-50　优化器执行结果对比

一般情况下，having 子句可用于对一些集合函数进行比较，如 count(*) 等。除此以外，查询条件都应该写在 where 子句中。

5.5.3　合理使用索引

索引适当对应用的性能来说至关重要。在 MySQL 中建议使用索引，因为它能帮助加快查询速度。不过，索引也会产生相应的开销，比如对表进行操作（如插入、更新或删除）时，如果带有一个或多个索引，那么 MySQL 也要更新各个索引，这样就增加了对各个表进行操作的开销。此外，索引还会增加数据库的规模。只有当某列被用于 where 子句时，才能享受到索引带来的性能提升。

1. 单列索引和联合索引的对比

在图 5-51 所示的表中，toid 和 datetime 都是单列索引。下面我们看一下 explain 的执行计划。

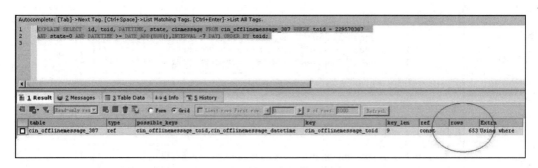

图 5-51　单列索引

由 rows 列可以得知，查询操作总共扫描了 653 行。当我们执行查询操作的时候，MySQL 只能使用一个索引，虽然这里有两个索引，但不能同时使用，所以最终只选择了它认为最优的 toid 索引。

那如果基于 toid 字段和 datetime 字段建立联合索引又会怎样呢？再来看一下 explain 的执行计划，如图 5-52 所示。

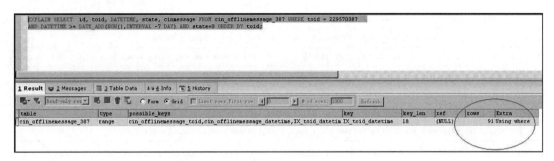

图 5-52　联合索引

由 rows 列可以看出，效率提高了很多，查询操作仅扫描了 91 行，减少了 562 行（即 653–91）的扫描。注意，联合索引要遵循最左侧原则，例如下面这些查询都能够使用 fname_lname_age 索引：

```
Select peopleid FROM people Where firstname='Mike' AND lastname='Sullivan' AND age='17';
Select peopleid FROM people Where firstname='Mike' AND lastname='Sullivan';
Select peopleid FROM people Where firstname='Mike';
```

下面这些查询则不能够使用 fname_lname_age 索引：

```
Select peopleid FROM people Where lastname='Sullivan';
Select peopleid FROM people Where age='17';
Select peopleid FROM people Where lastname='Sullivan' AND age='17';
```

这一点需要特别注意！

2. 若字段使用了函数则不能用索引
首先，我们来看如下两条 SQL 语句：

```
mysql> select createtime from aa where date(createtime)=curdate();
+---------------------+
| createtime |
+---------------------+
| 2012-07-11 10:03:45 |
+---------------------+
1 row in set (0.01 sec)

mysql> select createtime from aa where createtime >
DATE_FORMAT(CURDATE(),'%Y-%m-%d');
+---------------------+
| createtime |
+---------------------+
| 2012-07-11 10:03:45 |
+---------------------+
1 row in set (0.00 sec)
```

两条 SQL 语句执行的结果一样，但写法不同，哪条 SQL 语句的性能更好一些呢？答案是第 2 个，因为在 where 后面的字段中使用了函数，所以不会用到索引。下面用优化器查看一下具体的操作情况（如图 5-53 所示）。

```
mysql> explain select createtime from aa where createtime > DATE_FORMAT(CURDATE(),'%Y-%m-%d');
+----+-------------+-------+-------+---------------+------------+---------+------+------+--------------------------+
| id | select_type | table | type  | possible_keys | key        | key_len | ref  | rows | Extra                    |
+----+-------------+-------+-------+---------------+------------+---------+------+------+--------------------------+
|  1 | SIMPLE      | aa    | range | createtime    | createtime | 9       | NULL |    1 | Using where; Using index |
+----+-------------+-------+-------+---------------+------------+---------+------+------+--------------------------+
1 row in set (0.00 sec)

mysql> explain select createtime from aa where date(createtime)=curdate();
+----+-------------+-------+-------+---------------+------------+---------+------+------+--------------------------+
| id | select_type | table | type  | possible_keys | key        | key_len | ref  | rows | Extra                    |
+----+-------------+-------+-------+---------------+------------+---------+------+------+--------------------------+
|  1 | SIMPLE      | aa    | index | NULL          | createtime | 9       | NULL |   17 | Using where; Using index |
+----+-------------+-------+-------+---------------+------------+---------+------+------+--------------------------+
1 row in set (0.00 sec)
```

图 5-53　函数不能用到索引

很明显，select createtime from aa where date(createtime)=curdate(); 语句进行了全表扫描，没有用到索引。

改写 SQL 写法后，可以很明显看到 select count(*) from cdb_forum_post where dateline >= UNIX_TIMESTAMP(DATE_FORMAT(now(),' %Y-%m-%d ')) 的执行效率更高，速度更快，如图 5-54 所示。

```
mysql> explain SELECT COUNT(*) FROM cdb_forum_post where DateDiff(NOW(),from_unixtime(dateline,'%Y-%m-%d')) = 0;
+----+-------------+----------------+-------+---------------+----------+---------+------+--------+--------------------------+
| id | select_type | table          | type  | possible_keys | key      | key_len | ref  | rows   | Extra                    |
+----+-------------+----------------+-------+---------------+----------+---------+------+--------+--------------------------+
|  1 | SIMPLE      | cdb_forum_post | index | NULL          | dateline | 4       | NULL | 709976 | Using where; Using index |
+----+-------------+----------------+-------+---------------+----------+---------+------+--------+--------------------------+
1 row in set (0.00 sec)

mysql> explain SELECT COUNT(*) FROM cdb_forum_post where dateline >= UNIX_TIMESTAMP(DATE_FORMAT(now(),'%Y-%m-%d'));
+----+-------------+----------------+-------+---------------+----------+---------+------+--------+--------------------------+
| id | select_type | table          | type  | possible_keys | key      | key_len | ref  | rows   | Extra                    |
+----+-------------+----------------+-------+---------------+----------+---------+------+--------+--------------------------+
|  1 | SIMPLE      | cdb_forum_post | range | dateline      | dateline | 4       | NULL | 2235   | Using where; Using index |
+----+-------------+----------------+-------+---------------+----------+---------+------+--------+--------------------------+
1 row in set (0.00 sec)

mysql> SELECT COUNT(*) FROM cdb_forum_post where DateDiff(NOW(),from_unixtime(dateline,'%Y-%m-%d')) = 0;
+----------+
| COUNT(*) |
+----------+
|     4042 |
+----------+
1 row in set (0.50 sec)

mysql> SELECT COUNT(*) FROM cdb_forum_post where dateline >= UNIX_TIMESTAMP(DATE_FORMAT(now(),'%Y-%m-%d'));
+----------+
| COUNT(*) |
+----------+
|     4042 |
+----------+
1 row in set (0.01 sec)
```

图 5-54　执行时间对比

注意，MySQL 8.0 已经支持函数索引。

3. 无引号导致全表扫描，无法用到索引

这是开发人员在日常编写 SQL 语句时很容易忽视的一个问题。

下面先来看一个表结构和索引，如图 5-55 所示。

```
mysql> desc playerinfo ;
+-------------+-------------+------+-----+---------------------+----------------+
| Field       | Type        | Null | Key | Default             | Extra          |
+-------------+-------------+------+-----+---------------------+----------------+
| id          | int(11)     | NO   | PRI | NULL                | auto_increment |
| state       | int(11)     | NO   |     | 0                   |                |
| type        | int(11)     | NO   |     | 0                   |                |
| accmode     | int(11)     | NO   |     | 0                   |                |
| terminal    | int(11)     | NO   |     | 0                   |                |
| regdate     | datetime    | NO   |     | 1960-01-01 00:00:00 |                |
| disableddate| datetime    | YES  |     | NULL                |                |
| lastlogin   | datetime    | YES  |     | NULL                |                |
| sex         | int(11)     | NO   |     | 0                   |                |
| name        | varchar(50) | NO   | MUL | NULL                |                |
| domain      | varchar(10) | NO   |     | feinno              |                |
| password    | varchar(50) | YES  |     |                     |                |
| portait_id  | int(11)     | NO   |     | 0                   |                |
```

图 5-55　表结构和索引

优化器的执行情况如图 5-56 所示，可以看到，进行了全表扫描。

```
mysql> explain SELECT * FROM playerinfo where name=1045156967;
+----+-------------+-----------+------+------------------+------+---------+------+---------+-------------+
| id | select_type | table     | type | possible_keys    | key  | key_len | ref  | rows    | Extra       |
+----+-------------+-----------+------+------------------+------+---------+------+---------+-------------+
|  1 | SIMPLE      | playerinfo| ALL  | name_domain,name | NULL | NULL    | NULL | 1669030 | Using where |
+----+-------------+-----------+------+------------------+------+---------+------+---------+-------------+
1 row in set (0.01 sec)
```

图 5-56　全表扫描

由于 name 是字符型，因此 where 条件必须要加引号，将这条 SQL 语句改成图 5-57 所示这样即可用到索引。

```
mysql> explain SELECT * FROM playerinfo where name='1045156967';
+----+-------------+-----------+------+------------------+-------------+---------+-------+------+-------------+
| id | select_type | table     | type | possible_keys    | key         | key_len | ref   | rows | Extra       |
+----+-------------+-----------+------+------------------+-------------+---------+-------+------+-------------+
|  1 | SIMPLE      | playerinfo| ref  | name_domain,name | name_domain | 152     | const |    1 | Using where |
+----+-------------+-----------+------+------------------+-------------+---------+-------+------+-------------+
1 row in set (0.00 sec)
```

图 5-57　where 条件加引号后用到了索引

下面来对比一下两个 SQL 语句的执行时间，如图 5-58 所示。

```
mysql> SELECT * FROM playerinfo where name=1045156967;
Empty set (2.27 sec)

mysql> SELECT * FROM playerinfo where name='1045156967';
Empty set (0.00 sec)
```

图 5-58　查询时间对比

很明显，加了引号后用索引查询，时间要短得多。再次提醒，以数字当字符类型时，一定要加上引号。

4. 若取出的数据量超过表中数据的 20%，则优化器不会使用索引

下面来看一个例子，假设要取出 2012 年 3 月 15 日及之后的所有数据，优化器会如何执行呢？如图 5-59 所示。

```
mysql> explain select count(id) from cin_offlinemessage where `datetime` >= '2012-03-15' and state=0;
+----+-------------+------------------+------+--------------------------+------+---------+------+----------+-------------+
| id | select_type | table            | type | possible_keys            | key  | key_len | ref  | rows     | Extra       |
+----+-------------+------------------+------+--------------------------+------+---------+------+----------+-------------+
|  1 | SIMPLE      | cin_offlinemessage | ALL  | cin_offlinemessage_datetime | NULL | NULL    | NULL | 45046637 | Using where |
+----+-------------+------------------+------+--------------------------+------+---------+------+----------+-------------+
1 row in set (0.00 sec)
```

图 5-59　全表扫描

优化器执行的结果是全表扫描。虽然表有索引，但没有用上，因为扫描的行数太多了（8 位数），优化器认为全表扫描比索引更高效。下面缩小时间范围再来检验一下，如图 5-60 所示。

```
mysql> explain  select  count(id) from cin_offlinemessage where `datetime` between '2012-03-15 00:00:00' and '2012-03-16 23:59:59' and state=0;
+----+-------------+------------------+-------+--------------------------+--------------------------+---------+------+---------+-------------+
| id | select_type | table            | type  | possible_keys            | key                      | key_len | ref  | rows    | Extra       |
+----+-------------+------------------+-------+--------------------------+--------------------------+---------+------+---------+-------------+
|  1 | SIMPLE      | cin_offlinemessage | range | cin_offflinemessage_datetime | cin_offflinemessage_datetime | 9       | NULL | 3534912 | Using where |
+----+-------------+------------------+-------+--------------------------+--------------------------+---------+------+---------+-------------+
1 row in set (0.00 sec)
```

图 5-60　优化后使用到索引

这一次查询操作就使用到了索引。

5. 不为某些列建立索引

有时候，进行全表浏览要比读取索引和数据表更快，尤其是当索引包含的是平均分布的数据集时。典型的例子是"性别"，它有两个均匀分布的值（男和女），通过性别（男或女）进行索引将读取大概一半的记录，在这种情况下进行全表扫描浏览效率更高，所以不建议为这些列建立索引。

6. order by 和 group by 的优化

我们先来看一条 SQL 语句，从优化器执行计划显示的结果来看，change_date 字段使用了排序操作，如图 5-61 所示。

```
mysql> EXPLAIN SELECT * FROM `test_change` WHERE `pid` = 200980253 ORDER BY `change_date`;
+----+-------------+-------------+------+---------------+--------+---------+-------+------+------------------------------+
| id | select_type | table       | type | possible_keys | key    | key_len | ref   | rows | Extra                        |
+----+-------------+-------------+------+---------------+--------+---------+-------+------+------------------------------+
|  1 | SIMPLE      | test_change | ref  | IX_pid        | IX_pid | 5       | const | 2264 | Using where; Using filesort  |
+----+-------------+-------------+------+---------------+--------+---------+-------+------+------------------------------+
1 row in set (0.00 sec)
```

图 5-61　使用了排序的示例

这条 SQL 语句优化的关键是如何增加索引，目前已经有了 pid 索引，那么是否要为 change_date 增加索引呢？我们来看看增加索引的效果，如图 5-62 所示。

```
mysql> create index IX_change_date on test_change(change_date);
Query OK, 0 rows affected (0.04 sec)
Records: 0  Duplicates: 0  Warnings: 0

mysql> show index from test_change;
+-------------+------------+---------------+--------------+-------------+-----------+-------------+----------+--------+--
| Table       | Non_unique | Key_name      | Seq_in_index | Column_name | Collation | Cardinality | Sub_part | Packed | N
Index_comment |
+-------------+------------+---------------+--------------+-------------+-----------+-------------+----------+--------+--
| test_change |          0 | PRIMARY       |            1 | change_id   | A         |        2950 | NULL     | NULL   |
             |
| test_change |          1 | IX_pid        |            1 | pid         | A         |          73 | NULL     | NULL   | Y
             |
| test_change |          1 | IX_change_date|            1 | change_date | A         |         196 | NULL     | NULL   | Y
             |
+-------------+------------+---------------+--------------+-------------+-----------+-------------+----------+--------+--
3 rows in set (0.00 sec)


mysql> EXPLAIN SELECT * FROM `test_change` WHERE `pid` = 200980253 ORDER BY `change_date`;
+----+-------------+-------------+------+---------------+--------+---------+-------+------+-----------------------------+
| id | select_type | table       | type | possible_keys | key    | key_len | ref   | rows | Extra                       |
+----+-------------+-------------+------+---------------+--------+---------+-------+------+-----------------------------+
|  1 | SIMPLE      | test_change | ref  | IX_pid        | IX_pid | 5       | const | 2264 | Using where; Using filesort |
+----+-------------+-------------+------+---------------+--------+---------+-------+------+-----------------------------+
1 row in set (0.00 sec)
```

图 5-62　为 change_date 增加索引

很遗憾，增加索引后没什么效果。前面已经说过，一条 SQL 只能有一个索引，如果有多条索引，优化器会选择最优的那个，所以这里可以考虑为 pid 字段和 change_date 字段建立一个联合索引，下面再来看一下建立联合索引的效果（如图 5-63 所示）。

```
mysql> create index IX_pid_change_date on cash_change(pid,change_date);
Query OK, 0 rows affected (0.05 sec)
Records: 0  Duplicates: 0  Warnings: 0

mysql> EXPLAIN SELECT * FROM `cash_change` WHERE `pid` = 200980253 ORDER BY `change_date`;
+----+-------------+-------------+------+---------------+--------+---------+-------+------+-------------+
| id | select_type | table       | type | possible_keys | key    | key_len | ref   | rows | Extra       |
+----+-------------+-------------+------+---------------+--------+---------+-------+------+-------------+
|  1 | SIMPLE      | cash_change | ref  | IX_pid,IX_p_c | IX_p_c | 5       | const | 2264 | Using where |
+----+-------------+-------------+------+---------------+--------+---------+-------+------+-------------+
1 row in set (0.00 sec)
```

图 5-63　为 pid 字段和 change_date 字段建立联合索引

由 Extra 列可以看到，"Using filesort"已经没有了。group by 的优化方法与此相同。

如果 order by 后面有多个字段排序，那么这些字段的顺序应一致，如果一个是降序，一个是升序，就会出现"Using filesort"，请参看图 5-64 所示的例子。

```
mysql> EXPLAIN SELECT * FROM `cash_change` force index (IX_p_c_d)
    -> WHERE `pid` = 200980253 ORDER BY `change_date` DESC,delta_rmb ASC;
+----+-------------+-------------+------+---------------+----------+---------+-------+------+-----------------------------+
| id | select_type | table       | type | possible_keys | key      | key_len | ref   | rows | Extra                       |
+----+-------------+-------------+------+---------------+----------+---------+-------+------+-----------------------------+
|  1 | SIMPLE      | cash_change | ref  | IX_p_c_d      | IX_p_c_d | 5       | const | 2264 | Using where; Using filesort |
+----+-------------+-------------+------+---------------+----------+---------+-------+------+-----------------------------+
1 row in set (0.00 sec)
```

图 5-64　排序不一致导致出现"Using filesort"

将各字段的排序改为顺序一致即可解决上述问题，如图 5-65 所示。

```
mysql> EXPLAIN SELECT * FROM `cash_change` force index (IX_p_c_d)
    -> WHERE `pid` = 200980253 ORDER BY `change_date` DESC,delta_rmb DESC;
+----+-------------+-------------+------+---------------+---------+---------+-------+------+-------------+
| id | select_type | table       | type | possible_keys | key     | key_len | ref   | rows | Extra       |
+----+-------------+-------------+------+---------------+---------+---------+-------+------+-------------+
| 1  | SIMPLE      | cash_change | ref  | IX_p_c_d      | IX_p_c_d| 5       | const | 2264 | Using where |
+----+-------------+-------------+------+---------------+---------+---------+-------+------+-------------+
1 row in set (0.00 sec)
```

图 5-65　排序一致后没有了"Using filesort"

由 Extra 列可以看到，"Using filesort"已经没有了。

7. MySQL 5.6 中 explain 支持 UPDATE 和 DELETE

在 MySQL 5.6 之前的版本中，explain 只支持 SELECT 语句，自 MySQL 5.6 版本开始，explain 也可以支持 UPDATE 和 DELETE 语句了，如图 5-66 所示。

```
mysql> select @@version;
+----------+
| @@version |
+----------+
| 5.6.5-m8 |
+----------+
1 row in set (0.02 sec)

mysql> explain update user set age=11 where name='h';
+----+-------------+-------+-------+-------------------+------+---------+------+------+-------------+
| id | select_type | table | type  | possible_keys     | key  | key_len | ref  | rows | Extra       |
+----+-------------+-------+-------+-------------------+------+---------+------+------+-------------+
| 1  | SIMPLE      | user  | range | PRIMARY,name,age  | name | 18      | NULL | 1    | Using where |
+----+-------------+-------+-------+-------------------+------+---------+------+------+-------------+
1 row in set (0.03 sec)

mysql> ▊
```

图 5-66　MySQL 5.6 中 explain 支持 UPDATE 语句

8. MySQL 5.6 优化了合并索引

MySQL 5.6 版本中优化了合并索引，也就是说，一条 SQL 语句可以使用两个索引了。

下面先来看一下在 MySQL 5.5 中索引的表现（如图 5-67 和图 5-68 所示）。

由图 5-68 可以看到，在 MySQL 5.5 中无法用到索引，即使进行优化后，也只能用到一条索引（如图 5-69 所示）。

下面再来看一下索引在 MySQL 5.6 中的表现（如图 5-70 所示）。

由图 5-70 可以看到，这里两个索引都用到了，这是因为 MySQL 5.6 中采用了索引合并功能。

但是，如果是三个字段的索引，则无法进行索引合并（如图 5-71 所示）。

```
mysql> select version();
+------------------------------------------+
| version()                                |
+------------------------------------------+
| 5.5.20-enterprise-commercial-advanced-log |
+------------------------------------------+
1 row in set (0.00 sec)

mysql>  show create table t\G;
*************************** 1. row ***************************
       Table: t
Create Table: CREATE TABLE `t` (
  `a` int(10) unsigned DEFAULT NULL,
  `b` int(10) unsigned DEFAULT NULL,
  KEY `i_t_a` (`a`),
  KEY `i_t_b` (`b`)
) ENGINE=InnoDB DEFAULT CHARSET=utf8
1 row in set (0.00 sec)
```

图 5-67　表结构示例

```
mysql> explain select * from t where a=1 or b=10;
+----+-------------+-------+------+---------------+------+---------+------+------+-------------+
| id | select_type | table | type | possible_keys | key  | key_len | ref  | rows | Extra       |
+----+-------------+-------+------+---------------+------+---------+------+------+-------------+
|  1 | SIMPLE      | t     | ALL  | i_t_a,i_t_b   | NULL | NULL    | NULL |   40 | Using where |
+----+-------------+-------+------+---------------+------+---------+------+------+-------------+
1 row in set (0.00 sec)
```

图 5-68　MySQL 5.5 的执行计划显示全表扫描

```
mysql> explain select * from t where a=1 union all select * from t where b=10;
+------+--------------+------------+------+---------------+-------+---------+-------+------+-------------+
| id   | select_type  | table      | type | possible_keys | key   | key_len | ref   | rows | Extra       |
+------+--------------+------------+------+---------------+-------+---------+-------+------+-------------+
|    1 | PRIMARY      | t          | ref  | i_t_a         | i_t_a | 5       | const |    8 | Using where |
|    2 | UNION        | t          | ref  | i_t_b         | i_t_b | 5       | const |    3 | Using where |
| NULL | UNION RESULT | <union1,2> | ALL  | NULL          | NULL  | NULL    | NULL  | NULL |             |
+------+--------------+------------+------+---------------+-------+---------+-------+------+-------------+
3 rows in set (0.01 sec)
```

图 5-69　MySQL 5.5 中 or 改为 union 后只能用到一条索引

```
mysql> select version();
+------------+
| version()  |
+------------+
| 5.6.6-m9-log |
+------------+
1 row in set (0.02 sec)

mysql> explain select * from t where a=1 or b=10;
+----+-------------+-------+-------------+---------------+-------------+---------+------+------+-------------------------------+
| id | select_type | table | type        | possible_keys | key         | key_len | ref  | rows | Extra                         |
+----+-------------+-------+-------------+---------------+-------------+---------+------+------+-------------------------------+
|  1 | SIMPLE      | t     | index_merge | i_t_a,i_t_b   | i_t_a,i_t_b | 5,5     | NULL |   11 | Using union(i_t_a,i_t_b); Using where |
+----+-------------+-------+-------------+---------------+-------------+---------+------+------+-------------------------------+
1 row in set (0.03 sec)
```

图 5-70　索引合并

```
mysql> explain select * from t where a=1 or b=4 or c=18;
+----+-------------+-------+------+----------------+------+---------+------+------+-------------+
| id | select_type | table | type | possible_keys  | key  | key_len | ref  | rows | Extra       |
+----+-------------+-------+------+----------------+------+---------+------+------+-------------+
|  1 | SIMPLE      | t     | ALL  | i_t_a,i_t_b,i_t_c | NULL | NULL    | NULL |   50 | Using where |
+----+-------------+-------+------+----------------+------+---------+------+------+-------------+
1 row in set (0.04 sec)
```

图 5-71 三个字段不能进行索引合并

9. MySQL 5.6 支持 Index Condition Pushdown 索引优化

Index Condition Pushdown（ICP）索引优化是 MySQL 5.6 新引进的特性，在解释该特性之前，我们先来看如图 5-72 所示的示例。

```
mysql> show create table student\G;
*************************** 1. row ***************
       Table: student
Create Table: CREATE TABLE `student` (
  `id` int(11) NOT NULL DEFAULT '0',
  `name` varchar(6) DEFAULT NULL,
  `class` int(11) DEFAULT NULL,
  `score` int(11) DEFAULT NULL,
  PRIMARY KEY (`id`),
  KEY `name` (`name`),
  KEY `IX_C_S` (`class`,`score`)
) ENGINE=InnoDB DEFAULT CHARSET=utf8
1 row in set (0.00 sec)
```

图 5-72 表结构示例

在图 5-72 所示的示例中，Student 表中的 class 和 score 为联合索引。从优化器执行计划显示的结果来看，在 MySQL 5.5 中未开启 Index Condition Pushdown 的表现如图 5-73 所示。

```
mysql> select version();
+----------------------------------+
| version()                        |
+----------------------------------+
| 5.5.20-enterprise-commercial-advanced-log |
+----------------------------------+
1 row in set (0.00 sec)

mysql> explain select * from student where class=1 and score > 60;
+----+-------------+---------+-------+---------------+--------+---------+------+------+-------------+
| id | select_type | table   | type  | possible_keys | key    | key_len | ref  | rows | Extra       |
+----+-------------+---------+-------+---------------+--------+---------+------+------+-------------+
|  1 | SIMPLE      | student | range | IX_C_S        | IX_C_S | 10      | NULL |    5 | Using where |
+----+-------------+---------+-------+---------------+--------+---------+------+------+-------------+
1 row in set (0.00 sec)
```

图 5-73 MySQL 5.5 中未使用 ICP

在这个过程中，首先会根据"class=1"的条件来查找记录，检索的结果将指向联合索引 IX_C_S，然后根据条件"score>60"进行过滤，并把最终的结果返回给用户，所以 Extra 列上显示的是"Using where"。

上述示例在 MySQL 5.6 中的表现如图 5-74 所示。

```
mysql> select version();
+-------------+
| version()   |
+-------------+
| 5.6.6-m9-log |
+-------------+
1 row in set (0.04 sec)

mysql> explain select * from student where class=1 and score > 60;
+----+-------------+---------+-------+---------------+--------+---------+------+------+-----------------------------------+
| id | select_type | table   | type  | possible_keys | key    | key_len | ref  | rows | Extra                             |
+----+-------------+---------+-------+---------------+--------+---------+------+------+-----------------------------------+
| 1  | SIMPLE      | student | range | IX_S_C        | IX_S_C | 5       | NULL | 14   | Using index condition; Using MRR  |
+----+-------------+---------+-------+---------------+--------+---------+------+------+-----------------------------------+
1 row in set (0.04 sec)
```

图 5-74　MySQL 5.6 中已使用 ICP

MySQL 5.6 中开启了 Index Condition Pushdown，在根据"class=1"的条件查找记录的同时，会根据"score>60"的条件进行过滤。检索的结果将指向联合索引，最后返回给用户，所以这里 Extra 列显示的是"Using index condition"。由此可见，ICP 可以减少存储引擎访问表的次数，从而提高数据库的整体性能。

5.6　my.cnf 配置文件调优

MySQL 数据库的性能调优首先要考虑的就是表结构设计，一个糟糕的设计模式即使是在性能强劲的服务器上运行，也会表现得很差。与设计模式相似，查询语句也会影响 MySQL 的性能，应该避免写出低效的 SQL 查询语句。最后要考虑的就是参数优化，MySQL 数据库默认设置的性能非常差，只能起到功能测试的作用，不能在生产环境中运行，因此要对一些参数进行调整。

5.6.1　per_thread_buffers 参数调优

我们可以将 per_thread_buffers 理解为 Oracle 的 PGA（Program Global Area，程序全局区域）为每个连接到 MySQL 的用户进程分配的内存。其包含的参数及说明具体如下。

- read_buffer_size：用于设置对表进行顺序扫描时每个线程分配的缓冲区大小。比如，在进行全表扫描时，MySQL 会按照数据的存储顺序依次读取数据块，每次读取的数据块会先暂存在 read_buffer_size 中，在缓冲区空间被写满或者数据全部被读取后，再将缓冲区中的数据返回给上层调用者，以提高效率。read_buffer_size 的默认值为 128KB。不要将这个参数设置得过大，一般在 128KB ~ 256KB 即可。
- read_rnd_buffer_size：用于设置对表进行随机读取时每个线程分配的缓冲区大小。比如，按照一个非索引字段做 order by 排序操作时，就会利用这个缓冲区来暂存读取的数据。read_rnd_buffer_size 的默认值为 256KB。不要将这个参数设置得过大，一般在 128KB ～ 256KB 即可。

❑ sort_buffer_size：在对表进行 order by 和 group by 排序操作时，由于排序的字段没有索引，因此会出现"Using filesort"。为了提高性能，可用此参数增加每个线程分配的缓冲区大小。sort_buffer_size 的默认值为 2MB。不要将这个参数设置得过大，一般在 128KB ～ 256KB 即可。另外，当优化器执行计划中出现"Using filesort"的时候，一般需要通过增加索引的方式来消除它，比如图 5-75 所示的这个例子。

```
mysql> explain select * from aa order by name;
+----+-------------+-------+------+---------------+------+---------+------+------+-----------------+
| id | select_type | table | type | possible_keys | key  | key_len | ref  | rows | Extra           |
+----+-------------+-------+------+---------------+------+---------+------+------+-----------------+
|  1 | SIMPLE      | aa    | ALL  | NULL          | NULL | NULL    | NULL |    9 | Using filesort  |
+----+-------------+-------+------+---------------+------+---------+------+------+-----------------+
1 row in set (0.03 sec)

mysql> create index IX_name on aa(name);
Query OK, 0 rows affected (2.48 sec)
Records: 0  Duplicates: 0  Warnings: 0

mysql> explain select * from aa order by name;
+----+-------------+-------+-------+---------------+---------+---------+------+------+-------------+
| id | select_type | table | type  | possible_keys | key     | key_len | ref  | rows | Extra       |
+----+-------------+-------+-------+---------------+---------+---------+------+------+-------------+
|  1 | SIMPLE      | aa    | index | NULL          | IX_name | 33      | NULL |    9 | Using index |
+----+-------------+-------+-------+---------------+---------+---------+------+------+-------------+
1 row in set (0.02 sec)
```

图 5-75 增加索引消除"Using filesort"

❑ thread_stack：表示每个线程的堆栈大小，默认值为 192KB。如果是 64 位的操作系统，则将其设置为 256KB 即可，不要将这个参数设置得过大。

❑ join_buffer_size：当表进行连接操作时，如果关联的字段没有索引，则优化器执行计划中会出现"Using join buffer"。为了提高性能，可用此参数增加每个线程分配的缓冲区大小。join_buffer_size 的默认值为 128KB。不要将这个参数设置得过大，一般为 128KB ～ 256KB 即可。当优化器执行计划中出现"Using join buffer"的时候，一般也需要通过增加索引的方式来消除它，比如图 5-76 所示的这个例子。

```
mysql> explain select aa.* from aa join bb on aa.name=bb.name;
+----+-------------+-------+------+---------------+------+---------+------+------+-------------------------------+
| id | select_type | table | type | possible_keys | key  | key_len | ref  | rows | Extra                         |
+----+-------------+-------+------+---------------+------+---------+------+------+-------------------------------+
|  1 | SIMPLE      | bb    | ALL  | NULL          | NULL | NULL    | NULL |    6 |                               |
|  1 | SIMPLE      | aa    | ALL  | NULL          | NULL | NULL    | NULL |    9 | Using where; Using join buffer|
+----+-------------+-------+------+---------------+------+---------+------+------+-------------------------------+
2 rows in set (0.04 sec)

mysql> create index IX_name on aa(name);
Query OK, 0 rows affected (1.12 sec)
Records: 0  Duplicates: 0  Warnings: 0

mysql> create index IX_name on bb(name);
Query OK, 0 rows affected (1.13 sec)
Records: 0  Duplicates: 0  Warnings: 0

mysql> explain select aa.* from aa join bb on aa.name=bb.name;
+----+-------------+-------+-------+---------------+---------+---------+--------------+------+--------------------------+
| id | select_type | table | type  | possible_keys | key     | key_len | ref          | rows | Extra                    |
+----+-------------+-------+-------+---------------+---------+---------+--------------+------+--------------------------+
|  1 | SIMPLE      | bb    | index | IX_name       | IX_name | 11      | NULL         |    6 | Using index              |
|  1 | SIMPLE      | aa    | ref   | IX_name       | IX_name | 33      | test.bb.name |    1 | Using where; Using index |
+----+-------------+-------+-------+---------------+---------+---------+--------------+------+--------------------------+
2 rows in set (0.03 sec)
```

图 5-76 增加索引消除"Using join buffer"

- binlog_cache_size：一般来说，如果数据库中没有什么大事务，写入也不是特别频繁的话，那么将该参数的值设置为 1MB ~ 2MB 是一个比较合适的选择。如果有很大的事务，则可以适当增加这个参数值的大小，以获得更好的性能。
- max_connections：可用来设置最大连接数，默认值为 100，一般将其设置为 512 ~ 1000 即可。

上面介绍了 per_thread_buffers 各个参数的含义，下面再来看看 per_thread_buffers 内存的计算公式：

(read_buffer_size+read_rnd_buffer_size+sort_buffer_size+thread_stack+
join_buffer_size+binlog_cache_size)*max_connections

5.6.2 global_buffers 参数调优

我们可以将 global_buffers 理解为 Oracle 的 SGA（System Gloable Area，系统全局区域）在内存中缓存从数据文件中检索出来的数据块，以提高数据查询和更新的性能。global_buffers 主要包含的参数及说明如下。

- innodb_buffer_pool_size：InnoDB 存储引擎的核心参数，默认值为 128MB，这个参数的大小通常设置为物理内存的 60% ~ 70%。
- innodb_additional_mem_pool_size：用于设置存储数据字典信息和其他内部数据结构的内存池大小。表越多，需要在这里分配的内存就越多。InnoDB 如果用光了该内存池中的内存，就会从操作系统中分配内存，并且向 MySQL 错误日志中写入警告信息。innodb_additional_mem_pool_size 的默认值是 8MB，如果发现错误日志中已经有了相关的警告信息，就要适当地增加该参数的大小，一般设置为 16MB 即可。
- innodb_log_buffer_size：用于设置重做日志所使用的缓冲区大小。InnoDB 在写重做日志的时候，为了提高性能，会先将信息写入 InnoDB 日志缓冲区中。当日志缓冲区写满时，或者满足 innodb_flush_log_trx_commit 参数所设置的相应条件时，再将日志写到文件（或者同步到磁盘）中。其默认值为 8MB，一般设置为 16MB ~ 64MB 即可。
- key_buffer_size：用于设置缓存 MyISAM 存储引擎索引的缓冲区大小。MySQL 5.5 默认的存储引擎为 InnoDB，所以这个参数可以设置得小一些，一般设置为 64MB 即可。
- query_cache_size：用于设置缓存 SELECT 语句和结果集的缓冲区大小。详情请参见 5.6.3 节。

上面介绍了各个参数的含义，下面就来看看 global_buffers 内存的计算公式：

```
innodb_buffer_pool_size+innodb_additional_mem_pool_size+innodb_log_buffer_size
 +key_buffer_size+query_cache_size
```

> **注意** per_thread_buffers 和 global_buffers 二者设置的内存大小之和不能大于实际物理内存，否则当并发量较高时会造成内存溢出、系统死机等的问题。

5.6.3 查询缓存在不同环境下的使用

查询缓存的功能是缓存查询语句和要传送到客户端的相应结果的集合。如果之后接收到同样的查询，那么服务器将会从查询缓存中检索结果，而不是再次分析和执行同样的查询。

> **注意** 查询缓存绝不会返回过期数据。当数据被修改时，在查询缓存中的任何相关词条均会被转储清除。如果有某些表不常更改，同时又会接受大量相同的查询，那么查询缓存就非常有用了。

如果实际环境中的写操作很少，读操作很频繁，那么开启查询缓存的服务（即设置 query_cache_type=1）就能明显提升性能。

如果实际环境中的写操作很频繁，那就不适合打开查询缓存的服务了，因为表的内容一旦发生更改，查询缓存的结果集就要随之刷新，频繁的刷新操作反而会大大降低性能。在这种情况下，建议关闭它（即设置 query_cache_type=0），同时设置 query_cache_size=0 和 query_cache_limit=0。下面通过一个性能测试对比示例来说明。

关闭查询缓存，性能测试结果如下：

```
query_cache_size = 0
query_cache_type = 0
query_cache_limit = 0

OLTP test statistics:
    queries performed:
        read:                       140000
        write:                      50000
        other:                      20000
        total:                      210000
    transactions:                   10000   (36.16 per sec.)
    deadlocks:                      0       (0.00 per sec.)
    read/write requests:            190000  (687.08 per sec.)
    other operations:               20000   (72.32 per sec.)
```

打开查询缓存，性能测试结果如下：

```
query_cache_size = 64M
query_cache_type = 1
query_cache_limit = 1M

OLTP test statistics:
    queries performed:
        read:                       140000
        write:                      50000
        other:                      20000
```

```
        total:                      210000
        transactions:               10000   (43.10 per sec.)
        deadlocks:                  0       (0.00 per sec.)
        read/write requests:        190000  (818.84 per sec.)
        other operations:           20000   (86.19 per sec.)
```

 注意 此压力测试是在虚拟机环境下进行的，如果是真实的物理机器，则最终结果会有明显区别。

5.7 MySQL 设计、开发和操作规范

数据库 90% 的性能问题都是由 SQL 语句引起的，线上 SQL 的执行速度将直接影响系统的稳定性。

为了避免不同风格的代码规范让负责维护的同事不方便定位问题，以及造成不必要的低级故障，下面给出统一的代码开发规范，以供读者参考。

1. 基本规范

❑ 禁止在数据库中存储明文密码。

❑ 使用 InnoDB 存储引擎。InnoDB 存储引擎支持事务行锁，具有更好的恢复性，并且在高并发的情况下性能更好。InnoDB 表应避免使用 count(∗)，因为其内部没有计数器，需要逐行累加来计算。count(∗) 执行慢的原因是事务具有隔离性（InnoDB 通过 MVCC 多版本并发控制可以实现非阻塞读，降低系统开销），如果将总数存起来，那么如何保证各个事务之间总数的一致性呢？若计数统计实时性要求较高，则可以使用 Memcache 或 Redis 来实现。

❑ 表字符集统一使用 utf8。这样可以避免乱码风险。

❑ 所有的表和字段都需要添加中文注释，既能方便他人也能方便自己阅读理解和维护。

❑ 不在数据库中存储图片或文件等大数据。图片或文件等大数据更适合存储在 GFS(分布式文件系统) 中，数据库里只存放相应的 URL 链接地址即可。

❑ 避免使用存储过程、视图、触发器、事件等。MySQL 是 OLTP（联机事务处理）型应用，最擅长简单的增、删、改、查操作，但其并不适合用于逻辑计算或分析类的应用，所以这部分需求最好还是通过程序来实现。

❑ 避免使用外键，外键主要用来保护数据一致性、完整性，可在业务端实现。外键会导致父表和子表之间的耦合，严重影响 SQL 的性能，也会出现过多的锁等待，甚至还会造成死锁等问题。

❑ 对事务一致性要求不高的业务（如日志表等）优先选择存入 MongoDB。MongoDB 自身支持的分片功能增强了其横向扩展的能力，开发时不用过多地调整业务代码。

2. 库表设计规范

（1）表必须要有主键，且必须为自增主键

该规范可用于保证数据行是按顺序写入的，对于 SAS 传统机械式硬盘来说，顺序写入的性能更好，也会让基于主键做关联查询的性能更好，同时还能更方便地从数据仓库中抽取数据。从性能的角度来说，使用 UUID（通用唯一识别码）作为主键是一种最不好的选择，它会使插入操作变得随机。

（2）谨慎使用分区表

分区表的好处是相对于开发人员来说的，他们不用修改代码，通过后端数据库的设置（比如，对时间字段做拆分）即可轻松实现表的拆分。但使用分区表会涉及一个问题，即所查询的字段必须是分区键，否则就会遍历所有的分区表，而不会带来性能上的提升。此外，分区表在物理结构上仍然是一张表，若更改表结构，也不会带来性能上的提升。所以应采用切表的形式做拆分，比如程序上需要查询历史数据，则可通过 union all 的方式进行关联查询。另外，随着时间的推移，历史数据表一般不再会被需要，因此要将其从从库上转储出来，迁移至备份机上。

考虑到数据量的增长，很多开发人员在设计表时会试图使用分区表的功能，但一旦没有使用好，就会适得其反，下面来看一个示例。图 5-77 所示的是一个表结构。

```
mysql> show create table p1\G;
*************************** 1. row ****
        Table: p1
Create Table: CREATE TABLE `p1` (
  `id` int(11) NOT NULL,
  `date` datetime NOT NULL,
  PRIMARY KEY (`id`)
) ENGINE=InnoDB DEFAULT CHARSET=latin1
1 row in set (0.00 sec)
```

图 5-77　示例表结构

想一想，对 date 字段进行分区会成功吗？答案是不会，如图 5-78 所示。

```
mysql> alter table p1 partition by range columns(date)(
partition p0 values less than ('2010-01-01'),
partition p1 values less than ('2011-01-01'),
partition p2 values less than ('2012-01-01'),
PARTITION p3 VALUES LESS THAN MAXVALUE);
ERROR 1503 (HY000): A PRIMARY KEY must include all columns in the table's partitioning function
```

图 5-78　对 date 字段进行分区的报错信息

失败的原因是进行分区的字段必须是主键。

重新建立主键（如图 5-79 所示）后再对 date 字段进行分区即可成功（如图 5-80 所示）。

现在再增加一个字段 name 并建立索引，然后插入几条记录进行测试（如图 5-81 所示），执行计划显示查询操作已使用到分区了（如图 5-82 所示）。

```
mysql> alter table p1 drop primary key,add primary key(`id`,`date`);
Query OK, 0 rows affected (0.03 sec)
Records: 0  Duplicates: 0  Warnings: 0

mysql> alter table p1 partition by range columns(date)(
partition p0 values less than ('2010-01-01'),
partition p1 values less than ('2011-01-01'),
partition p2 values less than ('2012-01-01'),
PARTITION p3 VALUES LESS THAN MAXVALUE);
Query OK, 0 rows affected (0.05 sec)
Records: 0  Duplicates: 0  Warnings: 0
```

图 5-79　重建主键

```
mysql> show create table p1\G;
*************************** 1. row ***************************
       Table: p1
Create Table: CREATE TABLE `p1` (
  `id` int(11) NOT NULL,
  `date` datetime NOT NULL,
  PRIMARY KEY (`id`,`date`)QFVW
) ENGINE=InnoDB DEFAULT CHARSET=latin1
/*!50500 PARTITION BY RANGE  COLUMNS(`date`)
(PARTITION p0 VALUES LESS THAN ('2010-01-01') ENGINE = InnoDB,
 PARTITION p1 VALUES LESS THAN ('2011-01-01') ENGINE = InnoDB,
 PARTITION p2 VALUES LESS THAN ('2012-01-01') ENGINE = InnoDB,
 PARTITION p3 VALUES LESS THAN (MAXVALUE) ENGINE = InnoDB) */
1 row in set (0.01 sec)
```

图 5-80　分区后的表结构

```
mysql> alter table p1 add name varchar(10) not null;
Query OK, 0 rows affected (0.04 sec)
Records: 0  Duplicates: 0  Warnings: 0

mysql> alter table p1 add index IX_name(name);
Query OK, 0 rows affected (0.07 sec)
Records: 0  Duplicates: 0  Warnings: 0

mysql> insert into p1 values(1,'2009-10-1','zhangsan');
Query OK, 1 row affected (0.05 sec)

mysql> insert into p1 values(2,'2010-05-05','lisi');
Query OK, 1 row affected (0.01 sec)

mysql> insert into p1 values(3,'2011-07-08','wangwu');
Query OK, 1 row affected (0.00 sec)

mysql> insert into p1 values(4,'2012-04-27','xuliu');
Query OK, 1 row affected (0.00 sec)

mysql> insert into p1 values(5,'2013-02-14','zhaoqi');
Query OK, 1 row affected (0.01 sec)

mysql> select * from p1;
+----+---------------------+----------+
| id | date                | name     |
+----+---------------------+----------+
|  1 | 2009-10-01 00:00:00 | zhangsan |
|  2 | 2010-05-05 00:00:00 | lisi     |
|  3 | 2011-07-08 00:00:00 | wangwu   |
|  4 | 2012-04-27 00:00:00 | xuliu    |
|  5 | 2013-02-14 00:00:00 | zhaoqi   |
+----+---------------------+----------+
5 rows in set (0.01 sec)
```

图 5-81　插入数据

```
mysql> explain partitions select * from p1 where (`date` between '2009-1-1' and '2009-12-31') and name ='zhangsan';
+----+-------------+-------+------------+------+---------------+---------+---------+-------+------+--------------------------+
| id | select_type | table | partitions | type | possible_keys | key     | key_len | ref   | rows | Extra                    |
+----+-------------+-------+------------+------+---------------+---------+---------+-------+------+--------------------------+
|  1 | SIMPLE      | p1    | p0         | ref  | IX_name       | IX_name | 12      | const |    1 | Using where; Using index |
+----+-------------+-------+------------+------+---------------+---------+---------+-------+------+--------------------------+
1 row in set (0.00 sec)

mysql> explain partitions select * from p1 where (`date` between '2010-1-1' and '2010-12-31') and name ='lisi';
+----+-------------+-------+------------+------+---------------+---------+---------+-------+------+--------------------------+
| id | select_type | table | partitions | type | possible_keys | key     | key_len | ref   | rows | Extra                    |
+----+-------------+-------+------------+------+---------------+---------+---------+-------+------+--------------------------+
|  1 | SIMPLE      | p1    | p1         | ref  | IX_name       | IX_name | 12      | const |    1 | Using where; Using index |
+----+-------------+-------+------------+------+---------------+---------+---------+-------+------+--------------------------+
1 row in set (0.00 sec)
```

图 5-82　执行计划显示查询操作已使用到分区

　　注意，在使用分区时，where 后面的字段必须是分区字段，这样才能使用到分区。在图 5-82 中，2009 年使用的分区是 p0，2010 年使用的分区是 p1。如果去掉 date 字段，直接写 name='zhaoqi' 能行吗？答案是不行，执行计划显示查询操作未使用到分区，如图 5-83 所示。

```
mysql> explain partitions select * from p1 where name='zhaoqi';
+----+-------------+-------+-------------+------+---------------+---------+---------+-------+------+--------------------------+
| id | select_type | table | partitions  | type | possible_keys | key     | key_len | ref   | rows | Extra                    |
+----+-------------+-------+-------------+------+---------------+---------+---------+-------+------+--------------------------+
|  1 | SIMPLE      | p1    | p0,p1,p2,p3 | ref  | IX_name       | IX_name | 12      | const |    2 | Using where; Using index |
+----+-------------+-------+-------------+------+---------------+---------+---------+-------+------+--------------------------+
1 row in set (0.01 sec)
```

图 5-83　未使用到分区

　　由图 5-83 可知，这次查询操作扫描了全部分区（p0、p1、p2、p3），分区在这里毫无用处，反而降低了性能。因此 SQL 语句中，where 后面的字段必须是分区字段，否则查询操作会扫描所有的分区。

3. 字段设计规范

（1）用 DECIMAL 代替 FLOAT 和 DOUBLE 存储精确浮点数

　　浮点数的缺点是会引起精度方面的问题，下面的示例代码给出了 FLOAT 和 DECIMAL 的比较（DOUBLE 同理）：

```
mysql> CREATE TABLE t3 (c1 float(10,2),c2 decimal(10,2));
Query OK, 0 rows affected (0.05 sec)
mysql> insert into t3 values (999998.02, 999998.02);
Query OK, 1 row affected (0.01 sec)
mysql> select * from t3;
+-----------+-----------+
| c1        | c2        |
+-----------+-----------+
| 999998.00 | 999998.02 |
+-----------+-----------+
1 row in set (0.00 sec)
```

由上述代码可以看到，c1 列的值由 999 998.02 变成了 999 998.00，这是因 FLOAT 浮点数类型不够精确造成的。因此对精度比较敏感的数据（如货币等），应该用定点数来表示或存储。

（2）用 TINYINT 类型代替 ENUM 枚举类型

采用 ENUM 枚举类型会存在扩展问题，例如，对于用户在线状态的枚举，如果此时增加了如下三个状态："5"表示请勿打扰、"6"表示开会中、"7"表示隐身对好友可见，那就要对表结构进行修改了。对此，可以采用 TINYINT 代替 ENUM。

（3）尽量使用无符号 INT 整型

有符号 INT 整型的最大值是 2 147 483 647，而无符号的最大值是 4 294 967 295，如果没有存储负数的需求，那么建议使用无符号 INT 整型，这可以增加 INT 整型的存储范围。

相信大家都有过这种经历，建表的时候 ID 字段一般都会默认设置为 int(11)，那么 int(11) 中的 11 是代表所占的长度吗？其实 int(10) 和 int(1) 没有什么区别，10 和 1 仅是宽度而已，M 的值跟 int(M) 占多少存储空间并无任何关系，int(3)、int(4)、int(8) 在磁盘上都是占用 4 字节的存储空间。在设置了 zerofill 扩展属性之后，可以看出两者的不同之处，示例代码如下：

```
root@localhost(test)10:39>create table test(id int(10) zerofill,id2 int(1));
Query OK, 0 rows affected (0.13 sec)
root@localhost(test)10:39>insert into test values(1,1);
Query OK, 1 row affected (0.04 sec)
root@localhost(test)10:56>insert into test values(1000000000,1000000000);
Query OK, 1 row affected (0.05 sec)
root@localhost(test)10:56>select * from test;
+------------+------------+
| id         | id2        |
+------------+------------+
| 0000000001 |          1 |
| 1000000000 | 1000000000 |
+------------+------------+
2 rows in set (0.01 sec)
```

（4）字段定义为 NOT NULL 时要提供默认值

从应用层的角度来看，为字段提供默认值，研发人员在编码的时候可以减少程序逻辑判断，比如你要查询一条记录，如果没有设置默认值，就要先判断该字段对应的变量是否已被设置，如果没有，则需要先把该变量置为空或 0，如果已设置了默认值，则判断条件可直接略过。

NULL 值很难进行查询优化，它会使索引统计变得更加复杂，还需要在 MySQL 内部进行特殊处理。

（5）尽量不要使用 TEXT、BLOB 类型

TEXT、BLOB 类型会增加占用的存储空间大小，使读取速度变慢，建议尽量不要使用。

（6）表中添加 create_time 和 update_time 字段

在表中添加 create_time 和 update_time 字段是为了方便大数据团队抽取和使用数据，

其中 create_time 不允许更新，update_time 字段则设置为自动更新。示例代码如下：

```
create_time datetime NOT NULL COMMENT '创建时间',
update_time timestamp NOT NULL DEFAULT CURRENT_TIMESTAMP ON UPDATE CURRENT_TIMESTAMP
  COMMENT '更新时间',
```

4. 索引规范

（1）采用 B+ 树结构实现索引

索引类似于书的目录，它是帮助我们从大量数据中快速定位某一条或者某个范围内数据的一种数据结构。MySQL 作为一个关系型数据库，区间访问是一种比较常见的情况，存储引擎 InnoDB 默认采用 B+ 树结构实现索引。由于数据全部存储在聚簇索引的叶子节点，并且通过指针串联在一起，因此 B+ 树很容易实现区间遍历甚至全部遍历。

B+ 树是 B 树的一个变种，为了不长篇大论，下面直接总结出其各自的特点，B+ 树的索引结构如图 5-84 所示。

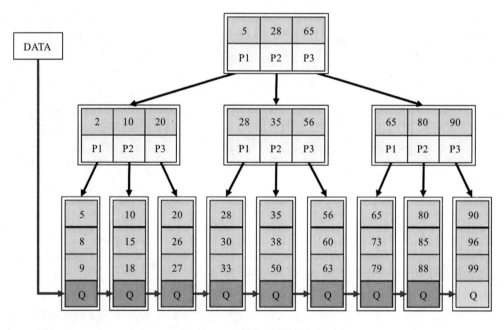

图 5-84 B+ 树索引结构示意图

B+ 树与 B 树的区别具体如下。

❑ 数据的保存位置不同：B 树（key 和 data）保存在所有的节点中，B+ 树保存在叶子节点上。

❑ 相邻节点的指向不同：B 树的叶子节点之间没有指针，B+ 树所有的叶子节点都是通过指针连在一起的，因此对 B+ 树进行范围扫描很方便，B 树要进行范围扫描需要在叶子节点、根节点和枝节点之间不停往返。

为什么 InnoDB 要采用 B+ 树索引呢？因为 B+ 树具有以下优势。

❏ 只有叶子节点上存储了所有的数据和索引键值，而且它们相互之间用指针连在一起，进行范围查找时不用跨层就能把数据查出来。

❏ 对于磁盘访问，随机 I/O 要比顺序 I/O 慢得多，因为随机 I/O 需要额外进行磁头寻道操作，顺序 I/O 可以有效减少寻道的次数。

下面为大家推荐一个工具，其网址为 https://www.cs.usfca.edu/~galles/visualization/BPlusTree.html，这个工具可以以动画的方式演示 B+ 树插入和删除数据的过程，非常直观，大家可以了解一下。

（2）主键的类型

主键不宜选择 VARCHAR 字符串类型的字段，例如 UUID，原因有以下三点。

❏ 字符串数据插入速度较慢。

❏ 字符串数据插入时是无序的，索引树分裂、合并相对更加频繁，会造成更多磁盘碎片。

❏ 字符串数据会占用更多的磁盘存储空间。

综上所述，生产环境中推荐使用 INT 整型的自增 ID 做主键，因为自增主键是连续的，在插入过程中会减少页分裂，即使要进行页分裂，也只会分裂很小一部分，并且能减少数据的移动，每次都是插入到最后，总之就是减少分裂和移动的频率。

下面这两个链接指向的动图演示，可帮助大家更好地理解索引页的分裂和移动过程。

插入连续数据的动图演示：

https://github.com/hcymysql/mysql_book/blob/main/btree%2B_split_continuity.gif。

插入非连续数据的动图演示：

https://github.com/hcymysql/mysql_book/blob/main/btree%2B_split_discontinuity.gif。

（3）索引的创建需谨慎

索引并不是越多越好，应按实际需要进行创建。索引是一把双刃剑，它虽然可以提高查询效率，但也会降低插入和更新数据的速度，并占用更多的磁盘空间。创建适量的索引对应用的性能至关重要。不应该为 where 语句中的每一个查询条件都建立索引，一条 SQL 语句一次只会使用一个索引，过多的索引会带来冗余，还会给更新操作带来沉重的维护代价。建议简化索引设计，同时利用联合索引满足多项条件的查询。

此外，对于修改过于频繁的列应慎重使用索引，因为过于频繁的更新会让索引的负担太重。更新操作可能会锁住相关记录，从而引发死锁和事务超时的问题。

数据类型为 TEXT、BLOB 等的大对象不能建立索引，也不适合建立索引，另外太长的字段也不适合建立索引。例如超长字符串会使索引树过大，MySQL 可能无法将其放入内存中，访问索引会带来过多的磁盘 I/O，导致效率低下。

此外，创建索引时应避免出现重复索引。

设计索引时应该优先考虑为查询最为频繁的字段创建索引。InnoDB 行锁是通过对索引上的索引项加锁来实现的，只有通过索引条件检索数据时，InnoDB 才会使用行级锁，否则使用表锁。在实际应用中，需要特别注意 InnoDB 行锁的这一特性，否则可能会导致大量的锁冲突，从而影响并发性能。

必须给 UPDATE、DELETE 语句的 where 条件列，以及进行多表连接的字段创建索引。

（4）索引创建应避免全表扫描

不要对索引列进行数学运算和函数运算，在这种情况下，若无法使用索引，则会导致全表扫描。

例如如下的查询语句：

```
SELECT * FROM t WHERE YEAR(d) >= 2016;
```

由于 MySQL 不像 Oracle 那样支持函数索引，因此即使 d 字段有索引，也会直接进行全表扫描，应将上述语句改为：

```
SELECT * FROM t WHERE d >= '2016-01-01';
```

不要使用反向查询（如 not in / not like），若无法使用索引，则会导致全表扫描。

不要在低基数列（例如"性别"）上建立索引。不是所有的查询条件所在的列都需要添加索引，有时候进行全表浏览要比读取索引和数据表更快，尤其是当索引包含的值是平均分布的数据集时更是如此。前面提过一个典型的例子，即"性别"数列，它有两个均匀分布的值（男和女）。通过性别读取数据时需要读取大概一半的数据，这时添加索引是完全没有必要的，在这种情况下进行全表扫描浏览的速度反而更快。相反，如果某个字段的取值范围很广，几乎没有重复，Cardinality 索引的基数高，则此时使用 B+ 树的索引就是最合适的选择。例如对于身份证字段，在一个应用中基本上是不允许有重复的。

（5）全文索引

不要使用"%"前导的查询（如 like'%xxx')，因为其无法使用索引，会导致全表扫描。

低效查询的示例如下：

```
SELECT * FROM t WHERE name LIKE '%de%';
```

应将其改为如下查询方式，这样更高效：

```
SELECT * FROM t WHERE name LIKE 'de%';
```

如果要实现模糊匹配，可以使用全文索引。全文索引和 like 查询相比，具有以下优点。

❑ 使用 like '%xxx%' 进行模糊查询时，字段的索引就会失效。因此，在数据量大的情况下，通过此种方式查询的效率极低。全文索引是将存储于数据库中的整本书或整篇文章的任意信息查找出来的技术。它可以根据用户需要，获得全文中有关章、节、段、句、词等的信息，也可以进行各种统计和分析。

❑ 全文索引可以自行设置词语的最小长度和最大长度，也可以自定义要忽略的词。

❑ 通过全文索引查询某一列的字符串时，会返回匹配度，可以将其理解为匹配的关键字个数，类型为浮点数型。

❑ 全文索引的性能要优于 like 查询的性能。

MySQL 5.7 中，内置了一个全文索引支持中文的 ngram 解析器插件，其工作原理如下。例如"生日快乐"四个字，当参数设置为 ngram_token_size = 2（即默认 2 个中文单词），那么 ngram 解释器会将这四个字解释为"生日"和"快乐"。ngram_token_size 参数不可动态修改，所以事先就要规划好以几个单词作为搜索条件，以避免搜索的结果不准确。

下面对该功能进行测试。这里以三个单词为准，即 ngram_token_size = 3（加入 my.cnf 配置里），其表结构如图 5-85 所示。

图 5-85　以字段 title 和 body 建立联合全文索引的表结构

注意　使用 ngram 解释器时，以下参数将失效：innodb_ft_min_token_size、innodb_ft_max_token_size、ft_min_word_len 和 ft_max_word_len。

然后插入测试数据，如图 5-86 所示。

现在用如下命令查询数据：

```
select * from articles where MATCH(title,body) AGAINST ('数据库' IN BOOLEAN MODE);
```

查询结果如图 5-87 所示。

通过执行计划器可以看到，查询操作已经用上了"title"这个索引，并且只需要扫描一行即可得到结果。

```
mysql> INSERT INTO articles (title,body) VALUES
    -> ('数据库管理','在本教程中我将向你展示如何管理数据库'),
    -> ('数据库应用开发','学习开发数据库应用程序');
Query OK, 2 rows affected (0.16 sec)
Records: 2  Duplicates: 0  Warnings: 0

mysql> select * from articles;
+----+--------------------+--------------------------------------------+
| id | title              | body                                       |
+----+--------------------+--------------------------------------------+
|  1 | 数据库管理          | 在本教程中我将向你展示如何管理数据库          |
|  2 | 数据库应用开发      | 学习开发数据库应用程序                        |
+----+--------------------+--------------------------------------------+
2 rows in set (0.00 sec)
```

图 5-86　插入数据

```
mysql> explain select * from articles where MATCH(title,body) AGAINST ('数据库' IN BOOLEAN MODE);
+----+-------------+----------+------------+----------+---------------+-------+---------+-------+------+----------+-----------------------------+
| id | select_type | table    | partitions | type     | possible_keys | key   | key_len | ref   | rows | filtered | Extra                       |
+----+-------------+----------+------------+----------+---------------+-------+---------+-------+------+----------+-----------------------------+
|  1 | SIMPLE      | articles | NULL       | fulltext | title         | title | 0       | const | 1    | 100.00   | Using where; Ft_hints: no_ranking |
+----+-------------+----------+------------+----------+---------------+-------+---------+-------+------+----------+-----------------------------+
1 row in set, 1 warning (0.09 sec)

mysql>
mysql> select * from articles where MATCH(title,body) AGAINST ('数据库' IN BOOLEAN MODE);
+----+--------------------+--------------------------------------------+
| id | title              | body                                       |
+----+--------------------+--------------------------------------------+
|  1 | 数据库管理          | 在本教程中我将向你展示如何管理数据库          |
|  2 | 数据库应用开发      | 学习开发数据库应用程序                        |
+----+--------------------+--------------------------------------------+
2 rows in set (0.00 sec)
```

图 5-87　全文索引查询数据

全文索引能实现快速搜索，但是也带来了维护索引的开销。字段越长，创建的全文索引就越大，这会影响 DML 语句的吞吐量。数据量不大的情况下可以采用全文索引来进行搜索，简单方便，但是对于数据量大的情况，还是建议用专门的搜索引擎 ElasticSearch。

（6）联合索引

联合索引是指为表上的多个列创建索引，其遵循最左前缀原则。

下面介绍联合索引的用法，假设创建了联合索引 (a,b,c)，则以下几种情况都可以用到索引：

❑ select * from table where a = xxx;

❑ select * from table where a = xxx and b = xxx;

❑ select * from table where a = xxx and b = xxx and c = xxx

以下几种情况则不会用到索引：

❑ select * from table where b = xxx;

❑ select * from table where c = xxx;

❑ select * from table where b = xxx and c = xxx;

本质上讲，联合索引 (a,b,c) 等同于 (a) 单列索引、(a,b) 联合索引和 (a,b,c) 联合索引的组合，且遵循最左前缀原则。其中索引 (a)、(a,b) 都是多余的，可以直接删除。

5. SQL 设计规范

（1）不要使用"SELECT *"语句，只获取必要的字段即可

使用"SELECT *"语句会消耗更多的 CPU、I/O 和网络带宽资源。要想使用覆盖索引，请通过"SELECT 列表值"语句取出需要的列，而不是使用"SELECT *"。

InnoDB 辅助索引的叶子节点存储的是索引值和主键（聚簇索引），它会通过聚簇索引查找到对应的整行数据。若以 B+ 树的层高为三层来计算的话，磁盘 I/O 请求的总数为 6 次，即辅助索引 3 次 + 获取记录回表 3 次。

覆盖索引是指从辅助索引中就能获取需要的记录，无须查找聚簇索引中的记录，也就是平时所说的不需要回表操作。由于覆盖索引可以减少树的搜索次数，显著提升查询性能，因此使用覆盖索引是一个常用的性能优化手段。

下面通过示例讲解使用覆盖索引进行优化的方法。

低效查询的示例代码如下：

```
SELECT * FROM t WHERE uid IN (10,20,30) ;
```

应将其改为如下查询方式，这样更高效：

```
SELECT uid,name,age FROM t WHERE uid IN (10,20,30);
```

"uid,name,age"是联合索引，这时只需要查联合索引的值，而该值已经在辅助索引树上了，因此可以直接提供查询结果，不需要回表。

（2）用 IN 替换 OR

低效查询的示例代码如下：

```
SELECT uid,name,age,address FROM t WHERE LOC_ID = 10 OR LOC_ID = 20 OR LOC_ID = 30;
```

应将其改为如下查询方式，即用 IN 替换 OR，这样更高效：

```
SELECT uid,name,age,address FROM t WHERE LOC_ID IN (10,20,30);
```

（3）避免因数据类型不一致而导致索引失效

为什么 INT 整型字段加单引号会导致索引失效？是因为 MySQL 内部进行了隐式转换，错误写法的示例代码如下：

```
SELECT uid,name,age,address FROM t WHERE id = '19';
```

应将其改为如下所示的正确写法：

```
SELECT uid,name,age,address FROM t WHERE id = 19;
```

（4）减少与数据库的交互次数

使用合理的 SQL 语句，可降低与数据库的交互次数，提高系统性能。低效查询的示例代码如下：

```
INSERT INTO t (id, name) VALUES(1,'Bea');
INSERT INTO t (id, name) VALUES(2,'Belle');
INSERT INTO t (id, name) VALUES(3,'Bernice');
```

应将其改为如下更高效的查询方式：

```
INSERT INTO t (id, name) VALUES(1,'Bea'), (2,'Belle'),(3,'Bernice');
Update … where id in (1,2,3,4);
Alter table tbl_name add column col1, add column col2;
```

（5）分解复杂的 SQL 语句

SQL 语句越复杂，优化器选择的执行计划越糟糕，对此，可通过分解查询语句，将多表关联查询改为单表查询来解决。低效查询的示例代码如下：

```
SELECT * FROM tag
JOIN tag_post ON tag_post.tag_id = tag.id
JOIN post ON tag_post.post_id = post.id
WHERE tag.tag = 'mysql';
```

应将其改为如下更高效的查询方式：

```
SELECT * FROM tag WHERE tag = 'mysql'
SELECT * FROM tag_post WHERE tag_id = 1234
SELECT * FROM post WHERE post_id in (123, 456, 567, 9098, 8904);
```

（6）禁止使用"ORDER BY RAND()"

因为"ORDER BY RAND()"语句会从磁盘中读取数据并进行排序，而这会消耗大量的 I/O 和 CPU 资源，所以要禁止使用这个语句。低效查询的示例代码如下：

```
SELECT * FROM t1 WHERE 1=1 ORDER BY RAND() LIMIT 4;
```

应将其改为如下更高效的查询方式：

```
SELECT * FROM t1 WHERE id >= CEIL(RAND()*1000) LIMIT 4;
```

5.8　SQL 自助上线平台

5.8.1　简介

SQL 自助上线平台可帮助数据库管理员从日常烦琐的工作中解放出来。开发人员提交 SQL 后，自助上线平台会自动返回优化建议，无须数据库管理员再次审核，这不仅可以提升上线效率，而且也有利于建立数据库开发规范。

上线流程具体如下：开发人员提交 SQL，系统自动审核（sql_review.php），审核通过后生成"我的工单"，待管理员批复并且发邮件通知，管理员人工审核后，开发人员点击执行完成上线操作，具体流程如图 5-88 所示。

SQL 自助上线平台基于 PHP 实现，借鉴了去哪网 Inception 的思路，并且把美团网 SQLAdvisor（索引优化建议）集成在一起了，此外，还将建表规范纳入审核规则里。目前笔者公司内部在使用。

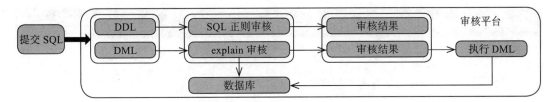

图 5-88 SQL 自助上线平台流程图

SQL 自助上线平台主要完成以下两个方面的工作。

❑ 避免性能太差的 SQL 进入生产系统,导致整体性能降低。

❑ 检查开发人员设计的索引是否合理,是否需要添加索引。

SQL 自助上线平台的实现思路其实也很简单,说明如下。

1)获取开发人员提交的 SQL。

2)对要执行的 SQL 进行分析,通过事先定义好的规则来判断该 SQL 是否可以通过自动审核,未通过审核的需要人工处理。

图 5-89 所示的是 SQL 自动审核里的工单详情页。

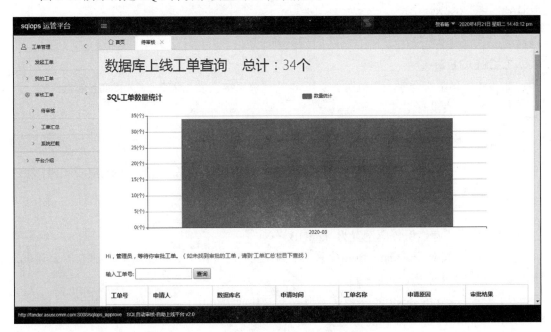

图 5-89 SQL 自动审核里的工单详情页

图 5-90 所示的是 SQL 自动审核里的工单上线语法检测页。

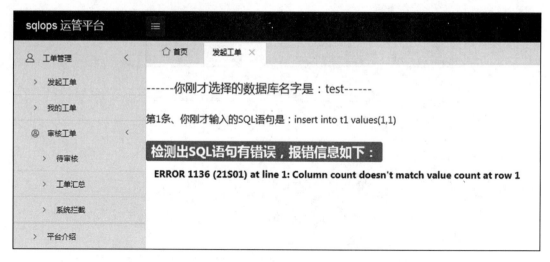

图 5-90　SQL 自动审核里的语法检测页

5.8.2　审核规则

本节介绍 SQL 自助上线平台的审核内容及规则。

1. CREATE 审核

当建表语句不符合建表规范时，SQL 自动审核系统会发出警告，提示如下信息：

1）警告！表没有主键。

2）警告！表主键的字段名必须是 ID。

3）提示：ID 自增字段的默认值为 1，即 auto_increment=1。

4）警告！表字段没有中文注释，COMMENT 应该有默认值，例如 COMMENT ' 姓名 '。

5）警告！表没有中文注释，例如 COMMENT=' 学生信息表 '。

6）警告！表缺少 utf8 字符集，会出现乱码。

7）警告！表存储引擎应设置为 InnoDB。

8）警告！表缺少 update_time 字段。此字段的作用是方便大数据平台抽取历史数据，且会给此数据加上索引。

9）警告！表 update_time 字段类型应设置为 timestamp。

10）警告！表 update_time 字段缺少索引。

11）警告！表缺少 create_time 字段。此字段的作用是方便大数据平台抽取历史数据，且会给此数据加上索引。

12）警告！表中的索引数已经超过 10 个。索引是一把双刃剑，虽然可以提高查询效率，但也会降低插入和更新的速度，并会额外占用磁盘空间。

13）警告！表应该为 timestamp 类型加系统默认的当前时间。例如：update_time

timestamp NOT NULL DEFAULT CURRENT_TIMESTAMP ON UPDATE CURRENT_
TIMESTAMP COMMENT ' 更新时间 '。

14）警告！表 utf8_bin 应使用默认的字符集核对 utf8_general_ci。

15）警告！用 DECIMAL 类型代替 FLOAT 和 DOUBLE 类型存储精确浮点数。浮点数的缺点是会引起精度问题，诸如货币之类的对精度敏感的数据，应该用定点数 decimal 类型进行存储。

16）警告！避免使用外键，外键会导致父表和子表之间的耦合，严重影响 SQL 性能，引起过多的锁等待，甚至会造成死锁。

17）警告！表字段类型应设置为 datetime 精确到秒。例如将 datetime(3) 改成 datetime。

18）警告！表字段类型应设置为 timestamp 精确到秒。例如将 timestamp(3) 改成 timestamp。

2. ALTER 审核

当更改表结构的语句不符合规范时，SQL 自动审核平台会发出警告，提示如下信息：

1）警告！不支持 create index 语法。请更改为 alter table add index 语法。

2）警告！更改表结构要减少与数据库的交互次数，例如 alter table t1 add index IX_uid(uid),add index IX_name(name)。

3）表记录小于 150 万行时，可以由开发人员自助执行。否则请联系数据库管理员执行！

4）支持删除索引，但不支持删除字段。

5）不支持更改字段名字。

3. INSERT 审核

当插入数据的语句不符合规范时，SQL 自动审核平台会发出如下警告："insert 表 1 select 表 2"语句会造成锁表的问题。

4. UPDATE/DELETE 审核

当更改删除语句不符合规范时，SQL 自动审核平台会发出警告，提示如下信息：

1）警告！没有 where 条件时，UPDATE 语句会进行全表更新，禁止执行！！！

2）更新的行数小于 1000 行时，可以由开发人员自助执行，否则请联系数据库管理员执行！！！

3）防止通过"where 1=1"语句绕过审核规则。

4）检查更新字段有无索引。

5）警告！不同的 DML 操作要分开写，不要写在同一个事务里。

上述审核规则请参考 Github 上的内容，地址为 https://github.com/hcymysql/sqlops。

备份与恢复

随着办公自动化技术和电子商务的飞速发展，企业对信息系统的依赖度越来越高，数据库作为信息系统的核心，担当着重要的角色。尤其是在一些对数据可靠性要求很高的行业（如银行、证券、电信等）中，如果发生意外宕机或数据丢失的问题，那么损失将会十分惨重。对此，数据库管理员应针对具体的业务要求制定详细的数据库备份与灾难恢复策略，并通过模拟故障的方式对每种可能的情况进行严格测试，只有这样才能保证数据的高可用性。数据库备份是一个长期的过程，而恢复只会在事故发生之后进行。恢复可以看作备份的逆过程，恢复的情况很大程度上取决于备份情况的好坏。此外，数据库管理员在恢复时采取的步骤正确与否也会直接影响最终的恢复效果。

MySQL 备份可分为全量备份和增量备份。

全量备份是指完全复制某一个时间点上的所有数据或应用。实际应用中通常是对整个系统进行完整备份，包括其中的系统和所有的数据。这种备份方式最大的好处就是只要有备份磁盘就可以恢复丢失的数据，大大减少了系统或数据的恢复时间。这种备份方式的不足之处在于，全备份磁盘中的备份数据存在大量的重复信息；另外，由于每次需要备份的数据量都相当大，因此备份所需的时间也较长。

增量备份是指在一次完全备份或上一次增量备份之后，只备份与前一次相比增加和被修改的二进制日志文件。这就意味着，第一次增量备份的对象是进行全量备份后又增加和修改的二进制日志文件；第二次增量备份的对象是第一次增量备份后所增加和修改的二进制日志文件，依此类推。这种备份方式最显著的优点就是没有重复的备份数据，因此备份的数据量不大，备份所需的时间很短。但增量备份方式的数据恢复却比较麻烦，必须具有上一次全量备份和所有增量备份的二进制日志文件（一旦丢失或损坏其中的一组二进制日志文件，数据恢复就会失败），并且必须按照从全量备份到增量备份的时间顺序逐个反推恢复，因此会极大地延长恢复时间。

数据的备份方式共包含三种，即冷备份、热备份和逻辑备份，具体说明如下。

❑ 冷备份：进行数据备份时，数据库处于关闭状态，备份操作能够较好地保证数据库的完整性。

❑ 热备份：进行数据备份时，数据库正处于运行状态，备份操作需要依赖于数据库的日志文件。

❑ 逻辑备份：进行数据备份时，使用 mysqldump 命令从数据库中提取数据，并将结果写到一个文件上，文件内容为纯文本的 SQL 语句。

一般情况下，在生产环境中 MySQL 通常会配置为一主一从两个数据库，为了避免影响业务，建议在从库上做备份。下面依次介绍上述这三种数据备份及恢复方式。

6.1　冷备份

冷备份一般用于对非核心业务的数据进行备份，这类业务一般都允许中断。冷备份的特点是速度快，恢复操作也最为简单，通常是通过直接复制物理文件来实现数据的备份和恢复操作。

（1）备份过程

第一步，关闭 mysql 服务进程，命令如下：

```
/etc/init.d/mysql stop
```

第二步，把数据目录（包含 ibdata1）和日志目录（包含 ib_logfile0、ib_logfile1 和 ib_logfile2）复制到磁带机或者本地的另一块硬盘里。

（2）恢复过程

第一步，复制备份的数据目录和日志目录，用以替换原有的目录。

第二步，启动 mysql 服务进程，命令如下：

```
/etc/init.d/mysql start
```

6.2　逻辑备份

逻辑备份一般用于数据迁移或者数据量很小的场景，采用的是数据导出的备份方式。

（1）备份过程

如果需要导出所有的数据库，则采用如下命令：

```
mysqldump -q --single-transaction -A > all.sql
```

如果只需要导出其中的某几个数据库，则采用如下命令：

```
mysqldump -q --single-transaction -B test1 test2 > test1_test2.sql
```

如果要导出的是一个库中的某几张表，则采用如下命令：

```
mysqldump -q --single-transaction test t1 t2 > test_t1_t2.sql
```

如果只需要导出表结构，则采用如下命令：

```
mysqldump -q -d --skip-triggers
```

如果只需要导出存储过程，则采用如下命令：

```
mysqldump -q -Rtdn --skip-triggers
```

如果只需要导出触发器，则采用如下命令：

```
mysqldump -q -tdn --triggers
```

如果只需要导出事件，则采用如下命令：

```
mysqldump -q-Etdn --skip-triggers
```

如果只需要导出数据，则采用如下命令：

```
mysqldump -q -single-transaction --skip-triggers -t
```

如果要在线建立一台新的从库，则采用如下命令：

```
mysqldump -q --single-transaction --master-data=2 -A > all.sql
```

（2）恢复过程

逻辑备份可通过以下命令实现数据恢复：

```
mysql -uroot -p123456 <all.sql
```

或者登录到 MySQL 里，执行"source all.sql;"命令。

6.2.1　mysqldump 中增加了重要参数 --dump-slave

MySQL 5.5 中新增加了一个重要参数，即 --dump-slave，使用该参数可在从库端导出数据，建立新的从库，其目的是防止对主库造成过大的压力。

下面先来查看同步复制信息，确定要复制的二进制日志和它存放的位置，请注意下面复制信息中的加粗字体：

```
mysql> show slave status\G;
*************************** 1. row ***************************
               Slave_IO_State: Waiting for master to send event
                  Master_Host: 192.168.110.216
                  Master_User: repl
                  Master_Port: 3306
                Connect_Retry: 10
              Master_Log_File: mysql-bin.002810
          Read_Master_Log_Pos: 16550261
               Relay_Log_File: relay-bin.000419
                Relay_Log_Pos: 252
```

```
            Relay_Master_Log_File: mysql-bin.002810
                 Slave_IO_Running: Yes
                Slave_SQL_Running: Yes
                 Replicate_Do_DB: WATCDB01,WATCDB02,WATCDB03,WATCDB04
             Replicate_Ignore_DB:
              Replicate_Do_Table:
          Replicate_Ignore_Table:
         Replicate_Wild_Do_Table:
     Replicate_Wild_Ignore_Table:
                       Last_Errno: 0
                       Last_Error:
                     Skip_Counter: 0
            Exec_Master_Log_Pos: 16550261
                   Relay_Log_Space: 547
                 Until_Condition: None
                  Until_Log_File:
                   Until_Log_Pos: 0
               Master_SSL_Allowed: No
               Master_SSL_CA_File:
               Master_SSL_CA_Path:
                 Master_SSL_Cert:
               Master_SSL_Cipher:
                  Master_SSL_Key:
            Seconds_Behind_Master: 0
Master_SSL_Verify_Server_Cert: No
                   Last_IO_Errno: 0
                   Last_IO_Error:
                  Last_SQL_Errno: 0
                  Last_SQL_Error:
     Replicate_Ignore_Server_Ids:
                 Master_Server_Id: 2163306
1 row in set (0.00 sec)
```

然后使用 --dump-slave 命令把数据导出来，建立新的从库，代码如下：

```
[root@MYSQL5 ~]# /usr/local/mysql/bin/mysqldump -A --dump-slave=2  -q
  --single-transaction > /u1/all.sql
^C
[root@MYSQL5 ~]# more /u1/all.sql
-- MySQL dump 10.13  Distrib 5.5.20, for linux2.6 (x86_64)
--
-- Host: localhost    Database:
-- ----------------------------------------------------
-- Server version        5.5.20-enterprise-commercial-advanced-log
......
-- Position to start replication or point-in-time recovery from (the master of
  this slave)
--
-- CHANGE MASTER TO MASTER_LOG_FILE='mysql-bin.002810',
MASTER_LOG_POS=16550261;
```

这里会记录从库的断点续传复制位置点，注意导出数据中"CHANGE MASTER"相关的加粗字体。

6.2.2　取代 mysqldump 的新工具 mydumper

mydumper 是一个针对 MySQL 和 Drizzle 研发的高性能、多线程的数据备份和恢复工具，此工具的开发人员分别来自 MySQL、Facebook 和 SkySQL 等公司。与 mydumper 配套的恢复工具是 myloader，其主要用于将导出来的数据以并行的方式进行恢复。

mydumper 的主要特性如下。

❏ 代码是采用轻量级 C 语言编写的。

❏ 相比于 mysqldump，其速度快了近 10 倍。

❏ 提供事务和非事务存储引擎一致的快照（此特性适用于 mydumper 0.22 以上版本）。

❏ 可快速进行文件压缩。

❏ 支持对二进制日志文件进行导出操作。

❏ 可实现多线程恢复（此特性适用于 mydumper 0.2.1 以上版本）。

❏ 可以用守护进程的工作方式定时扫描和输出连续的二进制日志。

了解了 mydumper 的特性后，下面再来看看它的安装方法（在 CentOS 7 上进行安装测试），安装命令如下：

```
# Centos 7
# yum install -y
https://github.com/maxbube/mydumper/releases/download/v0.9.5/mydumper-0.9.5-2.
  el7.x86_64.rpm

# Centos 6
# yum install -y
https://github.com/maxbube/mydumper/releases/download/v0.9.5/mydumper-0.9.5-2.
  el6.x86_64.rpm
```

安装完成后，系统会生成两个二进制文件 mydumper 和 myloader，它俩均位于 /usr/local/bin 目录下。

mydumper 中的主要参数及说明具体如下。

❏ --host, -h：连接的 MySQL 服务器。

❏ --user, -u：用户备份的连接用户。

❏ --password, -p：用户的密码。

❏ --port, -P：连接端口。

❏ --socket, -S：连接 socket 文件。

❏ --database, -B：需要备份的数据库。

❏ --table-list, -T：需要备份的表，多个表之间用逗号（,）分隔。

❏ --outputdir, -o：输出的目录。

❏ --build-empty-files, -e：默认无数据时只有表结构文件。

❏ --regex, -x：支持正则表达式，如"mydumper --regex '^(?!(mysql|test))'"。

❏ --ignore-engines, -i：忽略的存储引擎。

❏ --no-schemas, -m：不导出表结构。

❏ --long-query-guard, -l：设置慢查询时间，默认值为 60 秒。

❏ --kill-long-queries, -k：杀死慢查询。

- ❑ --verbose, -v：取值为 0 时表示 silent，取值为 1 时表示 error，取值为 2 时表示 warning，取值为 3 时表示 info，默认值为 2。
- ❑ --binlogs, -b：导出二进制日志。
- ❑ --daemon, -D：启用守护进程模式。
- ❑ --snapshot-interval, -I：导出快照间隔时间，默认值为 60 秒。
- ❑ --logfile, -L：mysqldumper 的日志输出，一般在 Daemon 模式下使用。

下面通过示例代码来展示 mydumper 的用法。

1）使用 mydumper 备份多个库，命令如下：

```
USER="admin"
PASS="123456"
BAK_DIR=/data/bak/`date +%Y`/`date +%m`/data_$(date+%Y-%m-%d-%H-%M-%S).dir

[ ! -d $BAK_DIR ] && mkdir -p $BAK_DIR
# mydumper -h 127.0.0.1 -u $USER -p $PASS -P 3306 --regex '^(dbname1|dbname2)'
  -c  -t 8
-v 3 --rows 1000000 -o $BAK_DIR -L /root/log/mydumper_db.log
```

2）除 test 库的 t1 表之外，将其余的表都导出来，命令如下：

```
# mydumper  -h 127.0.0.1 -u $USER -p $PASS -P 3306  -B test --regex '^(?!(test.t1$))'
-c -t 8 -v 3  --rows 1000000  -o $BAK_DIR -L /root/log/mydumper_db.log
```

3）只将 test 库的 t2 表导出来，命令如下：

```
# mydumper -h 127.0.0.1 -u $USER -p $PASS -P 3306 -t 8 -v 3 --regex 'test.t2' -c
  -t 8 -v 3
-o $BAK_DIR -L /root/log/mydumper_db.log
```

mydumper 的备份原理如图 6-1 所示。

下面介绍 mydumper 备份的主要步骤。

1）为主线程施加全局只读锁 "FLUSH TABLES WITH READ LOCK"，以保证数据的一致性。

2）读取当前时间点的二进制日志文件名和日志写入的位置，并记录在元数据文件中，以供搭建一个新的从库和断点续传恢复。

3）若干个（线程数可以自行指定，默认值是 4）导出线程把事务隔离级别改为可重复读，并开启读一致的事务。

4）通过 dump non-InnoDB tables 语句导出非事务引擎的表。

5）备份完非事务引擎的表之后，主线程执行 UNLOCK TABLES 命令释放全局只读锁。

6）通过 dump InnoDB tables 语句基于事务导出 InnoDB 表。

至此，备份事务结束。

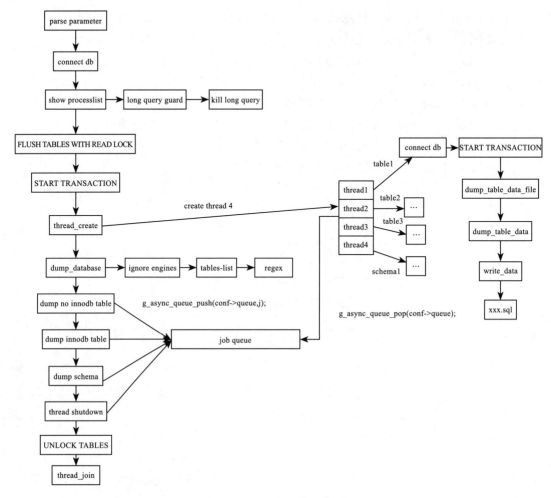

图 6-1 mydumper 的工作原理

备份所生成的文件具体如下。

❑ 目录中包含了一个元数据文件，该文件记录了备份数据库在备份时间点的二进制日志文件名和日志的写入位置。如果是在从库上进行备份的，则还会记录备份时同步至主库的二进制日志文件名及写入位置。

❑ 每个表中包含两个备份文件，即 database.table-schema.sql（表结构文件）和 database.table.sql（表数据文件）。

myloader 中包含的主要参数及其说明具体如下。

❑ -d, --directory：指定备份文件所在的目录。

❑ -q, --queries-per-transaction：恢复数据时，每个事务插入的数量，默认值为 1000。

❑ -o, --overwrite-tables：如果表已存在则先删除该表。

- ❑ -B, --database：指定需要进行数据恢复的数据库。
- ❑ -e, --enable-binlog：记录恢复数据时产生的二进制日志。
- ❑ -h, --host：连接要恢复数据的 MySQL 服务器。
- ❑ -u, --user：用户名。
- ❑ -p, --password：密码。
- ❑ -P, --port：连接的端口号。
- ❑ -S, --socket：连接 socket 文件。
- ❑ -t, --threads：使用的线程数量，默认值为 4。
- ❑ -C, --compress-protocol：连接时使用压缩协议。
- ❑ -v, --verbose：指定输出的恢复信息，取值为 0 时表示 silent，取值为 1 时表示 error，取值为 2 时表示 warning，取值为 3 时表示 info，默认值为 2。

下面通过 myloader 恢复 test 数据库，命令如下：

```
# myloader -h 127.0.0.1 -u $USER -p $PASS -P 3306 -B test -t 8 -v 3 -o -d $BAK_DIR
```

6.3　热备份与恢复

热备份与冷备份一样，也是直接复制数据的物理文件，但热备份可以不停机直接复制，一般用于对 7×24 小时不间断运行的核心业务进行备份。MySQL 社区版的热备份工具 InnoDB Hot Backup 是付费的，只能试用 30 天，只有购买企业版才可以得到永久使用权。Percona 公司发布了一个 XtraBackup 热备份工具，与官方 InnoDB Hot Backup 付费版的功能一样，支持免费在线热备份（即备份时不影响数据读写）功能，是商业备份工具 InnoDB Hot Backup 一个很好的替代品。下面就来详细介绍 XtraBackup 热备份工具的使用方法。

6.3.1　XtraBackup 的工作原理

XtraBackup 是 Percona 公司的开源项目，它能非常快速地备份与恢复 MySQL 数据库。XtraBackup 中包含两个工具 xtrabackup 和 innobackupex，具体说明如下。

- ❑ xtrabackup 是用于热备份 InnoDB 及 XtraDB 表引擎数据的工具，其既不能用于备份其他类型的表，也不能用于备份数据表的结构。
- ❑ innobackupex 是封装 XtraBackup 的 Perl 脚本，它提供了备份 MyISAM 表的功能。由于 innobackupex 的功能更全面、更完善，所以一般选择 innobackupex 来进行备份。

innobackupex 的备份过程如图 6-2 所示。备份开始时，首先系统会开启一个后台检测进程，实时检测 MySQL 重做日志的变化，一旦发现重做日志中有新的日志写入，立刻将新的日志记录到后台的日志文件 xtrabackup_log 中。之后复制 InnoDB 的数据文件 ibd 和系统表空间文件 ibdata1。待复制结束后，执行 flush tables with read lock 命令加全局读锁操作，

并复制 ".frm"、MYI、MYD 等文件（执行 flush tables with read lock 命令的目的是防止数据表发生 DDL 操作，并且在这一时刻执行 show master status 命令，以获取二进制日志和 GTID 事务号的位置信息），然后执行 unlock tables 命令释放全局读锁，把表设置为可读写的状态，最后停止记录后台日志文件 xtrabackup_log 的操作。

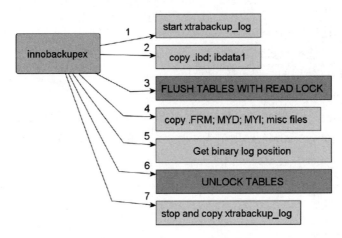

图 6-2　innobackupex 备份流程

这里可以引申出一个面试题，"使用备份工具 XtraBackup 时，假如凌晨刚好有个慢 SQL 语句在执行，你需要加入什么参数来保证数据成功备份？"

问题分析：若一张 sbtest1 表中有一个 SELECT 大事务查询，且没有执行完，那么该查询语句就会一直持有 MDL（metadata lock，元数据读锁），XtraBackup 在复制完 ".ibd"（InnoDB 表）后，会执行 flush tables with read lock 命令加全局读锁只读（整个数据库实例），由于大事务查询操作未结束，没有释放该表的 MDL 锁，因此进程会挂起，备份也就卡在那里了，执行 show processlist 命令时会看到 Waiting for table flush 的信息，后续对 sbtest1 表的查询也会被卡住，如图 6-3 所示。

```
mysql> show processlist;

| Id  | User            | Host      | db   | Command | Time     | State                  | Info                                                              |
|   5 | event_scheduler | localhost | NULL | Daemon  | 11086629 | Waiting on empty queue | NULL                                                             |
| 212 | root            | localhost | test | Query   | 43       | User sleep             | select *,sleep(3600) from sbtest1 where id between 10 and 100 limit 1 |
| 214 | root            | localhost | test | Query   | 18       | Waiting for table flush | select * from sbtest1 limit 10                                   |
| 216 | root            | localhost | NULL | Query   | 0        | init                   | show processlist                                                 |
| 217 | root            | localhost | test | Query   | 28       | Waiting for table flush | flush tables with read lock                                      |

5 rows in set (0.00 sec)

mysql> select version();

| version() |
| 8.0.26    |

1 row in set (0.00 sec)
```

图 6-3　未释放元数据锁导致后续查询操作被卡住

下面通过表 6-1 来复现上述问题。

表 6-1　未释放元数据导致的问题

步骤	会话一	会话二	会话三	会话四
1	mysql> select *,sleep(3600) from sbtest1 where id between 10 and 100 limit 1; （会话一故意休眠 3600 秒后查询 sbtest1 表中 10 至 100 行的数据，此时元数据读锁未释放）			
2		mysql> flush tables with read lock; （会话二稍后执行全局读锁命令时进程被挂起，暂停执行）		
3			mysql> select * from sbtest1 limit 10; （会话三再次对 sbtest1 表执行查询操作，由于会话二没有拿到全局读锁，处于等待状态，导致会话三查询 sbtest1 表时无法获取元数据读锁，它也被阻塞了，相当于 sbtest1 表现在完全处于不可读写的状态）	
4				mysql> show processlist; （执行上述命令后，你会看到 Waiting for table flush 的信息）

出现 Waiting for table flush 问题的处理方法如下。

这里的 flush tables with read lock 操作被大事务、慢查询或者锁卡住了，以致出现了 Waiting for table flush 的报错信息，这时我们需要先找到是哪些表被锁住了，或者是哪些慢查询导致 flush tables with read lock 操作一直处于等待状态而无法关闭该表，然后杀死对应的线程 ID。通过下面的命令可以找到被锁阻塞的 SQL。

```
-- 查看MySQL锁阻塞的SQL
SELECT
  a.trx_id,
```

```
  trx_state,
  trx_started,
  b.id AS processlist_id,
  b.info,
  b.user,
  b.host,
  b.db,
  b.command,
  b.state,
CONCAT('KILL QUERY ',b.id) as sql_kill_blocking_query
FROM
  information_schema.`INNODB_TRX` a,
  information_schema.`PROCESSLIST` b
WHERE a.trx_mysql_thread_id = b.id
ORDER BY a.trx_started\G;
```

执行结果如图 6-4 所示。

```
mysql>
mysql> — 查看MySQL锁阻塞的SQL
mysql> SELECT
    ->    a.trx_id,
    ->    trx_state,
    ->    trx_started,
    ->    b.id AS processlist_id,
    ->    b.info,
    ->    b.user,
    ->    b.host,
    ->    b.db,
    ->    b.command,
    ->    b.state,
    ->    CONCAT('KILL QUERY ',b.id) as sql_kill_blocking_query
    -> FROM
    ->    information_schema.`INNODB_TRX` a,
    ->    information_schema.`PROCESSLIST` b
    -> WHERE a.trx_mysql_thread_id = b.id
    -> ORDER BY a.trx_started\G;
*************************** 1. row ***************************
                 trx_id: 421181861663512
              trx_state: RUNNING
            trx_started: 2021-11-30 22:06:27
         processlist_id: 212
                   info: select *,sleep(3600) from sbtest1 where id between 10 and 100 limit 1
                   user: root
                   host: localhost
                     db: test
                command: Query
                  state: User sleep
sql_kill_blocking_query: KILL QUERY  212
1 row in set (0.00 sec)

ERROR:
No query specified

mysql> █
```

图 6-4　查找被锁阻塞的 SQL

然后执行命令 KILL QUERY 212 杀死慢 SQL，这时就会释放元数据读锁，至此后续操作便可正常执行。

那么，对于前面的面试题"使用备份工具 XtraBackup，假如凌晨刚好有个慢 SQL 在执行，你需要加什么参数备份可以成功？"解答为：在 XtraBackup 备份工具中增加参数"--kill-long-queries-timeout=10"，单位为秒。即当出现 10 秒未执行完的慢 SQL 语句时，直接杀死该 SQL 语句。

6.3.2　使用 Percona XtraBackup 8.0 备份 MySQL 8.0

由于 MySQL 8.0 在数据字典、重做日志和撤销日志中引入的更改与之前的版本不兼容，因此 Percona XtraBackup 8.0 目前不支持 MySQL 8.0 之前的版本。

XtraBackup 工具开启压缩模式需要先安装 Percona 自研的 qpress 压缩工具，命令如下：

```
# yum install  https://repo.percona.com/yum/percona-release-latest.noarch.rpm
# yum install qpress -y
# yum install https://downloads.percona.com/downloads/Percona-XtraBackup-LATEST/
  Percona-XtraBackup-8.0.26-18/binary/redhat/7/x86_64/percona-xtrabackup-80-
  8.0.26-18.1.el7.x86_64.rpm -y
```

使用 XtraBackup 8.0 进行数据备份，命令如下：

```
# xtrabackup --defaults-file=/etc/my_hechunyang.cnf -S /tmp/mysql_hechunyang.sock
--user='root' --password='123456' --slave-info --backup
--compress --compress-threads=4 --target-dir=/data/bak/
```

注意，--slave-info 参数用于记录从库断点续传的复制位置信息，记录在文件 /data/bak/xtrabackup_slave_info 里。

上述备份命令中的参数及其说明如下。

❏ --compress：开启压缩模式。

❏ --compress-threads：开启压缩模式的线程数。

使用 XtraBackup 8.0 进行解压缩操作的命令如下：

```
# for bf in `find . -iname "*\.qp"`; do qpress -d $bf $(dirname $bf) && rm -f $bf; done
```

下面使用 XtraBackup 8.0 恢复备份期间的增量数据（这一步类似于执行 innobackupex --apply-log 命令）：

```
# xtrabackup  --prepare --target-dir=/data/bak/
```

使用 XtraBackup 8.0 进行数据恢复操作，其中又包含如下步骤。

1）关闭 mysqld 进程。

2）确保 datadir 目录为空，可以将原目录重新命名，然后创建一个新的 datadir 目录。

3）进行数据恢复操作，命令如下：

```
# xtrabackup --defaults-file=/etc/my_hechunyang.cnf --copy-back --target-dir=/data/bak/
```

4）更改目录的属性，命令如下：

```
# chown -R mysql:mysql /var/lib/mysql/
```

5）最后启动 mysqld 进程。

6.3.3 MariaDB 热备份工具 mariabackup

MariaDB 10.1 引入了 MariaDB 独有的功能，例如 InnoDB 的页面压缩和静态数据加密等。这些独有功能用户非常欢迎。但是来自 MySQL 生态系统的现有备份方案（如 Percona XtraBackup）并不支持这些功能的完全备份。

为了满足用户的需求，MariaDB 官方决定开发一个完全支持 MariaDB 独有功能的备份工具——mariabackup，其基于 Percona XtraBackup 2.3.8 版本改写、扩展而来。

下面介绍 mariabackup 工具的使用方法（该工具位于二进制 tar 包的 bin 目录下）。

使用 mariabackup 进行数据备份的命令如下：

```
shell> mariabackup --defaults-file=/etc/my.cnf -S /tmp/mysql3306.sock --backup
  --target-dir=/data/bak/ --user=root --password=123456
```

下面使用 mariabackup 恢复备份期间的增量数据（这一步与执行 innobackupex --apply-log 命令类似）：

```
shell> mariabackup --prepare --target-dir=/data/bak/
```

注意，/data/bak/xtrabackup_binlog_pos_innodb 文件中记录了主库的位置信息。

使用 mariabackup 进行数据恢复操作时，其中包含了如下步骤。

1）关闭 mysqld 进程。

2）确保 datadir 目录为空，可以将原目录重新命名，然后创建一个新的 datadir 目录。

3）进行数据恢复操作，命令如下：

```
shell> mariabackup --defaults-file=/etc/my.cnf --copy-back --target-dir=/data/bak/
```

4）更改目录的属性，命令如下：

```
shell> chown -R mysql:mysql /var/lib/mysql/
```

如果想要在从库上进行数据备份，并且记录从库断点续传的复制位置信息，以便后续再接一个从库，则可以采用如下命令：

```
shell> mariabackup --defaults-file=/etc/my.cnf -S /tmp/mysql3306.sock --backup
  --slave-info --safe-slave-backup --target-dir=/data/bak/ --user=root
  --password=123456
```

注意，/data/bak/xtrabackup_slave_info 文件中记录了从库断点续传的复制位置信息。

如果备份的时候指定了压缩参数 --stream=xbstream，那么可以用下面的命令对 xbstream 文件格式进行解压缩操作：

```
shell> /usr/local/mariadb/bin/mbstream -x -C ./ < ./backup.xbstream
```

第三部分 *Part 3*

高可用架构

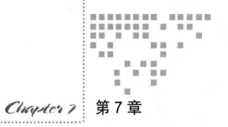

高可用架构集群管理

MHA（Master High Availability）是目前中小型公司常用的 MySQL 高可用架构，但有些云厂商不支持 VIP（Virtual IP Address，虚拟 IP 地址），因此无法基于 MHA 或 Keepalived 实现漂移 VIP 形式的高可用应用场景。

不过，Consul 服务发现与 MHA 架构的组合可以解决上述问题，其工作原理如图 7-1 所示。

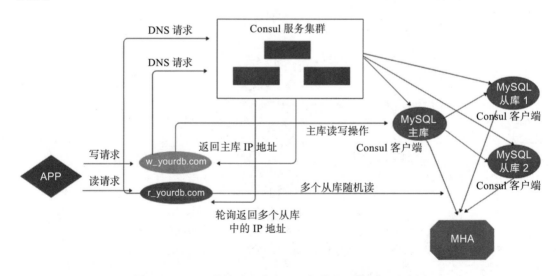

图 7-1　Consul 服务发现与 MHA 架构的工作原理示意图

客户端 PHP/Java 应用程序访问 Consul 服务集群 DNS 域名，从 Consul 处获取后端 MySQL 的主库 IP 地址，然后将写请求发送到主库。MHA 负责主、从库的故障转移和在线切换，当主、从库的角色发生变化时，Consul 服务能够智能识别新的主库，Consul 在此相当于一个代理中间件。不过，我们需要通过自定义脚本结合 Consul 来判断当前 MySQL 是主库还是从库。

细心的读者应该会发现一个问题，这个方案的成本是不是有些高？既要部署 MHA，又要部署 Consul，而且自定义脚本可能会缺乏测试和灵活性。显然，在一个好的解决方案中，恢复应该是自动的、经过全面测试的，并且最好能够包含在现有数据库的可伸缩性环境中。

通常情况下，生产环境中的架构越简单，排查和定位问题就会越容易。那么，架构能否再简单一些呢？是否可以只修改几个配置文件，然后启动服务就能完成上述功能呢？答案是肯定的。本章就来介绍两个能够满足上述要求的高可用架构工具：MaxScale 和 MySQL 组复制（MGR）。

7.1 MaxScale 高可用架构

MariaDB 官方出品的 MaxScale 集成了 Consul 服务发现与 MHA 架构的所有功能，不用依赖第三方工具，也可以让你在云端快速部署一套高可用架构，即使没有专业的 MySQL 数据库管理员的帮助也能完成。

为了满足搭建高可用架构的需求，MariaDB MaxScale 2.2 版本在支持原有读写分离功能的基础上又添加了主从复制集群管理的功能。目前，最新版的 MaxScale 2.5 版本还实现了 GUI（Graphical User Interface，图形用户界面）可视化监控管理 Web 页面的功能。

需要注意的是，故障转移、在线切换和重新加入仅支持基于 GTID 的复制，并且仅适用于简单的一主多从的拓扑架构，即一个主库加上多个从库的架构。

7.1.1 功能概述

在 MaxScale 中，Mariadbmon 守护进程会实时探测主、从库的复制状态，可以通过故障转移、在线切换和重新加入等操作来修改复制集群，具体说明如下。

- ❑ 故障转移：是指用最新的从库替换发生故障的主库。故障转移分为手动故障转移和自动故障转移两种。在当前已存在的主从复制环境中，MaxScale 可实现主机故障监控，并且自动进行故障转移。

  故障转移需要开启无损半同步复制，即将参数 rpl_semi_sync_master_wait_point 设置为 AFTER_SYNC，以确保从库已经接收到了主库的二进制日志。因为一旦主库发生故障，MaxScale 就无法远程复制缺失的那部分二进制日志了，所以数据就会出现主从不一致的问题。

- ❑ 在线切换：是指在线进行主、从库切换，功能类似于 MHA 切换命令 masterha_master_switch --master_state=alive。

　　如果作为主库的机器需要维护（例如更换原主库坏掉的硬盘），则应将主库的角色切换到其他主机上，这并不是主库进程崩溃引起的故障转移，而是在线切换。由于在线切换耗时为 0.5 秒 ~ 2 秒，并且会阻塞写操作（切换时需要在原主库上执行 SET GLOBAL read_only=1 命令设置全局只读模式，还要执行 FLUSH TABLES 命令强制关闭所有的表），因此建议在凌晨业务低峰期执行。

❑ 重新加入：指原主库作为从库重新加入新的集群后如何与新的主库建立同步复制关系。由于 MaxScale 是基于 GTID 模式的主从复制，全局事务号是唯一的，因此其会自动执行 CHANGE MASTER TO NEW_MASTER, MASTER_USE_GTID = current_pos 命令，无须人工参与。

　　需要注意的是，执行重新加入操作时，请确保开启所有的 MySQL 主从节点参数，即设置参数 log_slave_updates 的值为 ON（开启）。

7.1.2　搭建 MaxScale 高可用架构

1. 配置环境

MaxScale 高可用架构的配置环境具体如下。

❑ Maxsclae：127.0.0.1，端口：4006。

❑ 主库：127.0.0.1，端口：3312。

❑ 从库 1：127.0.0.1，端口：3314。

❑ 从库 2：127.0.0.1，端口：3316。

2. 安装过程

1）安装 MaxScale，命令如下：

```
# wget https://dlm.mariadb.com/1092038/MaxScale/2.5.1/centos/7/x86_64/maxscale-
2.5.1.centos.7.tar.gz
# tar zxvf maxscale-2.5.1.centos.7.tar.gz -C /usr/local/
# groupadd maxscale
# useradd -g maxscale maxscale
# cd /usr/local/
# ln -s maxscale-2.5.1.centos.7 maxscale
# mkdir -p maxscale/var/mysql/plugin
# chown -R maxscale.maxscale maxscale/
```

2）创建密钥文件，命令如下：

```
# maxkeys /usr/local/maxscale/var/lib/maxscale/
```

由上述命令可知，密钥文件 " .secrets" 存放在 /usr/local/maxscale/var/lib/maxscale/ 目录下。

3）创建加密密码，命令如下：

```
# maxpasswd /usr/local/maxscale/var/lib/maxscale/  123456
```

这里是对密码"123456"做加密处理，处理后会生成如下的加密字符串：

5CD3AF1688D20ECED2BECEF15C075BC6B02375FE27FFCAC3A12A5FFCBE4FB16C

请将这些加密后的字符串保存好，之后要粘贴在 maxscale.cnf 配置文件里。

4）修改文件描述符"65535"，命令如下：

```
# vim /etc/security/limits.conf
* soft nofile 65535
* hard nofile 65535
# vim /etc/sysctl.conf
fs.file-max=65535
net.ipv4.ip_local_port_range = 1025 65000
net.ipv4.tcp_tw_reuse = 1
```

修改完毕后，通过 reboot 命令重启服务器使修改生效。

5）创建 MaxScale 监控账号，命令如下：

```
CREATE USER 'monitor_user'@'%' IDENTIFIED BY 'my_password';
GRANT REPLICATION CLIENT on *.* to 'monitor_user'@'%';
GRANT SUPER, RELOAD on *.* to 'monitor_user'@'%';
```

注意，如果你用的是 MariaDB 10.5 版本，那么复制权限命名会发生以下变化。

❑ SHOW MASTER STATUS 语句会更名为 SHOW BINLOG STATUS。

❑ REPLICATION CLIENT 权限会更名为 BINLOG MONITOR。

❑ SHOW BINLOG EVENTS 语句需要拥有 BINLOG MONITOR 权限。

❑ SHOW SLAVE HOSTS 语句需要拥有 REPLICATION MASTER ADMIN 权限。

❑ SHOW SLAVE STATUS 语句需要拥有 REPLICATION SLAVE ADMIN 和 SUPER 权限。

❑ SHOW RELAYLOG EVENTS 语句需要拥有 REPLICATION SLAVE ADMIN 权限。

在 MariaDB 10.5 版本里，创建 MaxScale 监控账号的命令将改为如下命令：

```
GRANT REPLICATION SLAVE, REPLICATION SLAVE ADMIN,
REPLICATION MASTER ADMIN, REPLICATION SLAVE ADMIN,
BINLOG MONITOR, SUPER, RELOAD
ON *.* TO 'monitor_user'@'%' IDENTIFIED BY 'my_password';
```

6）配置 MaxScale 服务，具体如下：

```
# cat /usr/local/maxscale/etc/maxscale.cnf
[maxscale]    #全局模板
threads=auto    #根据服务器的CPU核数，自动设置CPU线程数
log_info=1
log_warning=1
log_notice=1
admin_host=0.0.0.0    #打开图形管理页面
admin_secure_gui=false    #不设置HTTPS服务

[server1]    #主机模板
type=server
address=127.0.0.1
port=3312
protocol=MariaDBBackend
```

```
[server2]
type=server
address=127.0.0.1
port=3314
protocol=MariaDBBackend

[server3]
type=server
address=127.0.0.1
port=3316
protocol=MariaDBBackend

[MariaDB-Monitor]    #故障转移监控模板
type=monitor
module=mariadbmon    #核心监控模块
servers=server1,server2,server3
user=monitor_admin
password=5CD3AF1688D20ECED2BECEF15C075BC6B02375FE27FFCAC3A12A5FFCBE4FB16C
monitor_interval=2000    #每隔2秒探测一次
auto_failover=true    #打开自动故障转移
auto_rejoin=true    #打开自动重新加入
failcount=3
failover_timeout=90
switchover_timeout=90
verify_master_failure=true
master_failure_timeout=10

[RW_Split_Router]    #服务模板
# SQL解析基于STATEMENT的方式
type=service
router=readwritesplit
servers=server1,server2,server3
enable_root_user=1
# 默认禁止有root超级权限的用户访问，设置为1则表示允许

user=appuser_rw
# 应用读写分离账号
password=5CD3AF1688D20ECED2BECEF15C075BC6B02375FE27FFCAC3A12A5FFCBE4FB16C
master_accept_reads=true
# 默认读取操作是不会被路由到主库的，设置为true表示允许对主库进行读取

causal_reads=local
causal_reads_timeout=10
max_slave_replication_lag=1
max_slave_connections=2
max_connections=5000
# MaxScale连接到后端MySQL主库的最大连接数，设置为0表示不限制

[RW_Split_Listener]    #服务监听模板
type=listener
service=RW_Split_Router    #服务模板
protocol=MariaDBClient
port=4006
# 读写分离端口，即对外提供给应用访问连接的端口，用户可以自定义该端口
```

由上述配置文件可知，maxscale.cnf配置文件分为全局模板、主机模板、故障转移监控模板、服务模板和服务监听模板五大部分。

3. 重要参数详解

（1）故障转移监控模板

auto_failover 参数通常设置为 true，表示打开自动故障转移，该参数设置为 false 时表示关闭自动故障转移，需要人工执行命令去做故障转移，示例命令如下：

```
[MariaDB-Monitor]
auto_failover=true
```

auto_rejoin 参数通常设置为 true，表示打开自动重新加入，该参数设置为 false 时表示关闭自动重新加入，需要人工执行 CHANGE MASTER TO NEW_MASTER, MASTER_USE_GTID = current_pos 命令，示例命令如下：

```
auto_rejoin=true
```

下面的设置表示若连续 3 次连接失败，则认定主库已发生故障，开始启动故障转移操作，默认设置的是连续 5 次连接失败：

```
failcount=3
```

failover_timeout 参数的默认值为 90，表示假定从库有延迟，在默认的 90 秒内没有完成同步，就自动关闭故障转移：

```
failover_timeout=90
```

switchover_timeout 的默认值为 90，表示假定从库有延迟，在默认的 90 秒内没有完成同步，就自动关闭在线切换：

```
switchover_timeout=90
```

当 MaxScale 连接不上主库时，开启其他从库再次验证主库是否出现故障，命令如下：

```
verify_master_failure=true
```

这样设置的好处是能够防止因网络抖动误切换（脑裂）而造成数据不一致，其实现原理为投票机制，当 MaxScale 无法连接 MySQL 的主库时，会试图从其他从库上连接 MySQL 的主库，只有当双方都连接失败时才认定 MySQL 的主库已发生故障。假如有一方可以连接到 MySQL 的主库，则不会进行故障转移操作。

verify_master_failure 参数的设置有些类似于 MHA 的 masterha_secondary_check 命令（二次检查命令），默认为 true 表示开启，无须关闭。

master_failure_timeout 参数依赖于 verify_master_failure，当该参数开启时，若从库在默认的 10 秒内无法连接主库，则认定主库出现故障（master_failure_timeout 参数的默认值为 10）：

```
master_failure_timeout=10
```

（2）服务模板

这里需要定义一个服务，由路由选择读写分离模块，以便将一部分 SELECT 读取操作分离到从库上。参数 router=readwritesplit 是基于 statement 的，用于解析 SQL 语句。在这里，前端程序不需要修改代码，通过 Maxscale 对 SQL 语句进行解析，然后把读写请求自动路由到后端数据库节点上，从而实现读写分离。开源的 Percona ProxySQL 中间件也是基于 statement 的方式实现读写分离的。

如果担心数据有延迟，担心数据的准确性，则可以设置在主库上进行查询操作。master_accept_reads 参数的默认值为 false，表示读操作是不会被路由到主机上的，只有将其设置为 true 时才允许主机用于读取操作，示例命令如下：

```
[RW_Split_Router]
master_accept_reads=true
```

允许两个从库进行读取的命令如下：

```
max_slave_connections=2
```

若延迟时间超过 1 秒，就把请求转发给主机的命令如下：

```
max_slave_replication_lag=1
```

由于 MaxScale 对后端 MySQL 的主从复制延迟进行心跳检测时是每隔 2 秒探测一次（参数 monitor_interval=2000），因此可能会存在主从延迟检测不到的情况。

例如，主库上写入了一条数据，从库还没来得及写入该记录，这时就可以将 causal_reads 参数的值设置为 local。若有客户端在从库上查询该记录就会等待，直至等待的时间超过 10 秒（超时限制，causal_reads_timeout=10，默认为 10 秒），超时后请求会强制转发给主库。示例命令如下：

```
causal_reads=local
```

（3）服务监听模板

我们在服务模板中已经完成了对服务的定义，为了让客户端可以请求访问，还需要再定义一个 TCP 端口，示例命令如下：

```
[RW_Split_Listener]
service=RW_Split_Router
# 这里的RW_Split_Router模块名需要对应服务模块的名字

port=4006
#
# 读写分离端口，即对外提供给应用访问连接的端口，用户可以自定义该端口
```

接下来启动 MaxScale 服务，命令如下：

```
# /usr/local/maxscale/bin/maxscale --user=maxscale
--basedir=/usr/local/maxscale/
--config=/usr/local/maxscale/etc/maxscale.cnf
```

日志信息会记录到 /usr/local/maxscale/var/log/maxscale/maxscale.log 中。

此时所有的从库都自动设置为只读模式了，可以通过 select @@read_only 命令查看。

我们可以通过 maxctrl 后台管理命令查看主从复制集群的状态信息，命令如下：

```
# maxctrl list servers
```

查看 MaxScale 的后台管理信息，结果如图 7-2 所示。

主机名	IP 地址	端口	连接数	运行状态	GTID
server1	127.0.0.1	3312	0	Master, Running	0-33141-20
server2	127.0.0.1	3314	0	Slave, Running	0-33141-20
server3	127.0.0.1	3316	0	Slave, Running	0-33141-20

图 7-2　查看主从复制集群状态信息

查看我们刚才注册的服务，命令如下：

```
# maxctrl list services
```

结果如图 7-3 所示。

服务名	路由规则	当前连接数	连接数总和	主机
RW_Split_Router	readwritesplit	0	2	server1, server2, server3

图 7-3　查看读写分离服务状态

也可以通过 Web 图形用户界面来查看注册的服务，访问端口的地址为 http://yourip:8989，登录名为 admin，密码为 mariadb，结果如图 7-4 所示。

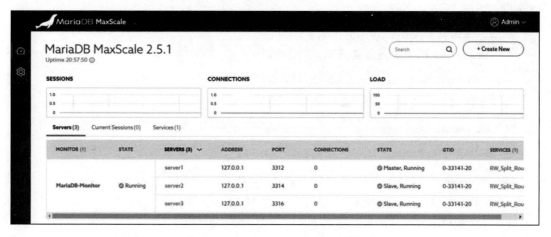

图 7-4　MaxScale Web 图形用户界面

7.1.3　模拟故障转移

首先通过 mysqladmin shutdown 命令关闭主库的 mysqld 进程。

1. 场景一：自动故障转移

在当前已存在的主从复制环境中，MaxScale 可以监控主机故障，并且实现自动故障转移。即使有一些从库没有接收到新的 GTID 事务，MaxScale 也会从最新的从库上自动识别有差异的 GTID 事务，并将其应用到其他从库上，因此所有的从库数据都是一致的。

如果采用自动切换模式，则需要开启半同步复制，确保一个从库已经接收到了主库完整的 GTID 事务。如果因为主库宕机，MaxScale 无法远程复制缺失的那部分 GTID 事务，那么数据就会出现不一致的问题。

下面介绍一下自动故障转移的步骤，并进行相应的剖析。

首先，按照 GTID 事件的执行情况选择最新的从库作为主库，并按照以下顺序和标准进行排列。

1）gtid_IO_pos（即中继日志中最新的 GTID 事件）。

2）gtid_current_pos（即处理的 GTID 事件最多）。

3）开启 log_slave_updates。

4）足够的磁盘空间。

如果以上条件都满足，就按照 maxscale.cnf 主机模板的顺序进行故障转移，如果 server2 出现故障就切换到 server3 上，依此类推。

如果在故障转移的过程中，发现最新的从库还有尚未处理的中继日志，就根据 failover_timeout=90 的设置等待 90 秒，如果超过 90 秒数据仍未同步完，则关闭故障转移。通过比较 gtid_binlog_pos 和 gtid_current_pos 的值是否相等来判断从库的数据是否已经完成同步。

然后，准备新的主库，具体操作如下。

1）在最新的从库上关闭复制进程，命令如下：

```
SET STATEMENT max_statement_time=1 FOR STOP SLAVE;
```

并清空同步复制信息，命令如下：

```
SET STATEMENT max_statement_time=1 FOR RESET SLAVE ALL;
```

2）在最新的从库上，关闭只读模式，命令如下：

```
SET STATEMENT max_statement_time=1 FOR SET GLOBAL read_only=0;
```

3）在最新的从库上，启用 EVENT 事件（即 MySQL 的定时任务）。

4）接收客户端的读写请求。

接下来，重定向所有的从库，使其指向新的主库以进行同步复制，具体操作如下。

1）停止同步复制，命令如下：

```
SET STATEMENT max_statement_time=1 FOR STOP SLAVE;
```

2）指向新的主库以进行同步复制，命令如下：

```
SET STATEMENT max_statement_time=1 FOR CHANGE MASTER '' TO
MASTER_HOST = '127.0.0.1', MASTER_PORT = 3314,
MASTER_USE_GTID = current_pos, MASTER_USER = 'admin',
MASTER_PASSWORD = '123456';
```

3）开启同步复制，命令如下：

```
SET STATEMENT max_statement_time=1 FOR START SLAVE;
```

最后，检查所有的从库复制是否正常，执行 SHOW ALL SLAVES STATUS 命令判断 Slave_IO_Running 和 Slave_SQL_Running 的值是否都为"Yes"。

2. 场景二：手动故障转移

MaxScale 可以只用来做故障转移，而不监测主库的运行状态，即 MaxScale 只用于进行手动故障转移。

如果采用的是默认的异步复制模式，主库宕机后，就会无法得知最新的 GTID 事务是否全部发送到从库上，这时我们需要等待主库恢复后，把未发送的 GTID 事务同步到从库上，如果这里采用自动故障转移模式，那么数据就会出现不一致的问题。

只有当机器长时间启动不了（如硬件主板损坏）或者崩溃的恢复时间很长，已严重影响业务访问，并且不在意丢失的那一部分 GTID 事务时，才需要人工介入，手动处理主库的故障转移。

以下命令可以实现手动故障转移：

```
# maxctrl call command mariadbmon failover MariaDB-Monitor
```

这里的转移细节与自动故障转移是一样的，为了节省篇幅，不再赘述。

3. 场景三：在线平滑切换

如果企业因机器维护需要将主库的访问请求在线切换到其他主机上（例如换一块硬盘），那么建议在凌晨业务低峰期执行。这是因为在线切换通常需要 0.5 秒 ~ 2 秒的时间，并且会阻塞写（会执行 FLUSH TABLES WITH READ LOCK 命令加全局读锁）。

假设目前的主库是 server1，从库是 server2。可以通过以下命令实现在线平滑切换：

```
# maxctrl call command mariadbmon switchover MariaDB-Monitor server2 server1
```

注意，完成切换后 server2 将成为新的主库。

下面介绍一下在线平滑切换的操作过程。

首先，降级目前的主库（下文称其为旧主库），具体操作如下。

1）在旧主库上，开启只读模式，命令如下：

```
SET STATEMENT max_statement_time=1 FOR SET GLOBAL read_only=1;
```

这时，此主库会禁止数据写入。

2）终止拥有 SUPER 权限的超级用户的连接。通过以下命令找到超级用户的连接 ID：

```
SELECT DISTINCT * FROM (SELECT P.id,P.user FROM
```

```
information_schema.PROCESSLIST as P INNER JOIN mysql.user
as U ON (U.user = P.user) WHERE (U.Super_priv = 'Y' AND
P.COMMAND != 'Binlog Dump' AND P.id != (SELECT
CONNECTION_ID()))) as tmp;
```

然后执行 KILL 命令，因为只读模式不会影响 SUPER 权限超级用户更改数据。

3）执行 FLUSH TABLES 命令强制关闭所有的表。

4）执行 FLUSH LOGS 命令刷新二进制日志，以便将所有的二进制日志都写到磁盘上。

5）在旧主库上执行 SELECT @@gtid_current_pos 命令，其中的"@@gtid_binlog_pos"用于记录事务号。然后，在新主库上执行 SELECT MASTER_GTID_WAIT('GTID') 命令，如果执行结果都为 0，则表示已经完成了数据同步，可以进行切换了，否则新主库需要一直等待，直至完成同步为止。

后续的切换步骤与故障转移一样。

4. 小结

生产环境中至少要部署两个 MaxScale 服务，可以与后端的 MariaDB 部署在一起，这样就能节省因网络 I/O 请求转发而带来的额外损耗，另外还可以将 MaxScale 挂在云服务后面做负载均衡。

由于 GTID 的实现方式不同，MaxScale 最新版暂不支持 MySQL 和 Percona 的故障转移和切换，仅支持读写分离功能。

如果切换失败，则错误日志里会记录如下信息：

```
error : [mariadbmon] The backend cluster does not support failover/switchover due
to the following reason(s):The version of 'server2' (8.0.21) is not supported.
Failover/switchover requires MariaDB 10.0.2 or later.
```

表示 MaxScale 不支持后端 MySQL 集群的故障转移和在线平滑切换，MariaDB 10.0.2 或更高版本才支持这两种操作。

MaxScale 是 BSL（商业源许可证）协议，在生产环境中，如果后端超过 3 个 MariaDB 实例提供服务，就必须购买商业授权。

7.2　MySQL 组复制高可用架构

MySQL 异步复制及 semi-sync 半同步复制均是基于 MySQL 二进制日志实现的。由于不需要保证从库接收并执行了二进制日志，因此主库能够发挥最大性能，但是从库可能会存在延迟，无法保证主、从数据的一致性。在不停止服务的前提下，如果主库发生了故障，那么将从库提升为新的主库时就会丢失数据。

semi-sync 在异步复制的基础上增加了数据保护措施，这样一来主库必须确认从库收到二进制日志后（只需要一个从库得到 ACK 确认响应即可，不会保证从库已执行完事务）才能最终提交事务。若再结合 MHA 高可用架构，则当主库发生故障时，从库可以在应用完所有中继日志后切换成主库来提供读写服务。

semi-sync 半同步复制的工作原理如图 7-5 所示。

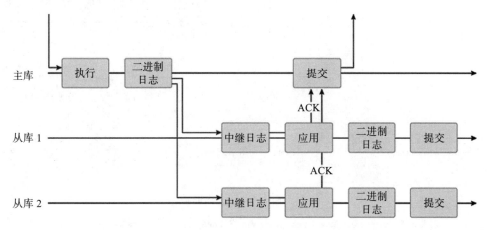

图 7-5　semi-sync 半同步复制的工作原理

图片来源：https://dev.mysql.com/doc/refman/8.0/en/images/semisync-replication-diagram.png。

相较于 MySQL 原生复制和 semi-sync 半同步复制，组复制（Group Replication，也称全同步复制）的不同之处具体如下。

❑ 组复制的主从数据不存在延迟，一个节点发生故障后，其他两个节点可以立即提供服务。而半同步复制需要执行完所有中继日志之后才能切换到其他节点，并且需要依赖第三方高可用软件才能保证数据不丢失。

❑ 事务冲突检测能够保证数据的一致性，多个节点可以同时读写数据，这极大地简化了数据访问操作。

❑ 支持行级别并行复制。MySQL 5.7、MariaDB 10.0 之前的版本中，从库的 SQL 线程只有一个，这是导致从库的数据落后于主库的主要原因。

7.2.1　组复制的工作原理

组复制使用的是基于认证的复制，其工作流程如图 7-6 所示。

当客户端发起提交命令的申请时（此时尚未真正提交），相关事务变更的数据和主键都将被搜集到一个写集合（writeset）中，该写集合随后会被复制到其他节点，且会在每个节点上使用搜索到的主键进行确认性认证测试（即冲突检测），以判断该写集合是否可以被应用。如果认证测试失败，写集合就会被丢弃并且原始事务会被回滚；如果认证成功，事务就会被提交并且写集合会被应用到剩余节点中。这就意味着所有的服务器将以相同的顺序接收同一组事务。因为事务是通过原子广播发送的，MySQL 组复制中的所有节点要么都接收事务，要么都拒绝事务。

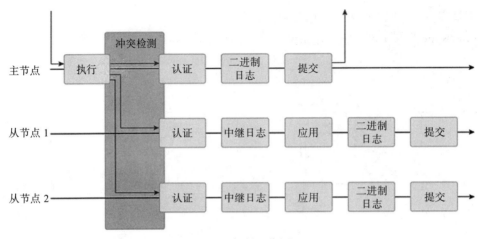

图 7-6 组复制工作原理

图片来源：https://dev.mysql.com/doc/refman/8.0/en/images/gr-replication-diagram.png。

其他节点只要验证成功了，就会返回成功的信号，即使当前数据并没有真正地写入当前节点，因此这里的组复制其实是虚拟的全同步复制。在这段时间内，虽然数据是有延迟的，但延迟很小，如果应用程序访问的是远端节点，那么读取到的数据就是未改变之前的旧数据。在对数据延迟要求很苛刻的生产环境下，建议在主节点上进行读写，从而避免发生数据不一致的问题。

真正意义上的组复制，是要等所有节点的事务全都提交完成之后才能成功地返回客户端，因此虚拟组复制的性能要更好一些。

所以 MySQL 组复制并不是全同步方案，关于如何处理一致性读写的问题，MySQL 在8.0.14 版本中加入了"读写一致"的特性，并引入了 group_replication_consistency 参数，下面就来详细说明"读写一致"的相关参数及不同的应用场景。

参数 group_replication_consistency 的可选值及说明具体如下。

（1）EVENTUAL

将参数的值设置为 EVENTUAL（默认值）时不能保证读取到的是最新的数据。设置该值后，假设在节点 M1 上，事务 T1 执行 UPDATE student SET cnt=11 命令进行全表更新时，节点 M3 未执行完刚才的更新操作，数据出现延迟。在节点 M3 上，事务 T2 查询数据时（执行 SELECT cnt FROM student WHERE id = 1 命令）会发现读取到的是旧数据，MySQL内部没有发生任何阻塞。

参数 group_replication_consistency 取值为 EVENTUAL 时的工作原理如图 7-7 所示。

（2）BEFORE_ON_PRIMARY_FAILOVER

设置此参数值后，在进行切换时，连到新主库的事务会被阻塞，以等待先行事务的提交回放完成。这样就可以确保在进行故障转移和切换时，客户端读取到的是新主库上的最新数据，从而保证数据的一致性。

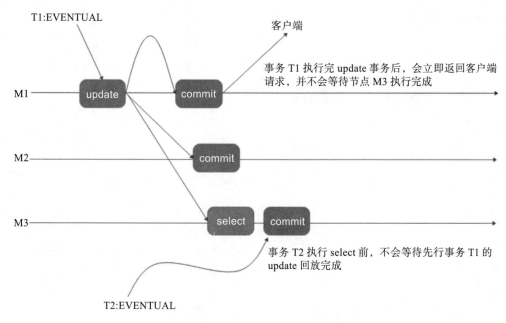

图 7-7　参数值为 EVENTUAL 时的工作原理

（3）BEFORE

该方案包含了 BEFORE_ON_PRIMARY_FAILOVER。设置该值后，假设在节点 M1 上，事务 T1 执行 UPDATE t1 SET cnt=11 命令要进行全表更新，此时它会等待节点 M3 先执行完刚才的更新操作。之后在节点 M3 上事务 T2 查询数据时（执行 SELECT cnt FROM t1 WHERE cnt=11 limit 10 命令），读取到的将是最新数据，MySQL 内部发生阻塞。

参数 group_replication_consistency 取值为 BEFORE 时的工作原理如图 7-8 所示。

（4）AFTER

设置此值后，在节点 M1 上，事务 T1 执行 UPDATE t1 SET cnt=11 命令要进行全表更新，此时也会等待节点 M3 先执行完刚才的更新操作。这个写操作必须在所有节点都执行完之后，才向客户端返回已成功执行的请求，这时事务 T2 才可以执行。

参数 group_replication_consistency 取值为 AFTER 时的工作原理如图 7-9 所示。

（5）BEFORE_AND_AFTER

设置此值后，节点 M1 上事务 T2 的查询操作需要等待节点 M3 上的先行事务 T1 的更新操作回放完成，同时节点 M3 上的事务 T3 需要等待节点 M1 上事务 T2 的删除操作回放完成。

在 BEFORE 模式下，从节点上的所有读事务都会被阻塞，直到回放的所有写事务都被应用完之后，读事务才能继续执行。在 AFTER 模式下，一个写操作返回到客户端就意味着，这个写操作在所有节点上的操作都已经执行完了。BEFORE_AND_AFTER 模式就是 BEFORE 模式和 AFTER 模式的结合。

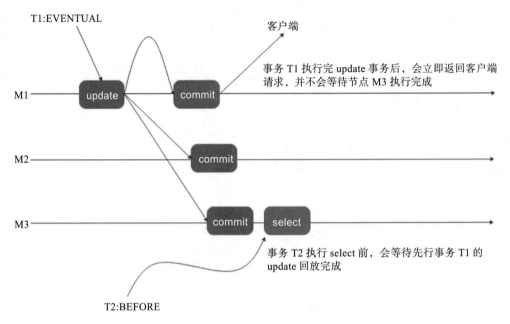

图 7-8　参数值为 BEFORE 时的工作原理

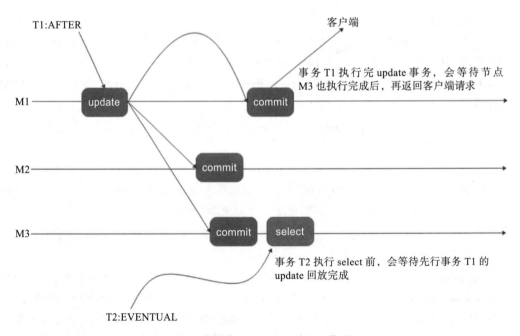

图 7-9　参数值为 AFTER 时的工作原理

参数 group_replication_consistency 取值为 BEFORE_AND_AFTER 时的工作原理如图 7-10 所示。

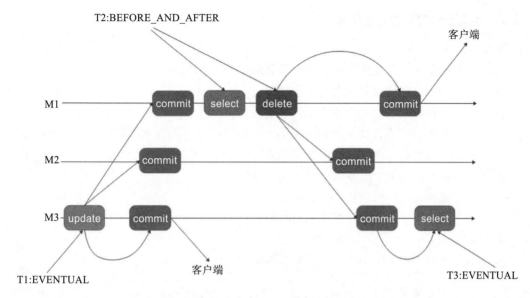

图 7-10　参数取值为 BEFORE_AND_AFTER 时的工作原理

具体的操作演示请参考 Percona 的博客文章，地址为 https://www.percona.com/blog/2020/
01/23/making-sense-of-group-replication-consistency-levels/。

综上所述，参数 group_replication_consistency 设置为默认模式 EVENTUAL 时的性能
最好，但安全性却是最低的；设置为 AFTER 模式时的安全性最高，但性能却是最差的；
BEFORE_AND_AFTER 模式主要用于多主模式，而生产环境推荐使用单主模式，那么取一
个折中办法，在生产环境中先将参数 group_replication_consistency 设置为 BEFORE 模式，
如果从节点不提供读取业务，就将其设置为 BEFORE_ON_PRIMARY_FAILOVER 模式。

组复制内部实现了限流措施，作用就是协调各个节点，保证所有节点执行事务的速度
大于队列增长的速度，从而避免出现事务丢失的问题。限流措施的实现原理如下：在整个
组复制集群中，同一时间只有一个节点可以广播消息（数据），每个节点都能获得广播消息
的机会（获得机会后也可以不广播），当慢节点的待执行队列超过一定长度时，它会广播一
个 FC_PAUSE 消息，所有节点收到消息后会暂缓广播消息且不提供写操作，直到该慢节点
的待执行队列长度减小到一定值后，组复制数据同步才又恢复。

限流的变量参数设置如下：

```
group_replication_flow_control_applier_threshold = 25000
group_replication_flow_control_certifier_threshold = 25000
```

待执行队列长度超过 group_replication_flow_control_applier_threshold 和 group_replication_
flow_control_certifier_threshold 设置的值时就会触发限流操作，它们的默认值是 25 000 个
事务。

7.2.2 组复制的特性和注意事项

组复制具有以下特性。

- 组复制的事务要么在所有节点上全都提交，要么全都回滚。
- 多主复制可以在任意节点上进行写操作。
- 内置了故障检测和自动选主功能。当原主节点发生故障时，组内会自动选择新的主节点。故障节点可自动从集群中移除，当故障节点再次加入集群时，会自动与在线节点同步增量数据，直到与在线节点的数据保持一致为止。
- 推荐给生产环境上的组复制集群配置 3 个节点。
- 每个节点都包含一份完整的数据副本。
- 各个节点的同步复制均是基于 GTID 实现的。

组复制具有以下优点。

- 组复制是真正的多主架构，任何节点都可以进行读写，无须进行读写分离。

> **注意** 建议生产环境中只在一台机器上进行写操作，由于集群是乐观锁并发控制，因此在提交阶段可能会发生事务冲突的问题。如果有两个事务在集群中的不同节点上对同一行进行写操作并提交，那么失败的节点就会回滚，客户端会返回报错信息。作为数据库管理员，如果不想为上述问题困扰，请开启 Single-Primary 写入模式。

- 无须集中管理，在任何时间失去任何一个节点，集群都能继续正常工作而不受影响。
- 即使节点发生故障也不会导致数据丢失。
- 对应用透明。

组复制具有以下缺点。

- 加入新节点的成本较高，需要复制完整的数据。
- 不能有效地解决写扩展的问题，当磁盘空间满了时无法自动扩容，不能像 MongoDB 分片那样自动移动数据块做数据均衡。
- 有多少个节点就有多少份重复的数据。
- 由于事务提交需要进行跨节点通信（分布式事务），因此写操作会比主从复制慢。
- 对网络的要求非常高，如果网络出现波动或机房遭受 ARP 攻击，造成两个节点失联，那么组复制集群就会发生脑裂，服务将不可用。

组复制使用 Paxos 分布式算法，以保证节点之间的分布式协调，因此只有组内大多数节点都处于活动状态时组复制才能正常工作。

"大多数"指的是 $N/2+1$（N 是目前组中的节点总数），图 7-11 所示的是允许出现故障的节点数量，如果组复制集群是由 3 个节点组成的，则需要 2 个节点同时在线才能满足"大多数"的要求，这一点与 MongoDB 副本集的算法类似。

组的大小	"大多数"所指的数量	故障容忍数量
1	1	0
2	2	0
3	2	1
4	3	1
5	3	2
6	4	2
7	4	3

图 7-11　Paxos 算法中集群允许出现故障的节点数量

　　集群自身不提供 VIP 机制，也没有像 MongoDB 副本集那样提供 Java/PHP 客户端 API 实现故障切换（需要开发者自行实现，成本较高），需要结合官方中间件 MySQL 路由实现秒级故障切换。（建议用 2 块网卡做 bond0，其作用是提高网卡的吞吐量，以及增强网络的高可用性。当其中一块网卡坏掉时，业务不会受到影响。）不过，使用这种代理方式性能会降低，因为多了一层网络转发。

　　组复制存在以下局限性。

- ❑ 目前组复制仅支持 InnoDB 存储引擎。
- ❑ 每张表必须要有主键。
- ❑ 只支持 IPV4 网络。
- ❑ 集群最大支持 9 个节点。
- ❑ 不支持保存点。
- ❑ 在多主模式下不支持 SERIALIZABLE 隔离级别。
- ❑ 在多主模式下不支持外键。
- ❑ 整个集群的写入吞吐量会受到最弱的节点限制，如果有一个节点变慢，比如硬盘故障（RAID10 坏了一块盘），那么整个集群都将变慢。为了满足稳定的高性能要求，所有的节点应使用统一的硬件。

7.2.3　组复制的使用方法

单主模式的环境配置具体如下。

1）设置 host 解析，三台服务器的配置如下：

```
# cat /etc/hosts
192.168.17.133      node1
192.168.17.134      node2
192.168.17.135      node3
```

2）编辑 /etc/my.cnf 配置参数，三个节点的设置如下：

```
log-bin = /data/mysql/binlog/mysql-bin
binlog_format = ROW
sync_binlog = 1
binlog_checksum = NONE
log_slave_updates = 1
gtid_mode = ON
enforce_gtid_consistency = ON
master_info_repository = TABLE
relay_log_info_repository = TABLE
```

3）安装插件，命令如下：

```
INSTALL PLUGIN group_replication SONAME  'group_replication.so';
```

4）设置集群参数，三个节点都执行如下命令：

```
set global transaction_write_set_extraction =  "XXHASH64";

set global group_replication_start_on_boot = ON;

set global group_replication_bootstrap_group = OFF;

set global group_replication_group_name = "13dd01d4-d69e-11e6-9c80-000c2937cddb";

set global group_replication_local_address =  '192.168.17.133:6606';

set global group_replication_group_seeds =
   '192.168.17.133:6606,192.168.17.134:6606,192.168.17.135:6606';

set global group_replication_single_primary_mode = ON;
```

注意，group_replication_group_name 的名字要通过 select uuid() 命令来生成。group_replication_local_address 的值在节点 2 和节点 3 上应改成本地 IP 地址。

5）将节点加入集群，在主节点上执行如下命令：

```
SET SQL_LOG_BIN=0;

GRANT  REPLICATION  SLAVE,REPLICATION CLIENT ON *.* TO  'repl'@'%'
IDENTIFIED BY 'repl';

FLUSH  PRIVILEGES;

SET SQL_LOG_BIN=1;

CHANGE MASTER TO MASTER_USER='repl',MASTER_PASSWORD='repl' FOR
CHANNEL 'group_replication_recovery';

SET GLOBAL group_replication_bootstrap_group=ON;

START  GROUP_REPLICATION;

select * from  performance_schema.replication_group_members;

SET  GLOBAL  group_replication_bootstrap_group=OFF;
```

注意，第一次启动组复制时，需要将其设置为引导节点，成功加入到组中后，这个节点会被标记为 ONLINE，只有标记为 ONLINE 的节点，才是组中的有效节点，才可以向外提供服务、进行组内通信和投票，成功加入组后需关闭初始化引导。方法是查看 replication_group_members 表的 MEMBER_STATE 字段，当其状态为 ONLINE 时，再执行 SET GLOBAL group_replication_bootstrap_group 命令关闭初始化引导。

在两台从节点上执行如下命令加入组复制集群：

```
SET SQL_LOG_BIN=0;

GRANT  REPLICATION SLAVE,REPLICATION CLIENT ON *.* TO   'repl'@'%'
IDENTIFIED BY 'repl';

FLUSH  PRIVILEGES;

SET SQL_LOG_BIN=1;

CHANGE  MASTER TO MASTER_USER='repl',MASTER_PASSWORD='repl' FOR
CHANNEL 'group_replication_recovery';

START GROUP_REPLICATION;

select * from  performance_schema.replication_group_members;
```

1. MySQL 8.0 组复制自动安装配置脚本

该脚本可以自动完成主从复制和组复制的配置搭建。Github 地址为 https://github.com/hcymysql/mysql_install/。

首先，将以下三个文件放在同一个目录下（例如 /root/soft/ 下）：

❑ mysql8_install.sh

❑ my_test.cnf

❑ mysql-8.0.20-linux-glibc2.12-x86_64.tar.xz

然后完成配置操作，步骤如下：

1）安装并启动 mysql 进程（主库和从库都要执行），命令如下：

```
#/bin/bash mysql8_install.sh
```

注意，my.cnf 配置文件默认在 /etc/ 目录下，文件名是基于你的数据库名来命名的，例如 my_test.cnf。mysql.sock 在 /tmp 目录下。

2）配置主从复制（仅从库执行），命令如下：

```
#/bin/bash mysql8_install repl
```

3）配置组复制（先在主节点上执行，再到从节点上执行）。

注意，先启动 3 个节点的 mysql 实例，再搭建 MGR，同时修改脚本里的 IP 地址、端口以及 hosts 对应的主机名和地址。

配置组复制的命令如下：

```
#/bin/bash  mysql8_install  mgr
```

执行结果如图 7-12 所示。

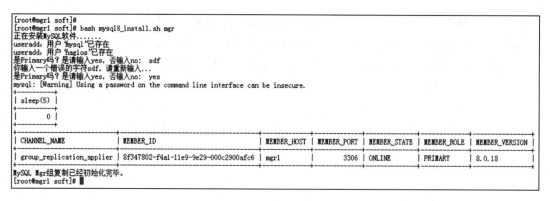

图 7-12　mysql8_install 脚本自动化安装

注意，配置成功后，数据的目录下会生成 mysqld-auto.cnf 配置文件。

2. MySQL 8.0 组复制高可用 VIP 切换脚本

MySQL 8.0 组复制官方推荐使用 MySQL 路由中间件来实现 MGR 高可用故障转移，但由于其多了一层网络，因此性能会下降。此外，还需要额外维护一套中间件，运维成本过高，于是笔者编写了一个类似于 MHA 的 master_ip_failover 脚本，用于实现 VIP 切换。

高可用 VIP 切换脚本的 Github 地址为 https://github.com/hcymysql/mgr_failover_vip。

MySQL 8.0 组复制高可用 VIP 切换脚本能够实现以下功能。

❑ 会自动设置当前主节点和备选主节点参数 group_replication_member_weight 的值为 100（权重 100，默认为 50 的从节点不进行 VIP 切换）。

❑ 会自动设置当前主节点和备选主节点参数 group_replication_consistency 的值为 BEFORE_ON_PRIMARY_FAILOVER（即当主节点出现故障时，备选主节点必须把事务全部执行完之后再为客户端提供读写服务）。

❑ 在生产环境中关闭限流模式（命令为 set global group_replication_flow_control_mode = 'DISABLED'），以防止高并发期间自动触发限流，造成主库不可写的问题，从而引发生产事故。

下面就来介绍 MySQL 8.0 组复制高可用 VIP 切换脚本的运行方法。

第一步，安装 PHP 环境，以便执行 mgr_master_ip_failover.php 故障检测脚本。

```
shell> yum install -y php-process php php-mysql
```

第二步，开启监控管理机和组复制集群中各个节点的 SSH 免密码登录功能（可用 MHA 的 masterha_check_ssh 脚本做检测）。

mgr_failover_vip 脚本的适用场景如下。

❑ MySQL 8.0 版本。

❑ 单主模式。

❑ MySQL 5.5/5.6/5.7 传统的用户认证模式。

下面创建 mysql_native_password 身份认证模式的用户，示例代码如下：

```
CREATE USER 'hechunyang'@'%' IDENTIFIED WITH mysql_native_password BY '123456';
GRANT ALL ON . TO 'hechunyang'@'%' WITH GRANT OPTION;
```

mgr_master_ip_failover.php 的参数及说明如下。

❑ -I：设置守护进程下监测的间隔时间。

❑ --daemon 1：开启后台守护进程，0 表示关闭后台守护进程。

❑ --conf：指定配置文件。

❑ --help：查阅帮助信息。

下面就来介绍 mgr_master_ip_failover.php 的使用方法。

前台运行 mgr_master_ip_failover.php 脚本，命令如下：

```
shell> php mgr_master_ip_failover.php --conf=mgr_configure1.php
```

后台运行 mgr_master_ip_failover.php 脚本，命令如下：

```
shell> nohup /usr/bin/php mgr_master_ip_failover.php
--conf=mgr_configure1.php -I 5 --daemon 1 > /dev/null 2>&1 &
```

关闭后台运行的 mgr_master_ip_failover.php 脚本，命令如下：

```
shell> php mgr_master_ip_failover.php --conf=mgr_configure1.php --daemon 0
```

其中，mgr_configure1.php 为配置文件，你也可以配置多个监控配置文件，监控多套 MySQL 组复制环境。

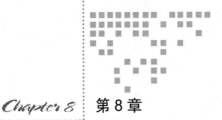

MySQL 架构演进：一主多从、读写分离

随着业务的发展，企业用户越来越多，数据也在不断增加，单台数据库的压力变得越来越大。在这种情况下，只是通过数据库进行参数调整或者 SQL 优化基本上已经无法满足需求，这时可以采用读写分离的策略来改变现状。

数据库管理员通常是基于一个主数据库、多个从数据库来实现读写分离。主库负责更新数据和实时数据查询，从库负责非实时数据查询。在实际的应用中，数据库都是读多写少（即读取数据的频率比较高，更新数据的频率相对较低），由于读取数据较为耗时，占用的数据库服务器 CPU 较多，因此会影响用户体验。通常的解决办法是把查询操作从主库中抽取出来，基于多个从库进行查询，并使用负载均衡的方法减轻每个从库的查询压力。

采用读写分离技术的目标是：既能有效减轻主库的压力，又可以把用户查询数据的请求分发到不同的从库上，从而保证系统的稳健性。

读写分离的基本原理是：让主库处理事务的增、删、改等操作，而让从库处理查询操作，主库通过复制方式把数据变更同步到集群中的从库上，如图 8-1 所示。

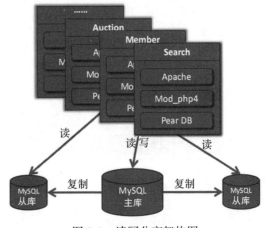

图 8-1　读写分离架构图

8.1　实现读写分离的两种方式

实现读写分离有两种方式，第一种通过客户端应用程序实现，比如 PHP Yii 框架。通过 PHP Yii 框架实现读写分离非常简单，只需要在配置文件中写几个配置参数即可。

首先，配置 db.php 文件，如图 8-2 所示。

```
 3  return [
 4      'class' => 'yii\db\Connection',
 5      'charset' => 'utf8',
 6      'tablePrefix' => 'pro_',
 7      'masterConfig' => [
 8          'username' => 'root',
 9          'password' => '',
10          'attributes' => [
11
12                  PDO::ATTR_TIMEOUT => 10,
13              ],
14      ],
15
16      'masters' => [
17          ['dsn' => 'mysql:host=127.0.0.1;dbname=yii2basic_master'],
18      ],
19
20      'slaveConfig' => [
21          'username' => 'root',
22          'password' => '',
23          'attributes' => [
24
25                  PDO::ATTR_TIMEOUT => 10,
26              ],
27      ],
28
29      'slaves' => [
30          ['dsn' => 'mysql:host=127.0.0.1;dbname=yii2basic_slave'],
31      ],
32  ];
```

图 8-2　PHP Yii 框架实现读写分离的代码

通过 PHP Yii 框架实现读写分离需要考虑以下两个问题。

❏ 在主从架构中，如果出现主从延时、主从数据不一致的情况，该怎么办？如果有延迟，能不能把延迟（N 秒）的请求转发给这台从库？

❏ 如果是一主多从，那么如何实现从库的负载均衡？当某台从库发生故障时，能否不把请求转发给这台从库？当所有的从库都不可用时，如何把请求转发给主库？

采用 PHP Yii 框架实现读写分离时，需要借助第三方负载均衡软件 HAProxy 来解决上述两个问题。

HAProxy 提供了高可用性、负载均衡以及基于 TCP 和 HTTP 应用的代理，它支持虚拟主机，是一种免费、快速且可靠的解决方案。对于那些负载特别大的 Web 站点来说，HAProxy 特别适用。HAProxy 在当前的硬件上运行时，完全可以支持数以万计的并发连接。HAProxy 的优点如下。

❏ 免费、开源，稳定性非常好。

❑ 分摊流量提升网络吞吐率。根据官方文档，HAProxy 使用 Myricom 厂商的万兆网卡时，网络带宽的速度可以达到 10Gb/s，作为软件级负载均衡器，这个成绩是相当惊人的。

大多数公司的数据库架构是一个主库，多个从库。主库负责写操作，从库负责查询操作，主库通过 MHA 实现高可用性，从库通过 LVS 或者 HAProxy 实现读操作的负载均衡（Java 框架和 PHP 框架均可实现读写分离），如图 8-3 所示。

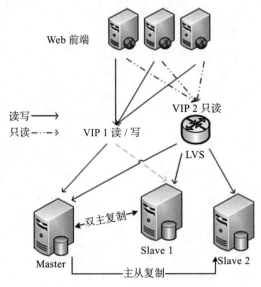

图 8-3　MHA+LVS 架构示意图

此图来源于百度搜索。

通过 HAProxy 代理，基于 TCP 转发代理方式，再加上自定义脚本，可以解决从库延迟或主库宕机时故障转移的问题。

第二种是依靠中间件（比如 MySQL Proxy、MaxScale）来实现，也就是说中间件帮我们完成 SQL 读写分离。早前，甲骨文公司官方提供了 MySQL Proxy，但由于近几年来一直未发布正式版本，所以它无法用于生产环境中，如图 8-4 所示。至于 MaxScale，MariaDB 于 2015 年 1 月 14 日发布正式版本。

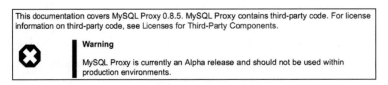

图 8-4　MySQL Proxy 不能在生产环境中使用

MaxScale 是 MariaDB 开发的一个数据库智能代理服务，允许根据数据库 SQL 语句将请求路由到多个服务器中，而且可设定各种复杂的转向规则。MaxScale 旨在为应用程序透明地实现负载平衡和高可用性，同时它还提供了具有高可伸缩性的架构，且支持不同的协议和路由决策。MaxScale 是由 C 语言开发的，利用了 Linux 下的异步 I/O 功能，使用 epoll 作为事件驱动框架。

MaxScale 有两种方式实现读写分离。一种是基于连接（connect）的方式，类似于 HAProxy，不解析 SQL 语句，可以通过 PHP Yii 框架或 Java Mybatis 框架实现。在此方式中，MaxScale 可用于对多台从库做负载均衡，并且其自身也支持主从同步延迟检测功能。

另一种是基于语句（statement）的方式，此方式要解析 SQL 语句。在这种方式里，前端程序不需要做任何修改，MaxScale 会对 SQL 语句进行解析，然后把读写请求自动路由到后端数据库节点上，从而实现读写分离。商业软件 OneProxy 中间件也是基于语句的方式实现读写分离的。

这种方式的好处是不用修改程序代码，降低了复杂度，可平滑迁移，用户无感知。缺点是解析 SQL 势必会增加 CPU 性能损耗，性能没有基于连接的方式好。

8.2　主从复制延迟的计算方法

在 MySQL 复制环境中，主库将二进制日志推送到从库中（通过 io_thread 线程接收并保存在本地中继日志里），然后通过 sql_thread 线程重放二进制日志。在此过程中，我们会用 Seconds_Behind_Master 来表示本地中继日志中未被执行完的那部分差值。

在实际工作中，我们经常通过 show slave status\G 命令查看 Seconds_Behind_Master 的值是否为 0，那么 Seconds_Behind_Master 又是如何计算的呢？可能有读者给出的答案是用当前系统的时间戳减去 sql_thread 线程正在执行的二进制日志事务上的时间戳，得到的差值就是 Seconds_Behind_Master 的值。

通过下面的 mysqlbinlog 命令解析二进制日志，可以看到 SET TIMESTAMP=1447782553 命令设置的时间戳：

```
# mysqlbinlog -vv mysql-bin.000143 | grep -C 10 'TIMESTAMP'
###   @9=2015-11-18 01:48:36 /* DATETIME meta=0 nullable=0 is_null=0 */
# at 1059
#151118  1:49:13 server id 17708  end_log_pos 1086      Xid = 173726
COMMIT/*!*/;
# at 1086
#151118  1:49:13 server id 17708  end_log_pos 1124      GTID 0-17708-9582
/*!100001 SET @@session.gtid_seq_no=9582*//*!*/;
# at 1124
#151118  1:49:13 server id 17708  end_log_pos 1217      Query   thread_id=3202492
exec_time=0     error_code=0
use `test`/*!*/;
SET TIMESTAMP=1447782553/*!*/;
SET @@session.pseudo_thread_id=3202492/*!*/;
SET @@session.foreign_key_checks=1, @@session.sql_auto_is_null=0,
@@session.unique_checks=1, @@session.autocommit=1/*!*/;
```

```
SET @@session.sql_mode=2097152/*!*/;
SET @@session.auto_increment_increment=1, @@session.auto_increment_offset=1/*!*/;
/*!\C utf8 *//*!*/;
SET @@session.character_set_client=33,@@session.collation_connection=33,
@@session.collation_server=33/*!*/;
SET @@session.lc_time_names=0/*!*/;
SET @@session.collation_database=DEFAULT/*!*/;
TRUNCATE TABLE table1
/*!*/;
```

事实上，这样的计算是不准确的，下面通过几个例子验证一下。

1. 示例一：调整系统时间

首先，用 sysbench 命令生成一张有 1000 万行的表：

```
# yum install sysbench
# sysbench  --test=oltp  --mysql-table-engine=innodb
--oltp-table-size=10000000 --mysql-host=127.0.0.1 --mysql-port=3306
--mysql-user=root --mysql-password=123456 --mysql-db=test
--mysql-socket=/tmp/mysql.sock --db-driver=mysql prepare
```

然后在主库上进行全表更新，命令如下：

```
# update sbtest set c='aaa';
```

上述命令执行完后，从库会产生延迟。反复执行 show slave status\G 命令观察 Seconds_Behind_Master 的值，若此时在这台从库上把系统时间改成 "2020-01-01"，就会发现 Seconds_Behind_Master 的值在一瞬间会变得很大；如果把系统时间改成 "2010-01-01"，Seconds_Behind_Master 的值则永远为 0。

2. 示例二：模拟网络中断

首先，在 VMware 虚拟机控制台上关闭网卡，如图 8-5 所示。

图 8-5　VMware 断开网卡连接

然后，在主库上插入一条数据。接着，在从库上反复执行 show slave status\G 命令。此时观察 Seconds_Behind_Master 的值，发现其依然为 0，并且显示 I/O 和 SQL 线程都是正常的，但由于网卡被关闭，网络不通，主库上的二进制日志是无法推送到从库上的，因此此时的数据是不一致的。

出现上述问题的原因是什么呢？由于参数 slave_net_timeout 的默认值是 3600 秒（即 1 小时），因此只有当主库在整整 1 小时内都没有发送二进制日志时，从库才会尝试重新连接主库。所以在生产环境中，建议把 slave_net_timeout 的值调小（比如 10 秒），以避免出现这种问题。

基于这种情况，可以采用 Percona 工具集 pt-heartbeat 对主从复制延迟的状态进行检测，它的工作方式如下。

1）在主库上创建一张 heartbeat 表，按照一定的频率更新该表的字段（把时间更新进去）。

2）连接到从库上检查复制的时间记录，并与从库的当前系统时间进行比较，得到两者时间上的差异情况。

下面通过示例来介绍 pt-heartbeat 工具的使用方法。

1）在主库上开启守护进程，通过更新 heartbeat 表来获取主从延迟的差距，命令如下：

```
# pt-heartbeat -S /tmp/mysql.sock --user root --password 123456 --database test
  --update --create-table --interval=1 --daemonize
```

在主库上创建 heartbeat 表。默认 heartbeat 表是不存在的，需要增加如下参数：

```
# --create-table
```

Percona 官方建议使用 MEMORY 存储引擎来保存 heartbeat 表的数据，由于 heartbeat 表每秒都在更新，因此将其放入内存里是最快的，如图 8-6 所示。

You must either manually create the heartbeat table on the master or use *--create-table*. See *--create-table* for the proper heartbeat table structure. The MEMORY storage engine is suggested, but not required of course, for MySQL.

图 8-6　建议使用 MEMORY 存储引擎保存 heartbeat 表

heartbeat 表的结构如下：

```
CREATE TABLE heartbeat (
  ts                    varchar(26) NOT NULL,
  server_id             int unsigned NOT NULL PRIMARY KEY,
  file                  varchar(255) DEFAULT NULL,    -- 记录主库的二进制日志文件
  position              bigint unsigned DEFAULT NULL, -- 记录主库的位置点
  relay_master_log_file varchar(255) DEFAULT NULL,    -- 记录从库执行完的二进制日志文件
  exec_master_log_pos   bigint unsigned DEFAULT NULL  -- 记录从库执行完的位置点
);
alter table heartbeat engine=MEMORY;
```

heartbeat 表一直在更改 ts 和 position 参数，而 ts 是检查复制延迟的关键。

heartbeat 表中有如下参数值得关注。

```
# --interval=1 检查、更新的间隔时间，默认是1秒。
# --daemonize 执行时，放入到后台执行。
```

2）在从库上执行如下命令：

```
# pt-heartbeat -S /tmp/mysql.sock --user root --password 123456 --database test
  --monitor --master-server-id 128
```

其中的参数说明如下。

❏ --monitor：代表一直执行，不退出。

❏ --master-server-id：后面跟着主库的 server_id。

❏ --check：代表执行一次就退出。

pt-heartbeat 命令的执行效果如图 8-7 所示。

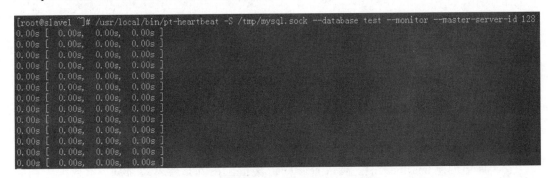

图 8-7　pt-heartbeat 复制延迟的状态检测

其中,0 表示从没有延迟。[0.00s, 0.00s, 0.00s] 表示 1 分钟、5 分钟和 15 分钟的平均值，可以通过 --frames 参数进行设置。

3）用参数 --stop 关闭主库上执行的后台进程，命令如下：

```
# pt-heartbeat -S /tmp/mysql.sock --user root --stop
Successfully created file /tmp/pt-heartbeat-sentinel
```

这样就把在主库上开启的进程全都杀掉了，后续如果要开启后台进程，则需要删除 /tmp/pt-heartbeat-sentinel 文件，否则就会启动不了。

pt-heartbeat 工具可以很好地弥补默认主从延迟检测的问题，而默认的 Seconds_Behind_Master 值是通过将服务器当前的时间戳减去二进制日志事务的时间戳来得到的，所以只有在执行事务时才能报告延时。

8.3　HAProxy 感知 MySQL 主从同步延迟

1. 安装 HAProxy

首先来看一下 HAProxy 与 MySQL 的主从配置环境，具体如下。

HAProxy：192.168.17.131。

主库：192.168.17.128。

从库 1：192.168.17.129。

从库 2：192.168.17.130。

下面就来介绍 HAProxy 的安装过程。

1）设置 host 解析，四台服务器的配置分别如下：

```
# cat /etc/hosts
192.168.17.128    master
192.168.17.129    slave1
192.168.17.130    slave2
192.168.17.131    HAProxy
```

2）安装 HAProxy，命令如下：

```
# yum install haproxy -y
```

3）安装 rsyslog，命令如下：

```
# yum install rsyslog -y
# vim /etc/rsyslog.conf
```

之后定义 HAProxy 的输出日志，在最后一行加入如下内容：

```
local2.*   /var/log/HAProxy.log
$ModLoad imudp
$UDPServerRun 514
```

重启 rsyslog 服务：

```
# /etc/init.d/rsyslog restart
```

4）修改文件描述符 65535，命令如下：

```
# vim /etc/security/limits.conf
* soft nofile 65535
* hard nofile 65535


# vim /etc/sysctl.conf
fs.file-max=655350
net.ipv4.ip_local_port_range = 1025 65000
net.ipv4.tcp_tw_reuse = 1
# 修改完毕后，通过reboot命令重启服务器使修改生效
```

5）配置 HAProxy 服务。其中包括如下五部分。

❑ global：用来设置全局参数，控制 HAProxy 启动前的一些进程及系统设置。

❑ defaults：用来配置一些默认的参数，可以被 frontend、backend、listen 等配置项继承使用。

❑ frontend：用来匹配、接收客户所请求的域名、URI 等，并针对不同的匹配做不同的请求处理。

❑ backend：定义后端服务器集群，并对后端服务器的一些权重、队列、连接数等进行

设置，笔者将其理解为 Nginx 中的 upstream 模块。

❑ listen：可以将其理解为 frontend 和 backend 的组合体。

配置文件的说明如下：

```
# cat /etc/HAProxy/HAProxy.cfg
global
# 全局参数的设置

log 127.0.0.1 local2
#使用log关键字配置全局的日志，指定使用127.0.0.1上syslog服务中的local2日志设备，记录日志等级
为警告

maxconn 65535
# 定义HAProxy进程的最大连接数

user haproxy
group haproxy
# 设置运行HAProxy的用户和组

daemon
# 以守护进程的方式后台运行HAProxy

nbproc 24
# 设置HAProxy启动时的进程数，该值应该与服务器的CPU核心数一致，即对于2个12核CPU的服务器（共有
24核），可以将其值设置为"≤24"。创建多个进程数，可以减少每个进程的任务队列，但是过多的进程数也
可能会导致进程崩溃

defaults
# 配置默认的参数

log global
# 继承global中log的定义

option tcplog
# 启用日志记录TCP请求

option dontlognull
# 一旦启用该选项，日志中就不再会记录空连接。所谓空连接就是处于上游的负载均衡器或者监控系统为了探
测该服务是否存活可用，定期进行连接，或者获取某一固定的组件或页面，或者探测扫描端口是否存活。官方
文档中标注，如果该服务的上游没有其他的负载均衡器，就建议不要使用该参数，因为互联网上的恶意扫描或
其他动作将不会被记录下来

retries 3
# 定义连接后端服务器失败的重连次数，连接失败的次数超过此值后会将对应后端的服务器标记为不可用

option redispatch
# 如果使用了cookie，则HAProxy会将其请求的后端服务器的serverID插入cookie中，以保证会话的持久
性。而此时，即使后端的服务器发生了故障，客户端的cookie也不会刷新。如果设置此参数，就会将客户的请
求强制定向到另外一个后端服务器上，以保证服务的正常进行

option abortonclose
# 如果服务器负载很高，就要自动结束当前队列中处理时间比较久的链接

timeout connect 10s
# 设置成功连接到一台服务器的最长等待时间

timeout client 2m
```

```
# 设置客户端发送数据时的最长等待时间

timeout server 2m
# 设置服务器端回应客户端发送数据时的最长等待时间

timeout queue 1m
# 设置一个请求在队列里的超时时间

frontend mysqlcluster-front
# 定义一个名为mysqlcluster-front的前端
bind *:3320
# 应用端PHP/Java连接HAProxy的端口号
mode tcp
# TCP是四层模式
default_backend mysqlcluster-back
# 定义一个名为mysqlcluster-back的后端

frontend stats-front
# 定义一个名为stats-front的前端
bind *:80
# HAProxy监控页面的端口号
mode http
# HTTP是七层模式
default_backend stats-back
# 定义一个名为stats-back的后端

backend mysqlcluster-back
mode tcp
balance roundrobin
# 轮询模式
option httpchk
# 开启对后端服务器的健康检测
server 192.168.17.128 192.168.17.128:3306 check port 9200 inter 2000 rise 3 fall
    3 backup
# 只有在正常的服务器全都出现故障后，才会启用备份服务器[backup]
server 192.168.17.129 192.168.17.129:3306 check port 9200 inter 2000 rise 3 fall
    3 weight 10
# port 9200代表调用后端数据库的服务端口，可用来感知MySQL的同步延迟
# weight 10代表权重，值越小转发的请求就越少
server 192.168.17.130 192.168.17.130:3306 check port 9200 inter 2000 rise 3 fall
    3 weight 10

backend stats-back
mode http
stats uri /HAProxy/stats
# 定义监控页面URL
stats auth admin:123456
# 定义页面访问的用户名和密码
stats refresh 3s
# 定义每3秒自动刷新一次页面
```

6）启动 HAProxy 服务，命令如下：

```
# /etc/init.d/haproxy start
```

7）访问监控页面 URL。打开浏览器，输入 http://192.168.17.131/haproxy/stats，第一次
会出现让你输入用户名和密码的界面，如图 8-8 所示。

图 8-8 输入用户名和密码的界面

这里输入刚才定义好的用户名（admin）和密码（123456）即可。

图 8-9 所示的是进入后的监控页面，可以看到从库 192.168.17.129/130 是 DOWN 状态，这是因为 HAProxy 在调用后端从库的 9200 端口服务，但我们还没有在该机器里进行配置，所以这里显示的是 DOWN 状态。

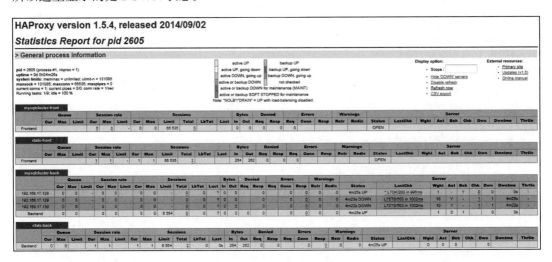

图 8-9 HAProxy 监控页面

8）为了让 HAProxy 感知 MySQL 主从同步复制延迟，需要安装并启用 xinetd 服务。以下是安装 xinetd 服务的命令：

```
# yum install xinetd -y
```

然后修改配置文件 /etc/services 添加 mysqlchk 服务检测端口 9200：

```
# vim /etc/services
```

增加 9200 端口服务时，要在 /etc/services 文件的最后一行加入如下内容：

```
mysqlchk          9200/tcp                      # mysqlchk
```

其中，**mysqlchk** 服务的作用是监测数据库主从复制延迟。可通过如下命令进行监测：

```
# vim /etc/xinetd.d/mysqlchk
```

修改新创建的 **mysqlchk** 文件，添加如下内容：

```
# default: on
# description: mysqlchk
service mysqlchk
{
  disable = no
  flags = REUSE
  socket_type = stream
  port = 9200
  wait = no
  user = nobody
  server = /usr/bin/replication_check
  log_on_failure += USERID
  only_from = 0.0.0.0/0
  per_source = UNLIMITED
}
```

然后创建如下同步延迟检测脚本，这个脚本是给 HAProxy 调用的：

```
# vim /usr/bin/replication_check
```

这里要定义一下延迟时间，若延迟小于 10 秒则返回 OK 状态，若延迟超过 10 秒则认定该从库已出现故障，从而不再把请求转发给它。**mysqlchk** 服务需要调用 replication_check 脚本，这里为其添加如下内容：

```
#!/bin/bash

Master_server_id=128

Seconds_Behind_Master=$(/usr/local/bin/pt-heartbeat -S /tmp/mysql.sock --user root
  --password 123456 --database test --check --master-server-id $Master_server_id)

result=`echo ${Seconds_Behind_Master%.*}`

if [ $result -lt 10 ]
then
        # mysql is fine, return http 200
        /bin/echo -e "HTTP/1.1 200 OK\r\n"
        /bin/echo -e "Content-Type: Content-Type: text/plain\r\n"
        /bin/echo -e "\r\n"
        /bin/echo -e "MySQL is running.\r\n"
        /bin/echo -e "\r\n"
else
        # mysql is fine, return http 503
        /bin/echo -e "HTTP/1.1 503 Service Unavailable\r\n"
        /bin/echo -e "Content-Type: Content-Type: text/plain\r\n"
        /bin/echo -e "\r\n"
        /bin/echo -e "MySQL is *down*.\r\n"
        /bin/echo -e "\r\n"
fi
```

现在赋予 replication_check 可执行权限，命令如下：

```
# chmod 755 /usr/bin/replication_check
```

```
# 然后运行该脚本，若出现200 OK字样则代表成功
# /usr/bin/replication_check
HTTP/1.1 200 OK
Content-Type: Content-Type: text/plain
MySQL is running.
```

```
# /etc/init.d/xinetd start
```

运行上述程序，从图 8-10 中可以看到 9200 端口已经启用。

图 8-10　9200 端口已经启用

现在通过监控页面可以看到所有从库均在正常运行了，如图 8-11 所示。

图 8-11　HAProxy 监控页面

2. 同步延迟和故障切换的测试

测试之前，要在主库（192.168.17.128）、从库 1（192.168.17.129）和从库 2（192.168.17.130）上全都打开全量日志，命令如下：

```
Set global general_log=1;
```

（1）模拟从库延迟的情况

在从库 2（192.168.17.130）上执行 flush tables with read lock 命令设置全局读锁，通过客户端连接 HAProxy 3320 端口，命令如下：

```
mysql -h192.168.17.131 -uadmin -p123456 -P3320 test -e "select * from t1 where id =1;"
```

这时，查看全量日志可以发现复制延迟超过 10 秒（/usr/bin/replication_check 脚本里定义的时长）的客户端请求不会转发到从库 2 上。

（2）模拟一台从库出现故障的情况

在从库 2（192.168.17.130）上执行 stop slave io_thread 或 stop slave sql_thread 命令，通过 MySQL 客户端连接 HAProxy 3320 端口，命令如下：

```
mysql -h192.168.17.131 -uadmin -p123456 -P3320 test -e "select * from t1 where id =1;"
```

这时，查看全量日志可以发现客户端请求不会转发到从库 2 上。

（3）模拟所有从库全都出现故障的情况

在从库 1（192.168.17.129）和从库 2（192.168.17.130）上执行 stop slave io_thread 或者 stop slave sql_thread 命令，通过 MySQL 客户端连接 HAProxy 3320 端口，命令如下：

```
mysql -h192.168.17.131 -uadmin -p123456 -P3320 test -e "select * from t1 where id =1;"
```

这时，查看全量日志可以发现所有的请求都只转发给了主库（192.168.17.128），从库上并不会有转发的请求，实现了平滑故障转移。

综合来看，这个架构是存在一定问题的，虽然解决了从库延迟和出现故障的问题，但细心的读者会发现，主从延迟的判断是依赖于 pt-heartbeat 进行的，主库上需要启动一个 pt-heartbeat 守护进程。那么假如主库（server_id=128）出现故障，新的从库 1（server_id=129）提升为主库，需要人工再次启动 pt-heartbeat 守护进程，而从库 2（server_id=130）需要修改 /usr/bin/replication_check 脚本，将 pt-heartbeat 里面的 "--master-server-id 128" 替换为 "--master-server-id 129"。但在这之前，由于主库出现故障，从库 1（server_id=129）通过如下脚本检测到同步复制失败，因此 HAProxy 会将两台从库（server_id=128/129）做下线处理，此时整个业务发生瘫痪，无法做到无感知平滑故障切换。

```
# pt-heartbeat -S /tmp/mysql.sock --user root --password 123456 --database test
  --check --master-server-id 128
```

8.4 搭建读写分离 MariaDB MaxScale 架构

8.4.1 配置环境及安装介绍

同样，首先来看看搭建该架构的配置环境，具体如下。

MaxScale：192.168.17.131。

主库：192.168.17.128。

从库 1：192.168.17.129。

从库 2：192.168.17.130。

下面介绍 MariaDB MaxScale 架构的安装过程。

1）设置 host 解析，四台服务器的配置分别如下：

```
# cat /etc/hosts
192.168.17.128    master
192.168.17.129    slave1
192.168.17.130    slave2
192.168.17.131    MaxScale
```

2）安装 MaxScale。其官网下载地址为 https://mariadb.com/my_portal/download/maxscale。安装命令如下：

```
# rpm -ivh  maxscale-1.2.1-1.rhel6.x86_64.rpm
```

3）创建加密密钥，命令如下：

```
# maxkeys /var/lib/maxscale/
```

密钥文件 ".secrets" 存放在 /var/lib/maxscale/ 目录下。

4）创建加密密码，命令如下：

```
# maxpasswd /var/lib/maxscale/ 123456
D0E432F8DC9919A6F1F8C7D0AB57E981
# 这里是对密码123456做加密操作
```

5）修改文件描述符 65535 以达到 TCP 的最大连接数，命令如下：

```
# vim /etc/security/limits.conf
* soft nofile 65535
* hard nofile 65535

# vim /etc/sysctl.conf
fs.file-max=655350
net.ipv4.ip_local_port_range = 1025 65000
net.ipv4.tcp_tw_reuse = 1
```

修改完之后，通过 reboot 命令重启服务器使修改生效。

6）配置 MaxScale 服务，配置文件如下：

```
# cat /etc/maxscale.cnf
[maxscale]
threads=1
## 如果你的CPU是24核的，则线程设置为12核即可

[MySQL Monitor]
type=monitor
module=mysqlmon
servers=server1,server2,server3
user=admin
# MaxScale监控账号
passwd=6590A334C68DE06B41847F38AF7E8F24

monitor_interval=10000
# 默认每隔10秒进行一次监控检查

detect_stale_master=1
# 当所有的从库都不可用时，查询请求会转发给主库，默认为关闭，设置为1时表示开启
```

```
detect_replication_lag=1
# 开启同步复制延迟检查，默认为关闭，设置为1时表示开启

[RW Split Router]
# 基于statement SQL解析的方式
type=service
router=readwritesplit
servers=server1,server2,server3
user=rw
# 应用读写分离账号
passwd=6590A334C68DE06B41847F38AF7E8F24
max_slave_replication_lag=5
# 定义若延迟时间超过5秒，就把请求转发给其他从库

max_slave_connections=100%
# 所有的从库均提供查询服务

#weightby=serv_weight
# 自定义权重

use_sql_variables_in=all
#设置后端MySQL会话变量，如Discuz论坛程序每次连接数据库时都要执行如下命令
#SET character_set_connection=utf8, character_set_results=utf8,
#character_set_client=binary,sql_mode=''
# 默认设置是all，表示后端主库和从库上都要执行，如果将参数设置为主库，就只会路由到主库上执行

# enable_root_user=1
# 默认禁止root超级权限用户访问，设置为1时表示开启

[Read Connection Router]
# 基于TCP转发代理的方式
type=service
router=readconnroute
servers=server1,server2,server3
user=rw
passwd=6590A334C68DE06B41847F38AF7E8F24
router_options=slave
max_slave_replication_lag=5
# 定义若延迟时间超过5秒，就把请求转发给其他从库

[CLI]
type=service
router=cli

[RW Split Listener]
type=listener
service=RW Split Router
protocol=MySQLClient
port=4006
# 读写分离端口，应用连接该端口

[Read Connection Listener]
type=listener
service=Read Connection Router
protocol=MySQLClient
port=4008
# 从库负载均衡端口，应用连接该端口
```

```
[CLI Listener]
type=listener
service=CLI
protocol=maxscaled
port=6603
# MaxScale后台管理端口

[server1]
type=server
address=192.168.17.128
port=3306
protocol=MySQLBackend
#serv_weight=1
#自定义权重

[server2]
type=server
address=192.168.17.129
port=3306
protocol=MySQLBackend
#serv_weight=10
#自定义权重

[server3]
type=server
address=192.168.17.130
port=3306
protocol=MySQLBackend
#serv_weight=10
#自定义权重
```

7）启动服务，命令如下：

```
/etc/init.d/maxscale start
```

安装完成后，接下来再说明一下前端 PHP/Java 程序的接入注意事项。

以下情况，查询将会在主库上执行。

❑ 当事务里有 SQL 语句时，如 BEGIN、SELECT、COMMIT。

❑ 在 Java 预编译语句中执行 SQL 时，如图 8-12 所示。

❑ 执行存储过程或者函数时。

```
protectedbooleanupdateSalary(Connection conn, BigDecimalx, String ID) throws SQLException{
PreparedStatementpstmt = null;
try {
pstmt = conn.prepareStatement("UPDATE EMPLOYEES SET SALARY = ? WHERE ID = ?");
pstmt.setBigDecimal(1, x);
pstmt.setString(2, ID);
return true;
} finally{
if (pstmt!=null){
pstmt.close();
}
}
}
```

图 8-12 预编译语句代码示例

8.4.2　基于连接方式的测试

测试之前，从库 1（192.168.17.129）、从库 2（192.168.17.130）上均打开全量日志，命令如下：

```
Set global general_log=1;
```

（1）从库负载均衡测试

数据库管理员可以通过 MySQL 客户端连接 MaxScale 4008 端口，命令如下：

```
mysql -h192.168.17.131 -uadmin -p123456 -P4008 test -e "select * from t1 where id =1;"
```

查看全量日志可以得知把请求轮询转发给了从库 1 和从库 2。

（2）模拟从库延迟的情况

在从库 2（192.168.17.130）上执行 flush tables with read lock 命令设置全局读锁，数据库管理员通过 MySQL 客户端连接 MaxScale 4008 端口，命令如下：

```
mysql -h192.168.17.131 -uadmin -p123456 -P4008 test -e "select * from t1 where id =1;"
```

查看全量日志可以得知，复制延迟超过 5 秒的客户端请求仍然会转发到从库 2 上。在 MaxScale 1.2.1 版本里基于连接的方式无法实现延迟检测功能。

（3）模拟一台从库出现故障的情况

在从库 2（192.168.17.130）上执行 stop slave io_thread 或者 stop slave sql_thread 命令，数据库管理员通过 MySQL 客户端连接 MaxScale 4008 端口，命令如下：

```
mysql -h192.168.17.131 -uadmin -p123456 -P4008 test -e "select * from t1 where id =1;"
```

这时，查看全量日志可以得知客户端请求不会再转发到从库 2 上。

（4）模拟所有从库全都出现故障的情况

在从库 1（192.168.17.129）和从库 2（192.168.17.130）上执行 stop slave io_thread 或者 stop slave sql_thread 命令，数据库管理员通过 MySQL 客户端连接 MaxScale 4008 端口，命令如下：

```
mysql -h192.168.17.131 -uadmin -p123456 -P4008 test -e "select * from t1 where id =1;"
```

这时，查看全量日志可以得知所有的请求将只转发给主库（192.168.17.128），从库上并不会有转发的请求，即实现了平滑故障转移。

8.4.3　基于语句方式（SQL 解析）的测试

主库（192.168.17.128）、从库 1（192.168.17.129）和从库 2（192.168.17.130）上全都打开全量日志，命令如下：

```
Set global general_log=1;
```

（1）读写分离测试

数据库管理员通过 MySQL 客户端连接 MaxScale 4006 端口，命令如下：

```
mysql -h192.168.17.131 -uadmin -p123456 -P4006 test -e "select * from t1 where id =1;"
mysql -h192.168.17.131 -uadmin -p123456 -P4006 test -e "insert into t1 values(10);"
```

查看全量日志可以得知 SELECT 语句会把请求转发给从库 1 或从库 2。INSERT 语句会把请求转发给主库。

（2）模拟从库延迟的情况

在从库 2（192.168.17.130）上执行 flush tables with read lock 命令设置全局读锁，数据库管理员通过 MySQL 客户端连接 MaxScale 4006 端口，命令如下：

```
mysql -h192.168.17.131 -uadmin -p123456 -P4006 test -e "select * from t1 where id =1;"
```

查看全量日志可以得知，复制延迟时间超过 5 秒的客户端请求不会转发到从库 2 上，请求会被转发给没有延迟的从库 1，当从库 1 和从库 2 都出现复制延迟时间超过 5 秒的情况时，请求会强制转发给主库。

（3）模拟一台从库出现故障的情况

在从库 2（192.168.17.130）上执行 stop slave io_thread 或者 stop slave sql_thread 命令，并通过客户端连接 MaxScale 4006 端口，命令如下：

```
mysql -h192.168.17.131 -uadmin -p123456 -P4006 test -e "select * from t1 where id =1;"
```

这时，查看全量日志可以得知客户端请求不会转发到从库 2 上。

（4）模拟所有从库全都出现故障的情况

在从库 1（192.168.17.129）和从库 2（192.168.17.130）上执行 stop slave io_thread 或者 stop slave sql_thread 命令，然后通过客户端连接 MaxScale 4006 端口，命令如下：

```
mysql -h192.168.17.131 -uadmin -p123456 -P4006 test -e "select * from t1 where id =1;"
```

这时，查看全量日志可以得知所有的请求只转发给了主库（192.168.17.128），从库上并不会有请求转发，即实现了平滑故障转移。

注意　MaxScale 无法对主库实现故障转移切换，这里需要借助第三方工具，如 MHA。但进行故障转移切换后，MaxScale 可以自动识别哪台机器是主库。另外，所用的架构必须是一主带 N 从，而不能是双主带 N 从。

8.4.4　MaxScale 延迟检测

可能有读者会问：MaxScale 延迟检测是如何计算的？下面就来讲解一下。

与 pt-heartbeat 类似，首先在主库上创建一张表并且更新它，代码如下：

```
        4612 Query    CREATE DATABASE IF NOT EXISTS maxscale_schema
        4612 Query    CREATE TABLE IF NOT EXISTS
maxscale_schema.replication_heartbeat (maxscale_id INT NOT NULL, master_server_id
 INT NOT NULL, master_timestamp INT UNSIGNED NOT NULL, PRIMARY KEY
( master_server_id, maxscale_id ) ) ENGINE=MYISAM DEFAULT CHARSET=latin1
        4612 Query    BEGIN
```

```
                 4612 Query     DELETE FROM maxscale_schema.replication_heartbeat
WHERE master_timestamp < 1448163255
                 4612 Query     COMMIT
                 4612 Query     BEGIN
                  181 Query     SELECT master_timestamp FROM
maxscale_schema.replication_heartbeat WHERE maxscale_id = 6603 AND
master_server_id = 128
                 4612 Query     UPDATE maxscale_schema.replication_heartbeat SET
master_timestamp = 1448336055 WHERE master_server_id = 128 AND maxscale_id = 6603
                 4612 Query     COMMIT
```

MaxScale 通过对比主库和从库上 replication_heartbeat 表字段的 master_timestamp 时间戳，让两者相减得出差值，该差值即为 MySQL 主从同步复制的延迟值。

登录 MaxScale 后台管理，命令如下：

```
# maxadmin -uadmin -pmariadb -P6603
```

MaxScale 后台管理的所有命令如图 8-13 所示。

```
MaxScale> help
Available commands:
    add user
    clear server
    disable [heartbeat|log|sessionlog|root|feedback]
    enable [heartbeat|log|sessionlog|root|feedback]
    flush [log|logs]
    list [clients|dcbs|filters|listeners|modules|monitors|services|servers|sessions|threads]
    reload [config|dbusers]
    remove user
    restart [monitor|service]
    set [server|pollsleep|nbpolls]
    show [dcbs|dcb|dbusers|epoll|eventq|eventstats|feedbackreport|filter|filters|modules|monitor|monitor
s|server|servers|serversjson|services|service|session|sessions|tasks|threads|users]
    shutdown [maxscale|monitor|service]
```

图 8-13　MaxScale 后台管理的所有命令

如果我们想要查看后端数据库的信息，输入图 8-14 所示的命令就可以看见当前的连接数是 2 个，主库和从库均运行正常。

```
MaxScale> list servers
Servers.
-------------------+-----------------+-------+-------------+--------------------
Server             | Address         | Port  | Connections | Status
-------------------+-----------------+-------+-------------+--------------------
server1            | 192.168.17.128  |  3306 |           2 | Master, Running
server2            | 192.168.17.129  |  3306 |           2 | Slave, Running
server3            | 192.168.17.130  |  3306 |           2 | Slave, Running
-------------------+-----------------+-------+-------------+--------------------
```

图 8-14　查看主从数据库的运行状况

图 8-15 所示的命令可用于查看后端数据库更详细的信息。

图 8-16 所示的命令可用于查看所定义的读写分离和从库负载均衡服务。

图 8-17 所示的命令可用于查看更详细的服务信息。

图 8-18 所示的命令可用于查看客户端连接 MaxScale 的 IP 地址。

```
MaxScale) show servers
Server 0x1c571d0 (server1)
        Server:                        192.168.17.128
        Status:                        Master, Running
        Protocol:                      MySQLBackend
        Port:                          3306
        Server Version:                10.1.8-MariaDB-log
        Node Id:                       128
        Master Id:                     -1
        Slave Ids:                     129, 130
        Repl Depth:                    0
        Last Repl Heartbeat:   1448459901
        Number of connections:         7
        Current no. of conns:          0
        Current no. of operations:     0
Server 0x1c570c0 (server2)
        Server:                        192.168.17.129
        Status:                        Slave, Running
        Protocol:                      MySQLBackend
        Port:                          3306
        Server Version:                10.1.8-MariaDB-log
        Node Id:                       129
        Master Id:                     128
        Slave Ids:
        Repl Depth:                    1
        Slave delay:           0
        Last Repl Heartbeat:   1448459901
        Number of connections:         7
        Current no. of conns:          0
        Current no. of operations:     0
Server 0x1bb3a10 (server3)
        Server:                        192.168.17.130
        Status:                        Slave, Running
        Protocol:                      MySQLBackend
```

图 8-15　查看后端数据库的详细信息

```
MaxScale) list services
Services.

Service Name              | Router Module    | #Users | Total Sessions
RW Split Router           | readwritesplit   |   3    |   4
Read Connection Router    | readconnroute    |   1    |   1
CLI                       | cli              |   2    |   2
```

图 8-16　查看读写分离和从库负载均衡服务

```
MaxScale) show services
Service 0x1c58480
        Service:                         RW Split Router
        Router:                          readwritesplit (0x7f8c78a23720)
        State:                           Started
        Number of router sessions:       7
        Current no. of router sessions:  0
        Number of queries forwarded:     10008
        Number of queries forwarded to master:   0
        Number of queries forwarded to slave:    10008
        Number of queries forwarded to all:      8
        Master/Slave percentage:         0.00%
        Started:                         Wed Nov 25 17:17:11 2015
        Root user access:                Disabled
        Backend databases
                192.168.17.130:3306  Protocol: MySQLBackend
                192.168.17.129:3306  Protocol: MySQLBackend
                192.168.17.128:3306  Protocol: MySQLBackend
        Users data:                      0x1c5a660
        Total connections:               8
        Currently connected:             1
        SSL:    Disabled
```

图 8-17　查看服务信息

```
MaxScale> list clients
Client Connections
-----------------+-----------------+---------------------+----------
 Client          | DCB             | Service             | Session
-----------------+-----------------+---------------------+----------
 127.0.0.1       |       0x1c6f670 | CLI                 | 0x1c6f860
 192.168.17.131  |       0x1c6fa30 | RW Split Router     | 0x1c700d0
 192.168.17.131  |       0x1c6fd00 | RW Split Router     | 0x1c63310
-----------------+-----------------+---------------------+----------
```

图 8-18　查看客户端连接 MaxScale 的 IP 地址

限于篇幅，对于这部分内容就不提供案例了，这里有一个 MariaDB MaxScale 平滑接入 Discuz 论坛 /ECshop 电商购物平台的案例可供大家参考，地址为 http://edu.51cto.com/lesson/id-80861.html。

TSpider 分库分表的搭建与管理

首先我们来了解一下，什么是分表，什么是分库，以及分库分表。将一个大表拆分成小表，拆分后，这些表仍属于同一个数据库，这种技术称为分表。将某一数据库的部分表移到其他数据库中，以提高系统的处理能力，这种技术称为分库。通过精心的数据模型设计，将一个大的业务表拆分成一系列小表，再将一系列小表分到不同的服务器中，使得每台服务器都能独立承担部分业务，这叫水平拆分，俗称分库分表。分表的数量不一定要与物理上的机器数一致。分表的数量称为逻辑份数，分库的数量则称为物理份数，当逻辑份数大于物理份数时，就可以迅速获得水平扩展的能力。

那为什么要进行分库分表操作呢？主要原因如下：

- 单个数据库的磁盘存储空间不够。
- 单个数据库中的表太多，查询的时候，打开表的操作会消耗大量的系统资源。
- 单个数据表的容量太大，查询的时候，需要扫描的行太多，磁盘 I/O 消耗大，查询缓慢。
- 单个数据库能够承载的访问量有限，过高的访问量只能通过分库分表来实现。

总体来说，分库分表的技术解决方案又可分为两大类，即通过应用层依赖类中间件和中间层代理类中间件来实现分库分表。

（1）应用层依赖类中间件

这里的应用层依赖中间件指的是 ShardingSphere-JDBC，它通过修改应用层的代码来实现分库分表。客户端可直连数据库，它以 jar 包的形式提供服务，无须额外的部署和依赖，可将其理解为增强版的 JDBC 驱动。

优点：在高并发请求下，性能有一定的优势，可以减少一层网络交互。

缺点：不能跨语言，比如 Java 语言编写的 ShardingSphere-JDBC 不能运用在 PHP 项目中。

（2）中间层代理类中间件

这里的中间层代理类中间件指的是 TSpider，它位于前端应用和数据库之间，前端应用以标准的 MySQL 协议来连接代理层，并按照数据分片规则将请求转发到后端的 MySQL 数据库中，再合并结果集返回应用端。此过程对应用程序完全透明，无须修改业务代码，就像访问单台 MySQL 数据库一样。

优点：应用层语言无限制，支持在 Java 和 PHP 项目中运行。

缺点：在高并发请求下，性能损耗略高于应用层依赖类中间件，多了一层网络交互。

9.1　TSpider 简介

当数据量不断增长时，我们需要提前考虑解决方案，如数据库分片。Spider 是 MariaDB 数据库内置的一个可插拔的存储引擎，可针对 MariaDB 和 MySQL 数据库实现分片功能。它可以充当应用服务器和后端数据库之间的代理（中间件），轻松实现 MySQL 数据库的横向和纵向扩展，支持范围分区、列表分区、Hash 分区、分布式事务和跨库关联查询；它也可以跨多个后端数据库有效访问数据，不必修改应用程序的代码，即可轻松实现分库分表。

TSpider 则由腾讯游戏 CROS DBA 团队基于 MariaDB 10.3.7 上的开源存储引擎 Spider 二次研发而成。相较于官方原生态的 Spider，腾讯 TSpider 的性能更好，稳定性也更高。它使用了 MySQL 分区表的特性，可通过 Hash 算法将打散后的数据存储到远端 MySQL 实例中。

TSpider 在 GitHub 网站的下载地址为 https://github.com/Tencent/TenDBCluster-TSpider。

作为一种 MySQL 引擎，TSpider 天然地支持 MySQL 协议，使用 MySQL 标准 API 即可请求 TSpider。TSpider 在收到应用请求后，会通过数据路由规则对 SQL 语句进行改写，然后分发到 MySQL/MariaDB 中相应的存储节点上执行，再对 MySQL/MariaDB 的返回结果进行处理，并最终返回给应用层。

TSpider 本身并不存储数据，它基本上是无状态的（各 TSpider 节点的配置应有所不同），可无限水平扩展。应用层可通过负载均衡组件（比如 LVS、HAProxy、DNS 轮询）提供的统一接入地址访问多个对等的 TSpider 节点。

应用程序连接 TSpider 时，TSpider 充当代理中间件，将客户端查询的请求按照事先定义好的分片规则分发给后端数据库，之后返回的数据会在 TSpider 内存里汇总，并最终返回给客户端请求，这个过程对于应用程序而言是透明的。

9.1.1　TSpider 的使用场景

1. 垂直拆分

单台服务器的磁盘空间有限，数据库管理员不得不利用工具 pt-archiver 对业务上的历史数据进行归档，然后将这些不再使用的历史表单迁移到备份机上，这样主库上就可以将其删除从而节省存储空间。但有的时候，数据分析部门收到一个需求，需要临时关联查询这些历史表，那么数据库管理员就得通过 myloader 将历史表数据从备份机导入从库中。为了应对因导入数据而引起的从库 CPU 使用率升高、磁盘 I/O 量的瞬间增大，避免可能造成的主从复制延迟，所以有了通过 Spider 引擎将远程服务器的表映射为本地表的解决方案。这样一样，就相当于操作本地表，简单而便捷，省去了数据导出 / 导入的麻烦。

数据库里的表很多，它们分别对应着不同的业务，垂直拆分是指根据业务类型对表进行分类，然后将其分布到不同的数据库上。

垂直拆分的架构示意图如图 9-1 所示。

实施垂直拆分架构方案时，选择 Spider 引擎具有以下优势。

SQL 解析和查询优化是一项非常复杂的工作，很难做好。其他相关产品都是自己实现 SQL 解析，但考虑到工作的复杂性，这些产品都会设定一些限制（比如不支持存储过程、函数、视图等），这给产品的使用和实施带来了困难。而 Spider 作为 MariaDB 的存储引擎，自己就能完成这些工作，其可以方便地对大表做分布式拆分。与 Fabric 相比，Spider 的优点是对业务方是透明的，SQL 语法没有任何限制。在不改变现有数据库架构的方案中，Spider 的侵入性最小。

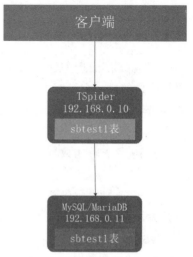

图 9-1　垂直拆分架构图

下面会针对基于 Spider 二次研发的 TSpider 进行讲解。在从库上安装 TSpider 引擎时，只需要用两条命令做一个表的"超链接"（这里是指将远程服务器的表映射为本地表）即可完成，具体如下：

```
# 下载腾讯版MariaDB TSpider
Shell> wget
https://github.com/Tencent/TenDBCluster-TSpider/releases/download/tspider-3.7.3/
  mariadb-10.3.7-linux-x86_64-tspider-3.7.3-gcs.tar.gz

# 解压软链介质
Shell> tar xzvf mariadb-10.3.7-linux-x86_64-tspider-3.7.3-gcs.tar.gz -C /usr/
  local/
Shell> ln -s mariadb-10.3.7-linux-x86_64-tspider-3.7.3-gcs tspider
Shell> chown -R mysql.mysql mariadb-10.3.7-linux-x86_64-tspider-3.7.3-gcs/

# 初始化TSpider
Shell> cd /usr/local/tspider && ./scripts/mysql_install_db --defaults-file=/etc/
  my_tspider.cnf
--user=mysql

# 启动TSpider
Shell> ./bin/mysqld_safe --defaults-file=/etc/my_tspider.cnf --user=mysql &
```

my_tspider.cnf 配置文件如下：

```
[client]
port=25000
socket=/tmp/mysql_tspider.sock

[mysqld]
basedir=/usr/local/tspider
datadir=/data/mysql/tspider/data
socket=/tmp/mysql_tspider.sock
port=25000
character-set-server=utf8mb4

sql_mode=''
skip-name-resolve
skip-external-locking
skip-symbolic-links

log_slow_admin_statements=ON
alter_query_log=ON
query_response_time_stats=ON
slow_query_log=1

innodb_buffer_pool_size=1G
innodb_data_file_path=ibdata1:1G:autoextend
innodb_data_home_dir=/data/mysql/tspider/data
innodb_log_group_home_dir=/data/mysql/tspider/data
innodb_log_files_in_group=3
innodb_file_per_table=1
nnodb_flush_method=O_DIRECT
innodb_flush_log_at_trx_commit=0
log_bin_trust_function_creators=1
slow_query_log_file=/data/mysql/tspider/slowlog/slow-query.log
replicate-wild-ignore-table=mysql.%
performance_schema=ON

# TSpider引擎参数
ddl_execute_by_ctl=1
log_sql_use_mutil_partition=1
spider_conn_recycle_mode=1
spider_bgs_mode=1
spider_index_hint_pushdown=1
spider_max_connections=500
spider_bgs_dml=1
spider_auto_increment_mode_switch=1
spider_auto_increment_mode_value=1
spider_auto_increment_step=17
```

TSpider 引擎的重要参数说明如下。

❑ spider_conn_recycle_mode= 1：连接复用，类似于连接池的功能。

❑ optimizer_switch= 'engine_condition_pushdown=on'：引擎下推，将查询推送到后端数据库，然后将查询结果返回给 TSpider 做聚合。

❑ spider_max_connections：用于控制 TSpider 节点与后端 MySQL/MariaDB 服务器的最大连接数。该参数默认值为 0，表示对最大连接数没有限制。

- spider_bgs_mode：TSpider 集群在接受到应用层的 SQL 语句请求后，将判定 SQL 语句需要路由到后端的哪些 MySQL/MariaDB 实例上，然后在对应的实例上依次轮询执行，最后统一汇总结果。该参数值为 0 时表示不开启并行功能（即串行执行）；为 1 时表示开启并行功能。
- spider_bgs_dml：当 spider_bgs_mode 的值为 1，即开启并行功能时，spider_bgs_dml 的值设置为 1 表示插入、修改和删除操作也开启并行功能，否则不开启。
- spider_auto_increment_mode_switch：用于设置是否启用由 TSpider 控制主键自增键值（只保证自增 ID 的唯一性，不保证 ID 的连续性和递增性）。该参数的默认值为 1，在生产环境中不用修改。
- spider_auto_increment_mode_value：用于设置主键自增的起始值，集群中各 TSpider 节点的配置不能重复。
- spider_auto_increment_step：用于设置主键自增的起始步长，集群中各 TSpider 节点的配置相同。

例如，第一个 TSpider 节点的参数如下：

```
spider_auto_increment_mode_switch=1
spider_auto_increment_mode_value=1
spider_auto_increment_step=17
```

那么，此 TSpider 节点上的主键自增键值依次为 1、18、35、52……
第二个 TSpider 节点的参数如下：

```
spider_auto_increment_mode_switch=1
spider_auto_increment_mode_value=2
spider_auto_increment_step=17
```

那么，此 TSpider 节点上的主键自增键值依次为 2、19、36、53……

- log_sql_use_mutil_partition：该参数值为 1 时，将跨分区扫描的 SQL 打印到慢查询日志中进行分析。在项目测试初期，也可以通过打开 general_log 和 spider_general_log 日志来分析应用中各个表的请求模式，从而进行分片键的调整，尽量避免跨分片扫描。
- ddl_execute_by_ctl：将该参数的值设置为 ON 的时候，数据库管理员在 TSpider 节点上执行的 DDL 语句会路由给 Tdbctl，由 Tdbctl 对集群中的 TSpider 和后端 MySQL/MariaDB 的节点进行统一变更处理。将该参数的值设置为 OFF 的时候，中控节点 Tdbctl 不会对 DDL 进行转发，需要分别在 TSpider 和后端 MySQL/MariaDB 上执行 DDL 操作。

SHOW ENGINES 命令可用于查看已安装的所有存储引擎，如图 9-2 所示。
由图 9-2 可以看到 TSpider 引擎已经安装就绪，可以开始使用了。

```
MariaDB [(none)]> show engines;
+--------------------+---------+----------------------------------------------------------------+--------------+------+------------+
| Engine             | Support | Comment                                                        | Transactions | XA   | Savepoints |
+--------------------+---------+----------------------------------------------------------------+--------------+------+------------+
| SPIDER             | YES     | Spider storage engine                                          | YES          | YES  | NO         |
| MRG_MyISAM         | YES     | Collection of identical MyISAM tables                          | NO           | NO   | NO         |
| MEMORY             | YES     | Hash based, stored in memory, useful for temporary tables      | NO           | NO   | NO         |
| MyISAM             | YES     | MyISAM storage engine                                          | NO           | NO   | NO         |
| CSV                | YES     | CSV storage engine                                             | NO           | NO   | NO         |
| InnoDB             | DEFAULT | Supports transactions, row-level locking, foreign keys and encryption for tables | YES | YES | YES |
| Aria               | YES     | Crash-safe tables with MyISAM heritage                         | NO           | NO   | NO         |
| PERFORMANCE_SCHEMA | YES     | Performance Schema                                             | NO           | NO   | NO         |
| SEQUENCE           | YES     | Generated tables filled with sequential values                | YES          | NO   | YES        |
+--------------------+---------+----------------------------------------------------------------+--------------+------+------------+
9 rows in set (0.000 sec)
```

图 9-2　查看 TSpider 存储引擎

下面就来介绍 TSpider 引擎在垂直拆分上的应用。

在 TSpider 引擎上的操作步骤具体如下。

1）定义后端 MySQL/MariaDB 服务器和数据库的名字，命令如下：

```
> create server backend1
foreign data wrapper mysql
options(
      host  '192.168.0.11',
database  'test',
user  'db_proxy',
password  '123456',
port  3306
);
```

如果配置错误，则可以直接使用命令 drop server backend1 删除重建。

这里后端服务器的名字为 backend1，数据库的名字为 test，后端 MySQL/MariaDB 服务器的 IP 地址为 192.168.0.11，用户名为"db_proxy"（权限为 ALL），密码为"123456"，端口为 3306。

注意，这里需要在后端 MySQL/MariaDB 服务器中创建 db_proxy 用户，命令如下：

```
> create user db_proxy@'%' identified by '123456';
> grant all on *.* to db_proxy@'%';
```

2）创建 sbtest1 表的"超链接"（即将远程服务器的表映射为本地表），命令如下：

```
> CREATE TABLE sbtest1 (
  id int(10) unsigned NOT NULL AUTO_INCREMENT,
  k int(10) unsigned NOT NULL DEFAULT 0,
  c char(120) NOT NULL DEFAULT '',
  pad char(60) NOT NULL DEFAULT '',
  PRIMARY KEY (id),
  KEY k_1 (k)
) ENGINE=SPIDER  COMMENT='wrapper "mysql" , table "sbtest1" , srv "backend1"  ';
```

这里通过设置 COMMENT 注释来调用后端的表，然后就可以访问 TSpider 查看 sbtest1 表的数据了。

在后端 MySQL/MariaDB 服务器上创建相同表结构的 sbtest1 表，命令如下：

```
> CREATE TABLE sbtest1 (
  id int unsigned NOT NULL AUTO_INCREMENT,
  k int unsigned NOT NULL DEFAULT '0',
```

```
c char(120) NOT NULL DEFAULT '',
pad char(60) NOT NULL DEFAULT '',
PRIMARY KEY (id),
KEY k_1 (k)
) ENGINE=InnoDB;
```

创建 TSpider 存储引擎的 sbtest1 表时，该表指向后端 MySQL/MariaDB 服务器上对应的表结构和名字相同的表，就像在 Linux 系统中创建软链接一样。远程服务器上的表可以是任何存储引擎的表。在执行 CREATE TABLE 命令创建 TSpider 引擎的表时，需要添加 COMMENT 或 CONNECTION 语法来指定远程服务器的地址等信息。

2. 分库分表

TSpider 可以轻松实现 MySQL 数据库的横向扩展，突破单台 MySQL 数据库的限制，将数据库的同库分区表（范围分区、列表分区、哈希分区）扩展到跨库分区表上（即将不同的分区放到不同的 MySQL 主备集群上），使得应用在进行少量修改的情况下就能切换到分库分表的分布式互联网架构上。

分库分表架构示意图如图 9-3 所示。

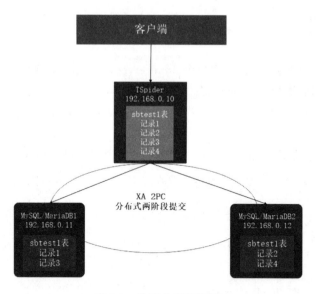

图 9-3 分库分表架构图

依靠表的 user_id 取模，把数据平均分散到不同的小表中，再分布到各台机器上，对程序来讲，只需要访问一张 user 表即可，至于后面怎么分，按照什么规则分都不用管。例如，客户端插入 1 至 10 这十条数据，会通过 TSpider 内置的 SQL 解释器分析 SQL 语句，并按照取模规则，将客户端的请求自动分发到后端数据库上，从而智能透明地实现分库分表操作。每台数据库上单独保存着分片后的数据。

分表后的示意图如图 9-4 所示。

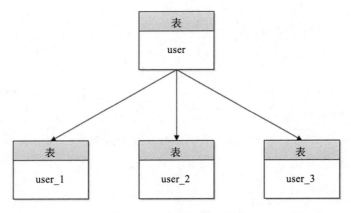

图 9-4　user 表拆分示意图

下面就来介绍 TSpider 引擎在分库分表中的应用。

在 TSpider 引擎上的操作步骤具体如下。

1）定义后端 MySQL/MariaDB 服务器和数据库的名字，命令如下：

```
> create server backend1
foreign data wrapper mysql
options(
        host  '192.168.0.11',
database  'user_0',
user  'db_proxy',
password  '123456',
port  3306
);

> create server backend2
foreign data wrapper mysql
options(
        host  '192.168.0.12',
database  'user_1',
user  'db_proxy',
password  '123456',
port  3306
);

## 可通过下面的命令查看后端服务器信息
> select * from mysql.servers where Server_name like 'backend%'\G;
*************************** 1. row ***************************
Server_name: backend1
       Host: 192.168.0.11
         Db: user_0
   Username: db_proxy
   Password: 123456
       Port: 3306
     Socket:
    Wrapper: mysql
      Owner:
*************************** 2. row ***************************
Server_name: backend2
```

```
        Host: 192.168.0.12
          Db: user_1
    Username: db_proxy
    Password: 123456
        Port: 3306
      Socket:
     Wrapper: mysql
       Owner:
rows in set (0.000 sec)
```

2）创建 user 表并对 uid 字段做取模分片（分片数量为 2 个），命令如下：

```
> CREATE TABLE `user` (
  `id` int(11) unsigned NOT NULL AUTO_INCREMENT,
  `uid` int(11) NOT NULL,
  PRIMARY KEY (`id`,`uid`),
  KEY `uid` (`uid`)
) ENGINE=SPIDER DEFAULT CHARSET=utf8 COMMENT='shard_key "uid"'
 PARTITION BY LIST (crc32(`uid`) MOD 2)
(PARTITION `pt0` VALUES IN (0) COMMENT = 'database "user_0", table "user", srv
"backend1" ' ENGINE = SPIDER,
 PARTITION `pt1` VALUES IN (1) COMMENT = 'database "user_1", table "user", srv
"backend2" ' ENGINE = SPIDER);
```

TSpider 扩展了 PARTITION 子句的 COMMENT 字段，可指定分区后端 MySQL/MariaDB 的地址及库表名。srv 字段会读取表 mysql.servers 中的后端 MySQL/MariaDB 的 IP 地址和端口等信息。

> **注意** 当取模结果为 0 时，数据将写入后端 backend1 服务器上 user_0 库下的 user1 表里。当取模结果为 1 时，数据将写入后端 backend2 服务器上 user_1 库下的 user2 表里。

分片键的选取建议具体如下。

❑ 分片的字段最好是业务经常查询的条件字段，这样可以提高查询效率。

❑ 数据应该均匀分布，避免所有的数据集中在一个分片上。

在后端 MySQL/MariaDB 机器上的操作具体如下。

分别在后端 backend1 和 backend2 服务器上创建表结构相同的 user 表，命令如下：

```
> CREATE TABLE `user` (
  `id` int(11) unsigned NOT NULL AUTO_INCREMENT,
  `uid` int(11) NOT NULL,
  PRIMARY KEY (`id`,`uid`),
  KEY `uid` (`uid`)
) ENGINE=InnoDB;
```

TSpider 的主要功能是将数据分散到多个后端节点，它的作用类似于中间件代理。利用 TSpider 的这个特性，我们可以像操作本地 MariaDB 实例表一样操作远程 MariaDB 实例上的表，以及分布在多个 MariaDB 实例上的表。

9.1.2 TSpider 的取模扩容问题

这里可能会有人提出这样的疑问：对字段 uid 进行取模，假设原来的值为 64，现在变更为 256，那么 TSpider 是如何迁移数据的呢？是否可以像 MongoDB 那样自动迁移数据？

答案是，TSpider 目前不支持自动迁移数据，通常是在初期就把分片确定好，规划好 3 年的数据增长量，制定好分片规则后，不建议变更分片数。如果要变更分片规则，就需要停机重导数据。

9.1.3　TSpider 负载均衡架构设计

由于 TSpider 引擎自身不保存数据，只保存路由信息，因此可以部署多个 TSpider 做负载均衡。后端 MySQL 可以结合 MHA 技术来实现高可用故障切换。

这里需要注意的一个问题是，TSpider 服务器上创建的存储引擎表不会在后端 MySQL/MariaDB 节点上自动创建，而是需要引用一个组件 Tdbctl 来创建。9.2 节将介绍 Tdbctl 组件的相关内容。

9.2　Tdbctl 详解

Tdbctl 是集群的中央控制模块，基于 MySQL 5.7 开发，在 TSpider 中执行的 DDL 操作会由 TSpider 转发到 Tdbctl 上，在 Tdbctl 中进行 SQL 改写后会将其分发到 TSpider 和后端 MySQL/MariaDB 的各节点上执行。

Tdbctl 支持 MySQL 的 MGR 特性，因此在部署时可以使用 3 个 Tdbctl 节点搭建一个 MGR 集群，也可以用两个节点搭建主从复制架构，从而保证中控节点 Tdbctl 的高可用性及路由配置的一致性。

Tdbctl 在 GitHub 网站的下载地址为 https://github.com/Tencent/TenDBCluster-Tdbctl。

Tdbctl 组件的工作流程如图 9-5 所示。

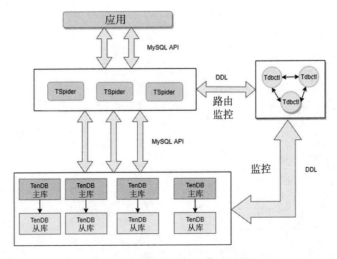

图 9-5　Tdbctl 组件工作流程图

下节我们以一个 TSpider 节点、一个 Tdbctl 节点、两个 MySQL/MariaDB 节点做分库分表演示。

- □ 中间件代理节点 TSpider 的 IP 地址是 192.168.0.10，端口为 25000。
- □ 中控节点 Tdbctl 的 IP 地址是 192.168.0.9，端口为 26000。
- □ 后端节点 backend0 的 IP 地址是 192.168.0.11，端口为 3306。
- □ 后端节点 backend1 的 IP 地址是 192.168.0.12，端口为 3306。

9.2.1　安装 Tdbctl 组件

下载并安装 Tdbctl 组件，命令如下：

```
# 下载Tdbctl
Shell> wget
https://github.com/Tencent/TenDBCluster-Tdbctl/releases/download/tdbctl-2.1/
  mysql-5.7.20-linux-x86_64-tdbctl-2.1.tar.gz

# 解压软链介质
Shell> tar xzvf mysql-5.7.20-linux-x86_64-tdbctl-2.1.tar.gz -C /usr/local/
Shell> ln -s mysql-5.7.20-linux-x86_64-tdbctl-2.1 tdbctl
Shell> chown -R mysql.mysql mysql-5.7.20-linux-x86_64-tdbctl-2.1/

# 初始化Tdbctl
Shell> cd /usr/local/ tdbctl && ./bin/mysqld --defaults-file=/etc/my_tdbctl.cnf
  --initialize --user=mysql

# 启动Tdbctl
Shell> ./bin/mysqld_safe --defaults-file=/etc/my_tdbctl.cnf --user=mysql &
```

这里以主从复制架构启动 Tdbctl，my_tdbctl.cnf 配置文件如下：

```
[client]
port=26000
socket=/tmp/mysql_tdbctl.sock

[mysqld]
basedir=/usr/local/tdbctl
datadir=/data/mysql/tdbctl/data
socket=/tmp/mysql_tdbctl.sock
#server_id不同，实例不能相同
server_id=239260
port=26000
log_bin=/data/mysql/tdbctl/binlog/mysql-bin
relay-log=/data/mysql/tdbctl/relaylog/relay-log

gtid_mode=ON
enforce_gtid_consistency=ON
master_info_repository=TABLE
relay_log_info_repository=TABLE
log_slave_updates=ON
binlog_format=ROW

# Tdbctl特有的参数
tc_is_primary=1
tc_mysql_wrapper_prefix=backend
tc_check_repair_routing=ON
```

9.2.2　Tdbctl 的重要参数说明

❑ tc_is_primary：该参数值为 1 时表示以当前节点为主节点，允许执行集群相关的 DDL 语句、管理语句等；如果 Tdbctl 节点配置了 MGR 复制模式，则此值就会基于 MGR 的算法自动设置为 1 ；否则就要显式设定此参数的值为 1，以指定当前节点为主节点。

❑ tc_mysql_wrapper_prefix：中控节点在 TSpider 节点上执行建表语句时，需要按照一定的分片顺序来进行。该参数可用于约束集群中存储节点的路由信息对应的 Server_name 的前缀，如果前缀为 backend，则存储节点 Server_name 的写法必须是 backend0、backend1……backend n 等，数字部分为从 0 开始的连续整数。

❑ tc_check_repair_routing：该参数值为 ON 时表示中控节点会自动检查 TSpider 节点中的路由配置与其是否一致，如果不一致就修正到一致。

9.2.3　Tdbctl 的配置管理

1）连接 Tdbctl 节点，配置 mysql.servers 路由表，命令如下：

```
Shell> mysql -umysql -pmysql -h192.168.0.9 -P26000  mysql  -A
```

2）插入路由信息，命令如下：

```
> -- 定义后端MySQL或MariaDB节点
>insert into mysql.servers values('backend0','192.168.0.11','','mysql','mysql',
3306,'','mysql','');
>insert into mysql.servers values('backend1','192.168.0.12','','mysql','mysql',
3306,'','mysql','');

> -- 定义TSpider节点
>insert into mysql.servers
values('SPIDER0','192.168.0.10','','mysql','mysql',25000,'','SPIDER','');

> -- 定义Tdbctl节点
> insert into mysql.servers
values('TDBCTL0','192.168.0.9','','mysql','mysql',26000,'','TDBCTL','');
```

注意，这里需要在各个节点上分别创建用户名"mysql"，密码也为"mysql"。

3）刷新路由，将路由同步到 TSpider 节点，命令如下：

```
> tdbctl flush routing;
```

注意，如果这一步发生报错，请查询错误日志来排查问题。

9.2.4　Tdbctl 组件的验证

1）连接 TSpider 节点，命令如下：

```
Shell> mysql -umysql -pmysql -h192.168.0.10 -P25000
```

2）在 TSpider 节点上创建库表，可以像操作单机 MySQL 一样操作集群。创建库表的命令如下：

```
>create database test1;
>use test1;
# 创建表需要指定唯一键，否则会报错
>create table t1(a int primary key, b int);

# 查看分片情况，在原表结构的基础上多了分片信息，可以看到各个后端MySQL/MariaDB分片上的库名是不
同的，库名均以"_0~N"结尾
> show create table t1\G
*************************** 1. row ***************************
       Table: t1
Create Table: CREATE TABLE `t1` (
  `a` int(11) NOT NULL,
  `b` int(11) DEFAULT NULL,
  PRIMARY KEY (`a`)
) ENGINE=SPIDER DEFAULT CHARSET=utf8mb4
 PARTITION BY LIST (crc32(`a`) MOD 2)
(PARTITION `pt0` VALUES IN (0) COMMENT = 'database "test1_0", table "t1", server
"backend0"' ENGINE = SPIDER,
 PARTITION `pt1` VALUES IN (1) COMMENT = 'database "test1_1", table "t1", server
"backend1"' ENGINE = SPIDER)
```

3）下面连接任意一个后端 MySQL/MariaDB 节点查看表结构，命令如下：

```
Shell> mysql -umysql -pmysql -h192.168.0.11 -P3306  test1_0  -A
Shell> mysql -umysql -pmysql -h192.168.0.12 -P3306  test1_1  -A
```

由结果可知，库名会自动创建。

```
> show create table t1\G
*************************** 1. row ***************************
       Table: t1
Create Table: CREATE TABLE `t1` (
  `a` int(11) NOT NULL,
  `b` int(11) DEFAULT NULL,
  PRIMARY KEY (`a`)
) ENGINE=InnoDB
```

TSpider 的最大亮点是为 MySQL 的使用者提供了分库分表的中间件解决方案，同时在 SQL 语法上兼容 MySQL，这得益于 TSpider 是作为 MySQL 的插拔式引擎而存在的。TSpider 是一个代理，其本身并未存储数据，因此上层的读写表请求需要转换成 SQL 语句，并重新路由到后端的数据节点上。与其他的中间件解决方案相比，TSpider 的查询、解析次数只增加了一次（都是两次），并没有产生过多的开销。此外，TSpider 还针对聚集、排序等操作提供了基于 MapReduce 的解决方案（针对查询条件做并行映射，统计出若干个局部结果，再把这些局部结果进行整理和汇总）。

总之，从兼容性和性能上来衡量，TSpider 为 MySQL 分库分表提供了一个不错的选择。

监控管理平台

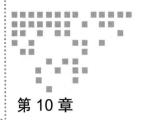

MySQL 监控管理平台

MySQL Monitor 数据库监控平台主要用于解决如下问题：

1）数据库性能监控。及时发现性能问题和性能瓶颈，避免因数据库潜在的问题造成直接的经济损失。

MySQL Monitor 数据库监控平台是面向业务研发人员开发的，可以对 MySQL 数据库的实时健康情况和各种性能指标进行全方位的监控。它可以在 MySQL 出现无法连通、同步复制延时等故障时，根据用户设置的阈值即时将数据库的异常通知给相关人员，避免因 MySQL 数据库故障或性能瓶颈造成直接的经济损失。

2）帮助企业运维决策者更好地统筹数据库的容量和资源，降低企业硬件成本。

MySQL Monitor 采用列式方式呈现监控指标，可用于中小型互联网公司对 MySQL 数据库进行监控和管理。通过 Web 界面，企业运维人员和决策者可以对比任意几台主机或所有主机监控的数据库性能及系统资源的使用情况，并将数据库性能及系统资源按不同维度排序，还会给出系统资源 Top 信息图表，帮助决策者更好地发现哪些数据库服务器性能开销大，哪些比较空闲，并且会从运维人员、决策者等的视角给出相关报表。帮助决策者更好地规划数据库容量，从而降低硬件成本。

3）帮助数据库运维人员从重复和枯燥的工作中解放出来，提高运维人员的工作效率。

面对几十台甚至上百台数据库服务器，如果没有统一的数据库基础信息，数据库运维管理将会是杂乱无序的。在这种情况下，如果想了解数据库的基本健康状态，则需要登录数据库或服务器，这种重复且枯燥的工作容易使运维人员感到疲惫和厌倦。MySQL Monitor 可实现数据库的基础数据指标采集，比如数据库版本、运行时间、基本健康状态、核心配置参数等，有了这些基础数据，无须登录数据库或服务器即可实现集中查询，让运维人员从重复性工作中解放出来。

MySQL Slowquery 数据库监控平台则主要用于提供慢查询推送和智能分析报告，降低数据库运维人员和开发人员的沟通成本。

10.1　图形可视化监控工具 MySQL Monitor

目前常用的开源监控工具有 Nagios、Zabbix、Grafana 等，但这些都是面向专业的数据库管理员的，并且这些监控工具均为纯英文界面，交互起来不够直观。对于业务研发人员来说，他们可能并没有深入地掌握 MySQL 相关知识，当他们面对那么多监控指标时，很可能会无所适从，不得不由数据库管理员通知他们系统哪块出了问题，这会导致效率很低。如果能为业务研发人员定制一款专门的监控工具，实现纯中文交互界面、指标项直观易懂、一旦出现问题第一时间就能收到告警信息，那么不仅研发人员的工作效率能得到极大提升，而且数据库管理员也不必再充当中间人来为研发人员传话了。

MySQL Monitor 就是这样一款面向研发人员的图形可视化监控工具，其参考了天兔（Lepus）的用户界面风格，目前健康监控包含的指标项有数据库连接数（具体连接了哪些应用程序 IP、账号统计）、统计库里每个表的大小、主键自增键值监控、吞吐量 QPS/TPS、索引使用率统计，同步复制状态和延迟情况等。

由于 MySQL Monitor 是采用远程连接的方式来获取数据的，因此其无须在数据库服务器端部署相关 Agent 或计划任务。MySQL Monitor 可实现微信和邮件报警功能。

MySQL Monitor 在 GitHub 上的下载地址为 https://github.com/hcymysql/mysql_monitor。

下面为大家展示 MySQL Monitor 监控平台的各项功能。

1）打开 MySQL 状态监控界面，如图 10-1 所示。

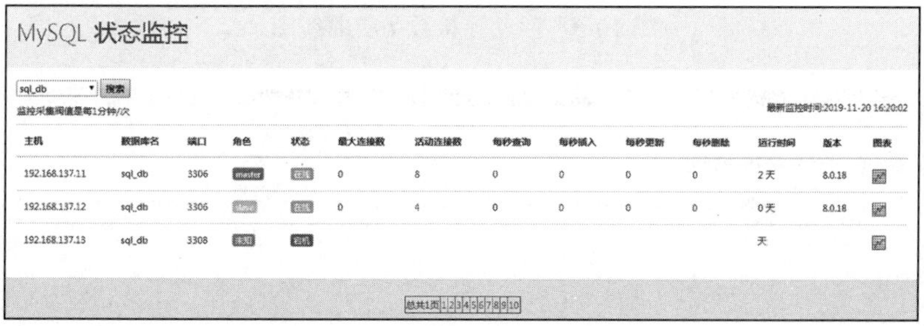

图 10-1　MySQL 状态监控界面

2）单击"活动连接数"即可查看具体的连接数统计信息，如图 10-2 所示。

3）单击 MySQL 状态监控界面中的"图表"即可查看活动连接数的历史曲线图，如图 10-3 所示。

4）单击 MySQL 状态监控界面的"数据库名"即可查看具体某个表的大小及主键自增键值的统计信息，如图 10-4 所示。

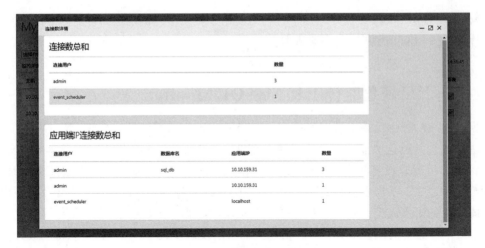

图 10-2　活动连接数监控界面

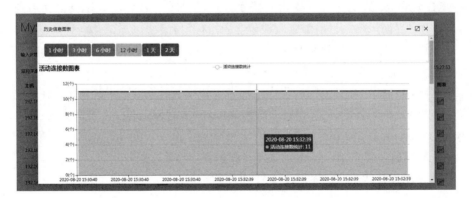

图 10-3　活动连接数历史曲线图

表名	存储引擎	数据大小(GB)	索引大小(GB)	总计(GB)	主键自增字段	主键字段属性	主键自增当前值	主键自增值剩余
mysql_status_history	InnoDB	0.016	0.011	0.027	id	bigint(10) unsigned	180844	18446744073709371392
os_disk_history	InnoDB	0.006	0	0.006	id	bigint unsigned	91718	18446744073709459456
os_diskio_history	InnoDB	0.005	0	0.005	id	bigint unsigned	68691	18446744073709481984
os_status_history	InnoDB	0.002	0	0.002	id	bigint unsigned	34336	18446744073709516800
os_status	InnoDB	0	0	0	id	bigint unsigned	51391	18446744073709500416
mysql_status_info	InnoDB	0	0	0	id	int(11)	4	2147483643
mysql_repl_status	InnoDB	0	0	0	id	int(11)	4	2147483643
os_status_info	InnoDB	0	0	0	id	int unsigned	2	4294967293
mysql_status	InnoDB	0	0	0	id	bigint(10) unsigned	2	18446744073709551616

图 10-4　表大小统计信息

5）打开 MySQL 的主从复制监控界面，可以看到如图 10-5 所示的内容。

6）微信报警的界面如图 10-6 所示。

7）邮件报警的界面如图 10-7 所示。

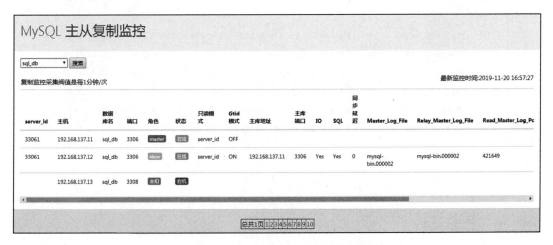

图 10-5　MySQL 主从复制监控界面

图 10-6　微信报警界面

图 10-7　邮件报警界面

10.1.1　环境搭建

本节将为大家详细介绍如何部署 MySQL Monitor 监控平台，首先介绍安装所需要的软件包、软件版本和环境，然后会基于模块来告诉大家如何完成 MySQL Monitor 的部署。

LAMP 的基础环境安装配置命令如下：

```
# yum install httpd mysql php-mysqlnd -y
# yum install python-simplejson -y
# service httpd start
```

注意，MySQL Monitor 必须依赖 php-mysqlnd 驱动扩展，系统自带的 php-mysql 应提前卸载掉，然后使用 yum 命令在 Linux 上安装 php-mysqlnd 扩展实例，具体步骤可参考文章：http://www.php.cn/php-weizijiaocheng-387963.html。

LAMP 配置好后，把 MySQL Monitor 源代码（https://github.com/hcymysql/mysql_monitor/archive/master.zip）安装包解压缩到 /var/www/html/ 目录下。

```
# cd /var/www/html/mysql_monitor/
# chmod 755 ./mail/sendEmail
# chmod 755 ./weixin/wechat.py
```

注意，实现邮件和微信报警功能需要调用第三方工具，所以这里要赋予 sendEmail 和 wechat.py 可执行权限 755。

10.1.2　搭建 MySQL Monitor 工具

MySQL Monitor 是采用远程连接的方式来获取数据的，因此无须在数据库服务器端部署相关 Agent 或计划任务，但需要在 MySQL 数据库端进行访问授权，然后在 Web 页面上就可以查看 MySQL 的状态了。在被监控的 MySQL 数据库端授权，允许 MySQL Monitor 连接的命令如下：

```
mysql> grant  ALL  on  *.*  to  'mysql_monitor'@'%'  identified  by  'password';
```

MySQL Monitor 工具的搭建步骤具体如下。

1）导入 MySQL Monitor 工具的表结构（sql_db 库），命令如下：

```
# cd  /var/www/html/mysql_monitor/
# mysql  -uroot  -p123456  <  mysql_monitor_schema.sql
```

2）录入被监控主机的信息，命令如下：

```
mysql>insert into mysql_status_info(id,ip,dbname,user,pwd,port,monitor,send_mail,
send_mail_to_list, send_weixin,send_weixin_to_list,alarm_threads_running,
threshold_alarm_threads_running,alarm_repl_status,threshold_warning_repl_delay)
values(1,'127.0.0.1', 'sql_db','admin','hechunyang',3306,1,1,'chunyang_he@139.
com,chunyang_he@126.com',1,'hechunyang',NULL,NULL,NULL,NULL);
```

注意，以下字段可以按照需求进行变更。

❑ ip：被监控 MySQL 的 IP 地址。

❑ dbname：被监控 MySQL 的数据库名。

❑ user：被监控 MySQL 的用户名。

❑ pwd：被监控 MySQL 的密码。

❑ port：被监控 MySQL 的端口号。

❑ monitor：其值为 0 时表示关闭监控（也不采集数据，直接跳过）；其值为 1 时表示开
启监控（采集数据）。

❑ send_mail：值为 0 时表示关闭邮件报警，值为 1 时表示开启邮件报警。

❑ send_mail_to_list：邮件人列表。

❑ send_weixin：值为 0 时表示关闭微信报警，值为 1 时表示开启微信报警。

❑ send_weixin_to_list：微信公众号。

❑ threshold_alarm_threads_running：设置连接数阈值（单位为个）。

❑ threshold_warning_repl_delay：设置主从复制延迟阈值（单位为秒）。

3）修改 conn.php 配置文件，命令如下：

```
# vim /var/www/html/mysql_monitor/conn.php
$con = mysqli_connect("127.0.0.1","admin","hechunyang","sql_db","3306") or die
  ("数据库连接错误".mysql_error());
```

这里将数据库连接改成你的 MySQL Monitor 工具表结构（sql_db 库）连接信息。

4）修改邮件报警信息，命令如下：

```
# cd /var/www/html/mysql_monitor/mail/
# vim mail.php
system("./mail/sendEmail -f chunyang_he@139.com -t
'{$this->send_mail_to_list}' -ssmtp.139.com:25 -u
'{$this->alarm_subject}' -o message-charset=utf8 -o
message-content-type=html -m '报警信息: <br><font
color='#FF0000'>{$this->alarm_info}</font>' -xu
chunyang_he@139.com -xp'123456' -o tls=no");
```

请将代码中的邮件信息改成你自己的发件人地址、账号和密码，里面的变量不用修改。

5）修改微信报警信息，命令如下：

```
# cd /var/www/html/mysql_monitor/weixin/
# vim wechat.py
```

可访问网址 https://github.com/X-Mars/Zabbix-Alert-WeChat/blob/master/README.md 查看设置微信企业号的教程。

6）设置每分钟抓取一次的定时任务，命令如下：

```
# crontab -l
*/1 * * * * cd /var/www/html/mysql_monitor/;
/usr/bin/php/var/www/html/mysql_monitor/check_mysql_repl.php > /dev/null 2 >&1

*/1 * * * * cd /var/www/html/mysql_monitor/;
/usr/bin/php/var/www/html/mysql_monitor/check_mysql_status.php > /dev/null 2 >&1
```

代码中的参数说明如下。

❑ check_mysql_status.php：采集被监控端 MySQL 的状态信息和触发故障报警。

❑ check_mysql_repl.php：采集被监控端 MySQL 的主从复制信息和触发同步复制延迟报警。

7）更改页面自动刷新的频率，命令如下：

```
vim mysql_status_monitor.php
vim mysql_repl_monitor.php
<meta http-equiv="refresh" content="600" />  <!-- 页面刷新时间600秒 -->
```

默认页面每 600s 自动刷新一次。

8）通过浏览器输入 IP 地址或域名打开监控页面，即可登录系统。

将下面的 URL 地址加一个超链接即可方便地把 MySQL Monitor 接入你的自动化运维平台里。

❑ http://yourIP/mysql_monitor/mysql_status_monitor.php。

❑ http://yourIP/mysql_monitor/mysql_repl_monitor.php。

注意，sql_mode 模式要去掉 only_full_group_by，否则会报错，报错信息如下：

```
ERROR 1055 (42000): Expression #2 of SELECT list is not in GROUP BY
clause and contains nonaggregated column 't.ENGINE' which is not
functionally dependent on columns
in GROUP BY clause; this is incompatible with sql_mode=only_full_group_by
```

10.2 图形化显示慢日志的工具 MySQL Slowquery

天兔慢查询工具是运行在 PHP CI 框架里的，它不是一个独立的 Web 页面接口，要想将其直接接入自动化运维平台会比较困难，因此笔者考虑对其底层核心代码进行重构。MySQL Slowquery 就是重构后的数据库监控工具。

笔者参考了开源工具 Anemometer 的图形展示思路，并且把小米 Soar 工具集成到了 MySQL Slowquery 里。MySQL Slowquery 可实现 MySQL 慢查询分析功能，并且会自动给出优化建议，解决了数据库管理人员被动联系开发人员解决 SQL 难题导致的低效率问题。MySQL Slowquery 会定时收集影响数据库稳定性的慢 SQL，并根据计划任务定时推送查询次数最多、查询时间最长的慢 SQL 给相关开发人员，开发人员也可以自主查询任意时间内的慢 SQL 语句，降低数据库运维人员和开发人员的沟通成本。此外，MySQL Slowquery 还支持自动发送邮件报警的功能。Agent 客户端慢日志采集分析的功能是通过 Percona pt-query-digest 工具来实现的。

MySQL Slowquery 在 GitHub 上的下载地址为 https://github.com/hcymysql/slowquery。

10.2.1 环境搭建

本节介绍 MySQL Slowquery 工具的环境搭建设置，具体步骤如下。

1）安装 percona-toolkit 工具包。

2）搭建 PHP Web MySQL 环境，命令如下：

```
# yum install httpd mysql php php-mysql -y
```

3）安装 MySQL Slowquery 并进行配置。

4）导入慢查询日志。

5）访问界面，查看慢查询日志。

6）配置邮件报警。

10.2.2 MySQL Slowquery 工具的配置

1）下载 https://github.com/hcymysql/slowquery/archive/refs/heads/master.zip 安装包并解压缩到 /var/www/html/ 目录下。

2）进入 slowquery/slowquery_table_schema 目录，将 dbinfo_table_schema.sql 和 slowquery_table_schema.sql 表结构文件导入相应的运维管理机 MySQL 里，命令如下：

```
# mysql -uroot -p123456 sql_db < ./dbinfo_table_schema.sql
# mysql -uroot -p123456 sql_db < ./slowquery_table_schema.sql
```

注意，其中的 dbinfo 表用于保存生产 MySQL 主库的配置信息。

录入你要监控的 MySQL 主库的配置信息，命令如下：

```
mysql> INSERT INTO sql_db.dbinfo VALUES
(1,'192.168.148.101','test','admin','123456',3306);
```

3）修改配置文件 config.php，将里面的配置改成相应的运维管理机 MySQL 的地址（用户权限最好是管理员），命令如下：

```
$con =
mysqli_connect("192.168.148.9","admin","123456","sql_db","3306")
```

```
or die("数据库连接错误".mysqli_connect_error());
```

4）修改配置文件 soar_con.php，将里面的配置改成相应的运维管理机 MySQL 的地址
（用户权限最好是管理员），命令如下：

```
//-test-dsn soar测试环境，用于分析SQL语句
$test_user='admin';
$test_pwd='123456';
$test_ip='192.168.148.9';
$test_port='3306';
$test_db='test';
```

5）进入 slowquery/client_agent_script 目录，把 slowquery_analysis.sh 脚本复制到生产
中的 MySQL 主库上做慢日志分析推送，按照下面的示例代码进行修改即可：

```
#!/bin/bash

#改成你的运维管理机MySQL的地址（用户权限最好是管理员）
slowquery_db_host="192.168.148.9"
slowquery_db_port="3306"
slowquery_db_user="admin"
slowquery_db_password="123456"
slowquery_db_database="sql_db"

#改成你的生产MySQL主库地址（用户权限最好是管理员）
mysql_client="/usr/local/mysql/bin/mysql"
mysql_host="192.168.148.1"
mysql_port="3306"
mysql_user="admin"
mysql_password="123456"

#改成你的生产MySQL主库中慢查询的目录和执行时间（单位为秒）
slowquery_dir="/data/mysql/yourDB/slowlog/"
slowquery_long_time=2
slowquery_file=`$mysql_client -h$mysql_host -P$mysql_port -u$mysql_user -p$mysql_
  password -e "show variables like 'slow_query_log_file'"|grep log|awk '{print $2}'`

pt_query_digest="/usr/local/bin/pt-query-digest"

#改成你的生产MySQL主库的server_id
mysql_server_id=270


# 通过pt_query_digest工具分析慢日志并入库
$pt_query_digest --user=$slowquery_db_user --password=$slowquery_db_password
  --port=$slowquery_db_port
--review h=$slowquery_db_host,D=$slowquery_db_database,t=mysql_slow_query_review
  --history
h=$slowquery_db_host,D=$slowquery_db_database,t=mysql_slow_query_review_history
  --no-report
--limit=100% --filter=" \$event->{add_column} = length(\$event->{arg}) and
  \$event->{serverid}=$mysql_server_id " $slowquery_file > /tmp/slowquery_
  analysis.log


# 定义变量tmp_log以日期为后缀，用作慢日志文件名
tmp_log=`$mysql_client -h$mysql_host -P$mysql_port -u$mysql_user -p$mysql_password
```

```
-e "select concat('$slowquery_dir','slowquery_',date_format(now(),'%Y%m%d%H'),'.
log');"|grep log|sed -n -e '2p'`

# 设置慢日志文件名
$mysql_client -h$mysql_host -P$mysql_port -u$mysql_user -p$mysql_password -e "set
  global slow_query_log=1;set global long_query_time=$slowquery_long_time;"
$mysql_client -h$mysql_host -P$mysql_port -u$mysql_user -p$mysql_password -e "set
  global slow_query_log_file = '$tmp_log'; "

# 保留7天内的慢日志文件
cd $slowquery_dir
/usr/bin/find ./ -name 'slowquery_*' -mtime +7|xargs rm -f ;
####END####
```

6）将定时任务 crontab 设置为每 10 分钟执行一次，命令如下：

```
*/10 * * * * /bin/bash /usr/local/bin/slowquery_analysis.sh > /dev/null 2>&1
```

7）打开浏览器访问 slowquery.php 就可以看到 MySQL 慢查询分析界面，如图 10-8 所示。

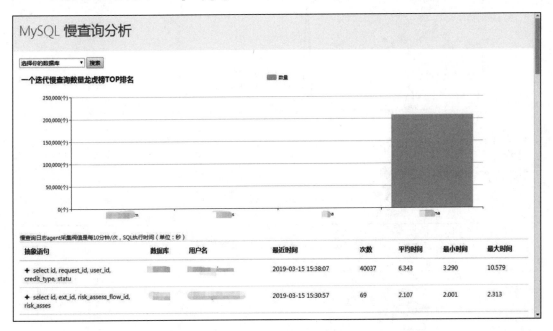

图 10-8　慢查询分析界面

还可以查找某一个库的具体信息，如图 10-9 所示。

点击图 10-9 中"抽象语句"列前面的"＋"号，会出现图 10-10 所示的 SQL 语句，点击 SQL 语句会调用 Soar 反馈优化建议，如图 10-10 所示。

点击"＋"号，然后点击出现的 SQL 语句，就会显示 Explain 执行计划，并调用 Soar 反馈优化建议，如图 10-11 所示。

Soar 显示的 Explain 执行计划如图 10-12 所示。

8）MySQL Slowquery 支持推送查询次数最多、查询时间最长的慢 SQL 给相关开发人员，这里需要设置慢查询邮件推送的报警配置。进入 slowquery/alarm_mail/ 目录，修改 sendmail.php 配置信息，命令如下：

```
$smtpserver = "smtp.139.com";//SMTP服务器
$smtpserverport = 25;//SMTP服务器端口
$smtpusermail = "chunyang_he@139.com";//SMTP服务器的用户邮箱
$smtpemailto = 'chunyang_he@139.com';//发送给谁
$smtpuser = "chunyang_he@139.com";//SMTP服务器的用户账号，注意，部分邮箱只需要@前面的用户名即可
$smtppass = "123456";//SMTP服务器的授权码
```

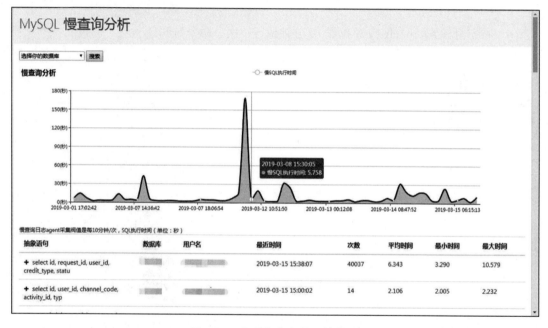

图 10-9　查看指定库的具体信息

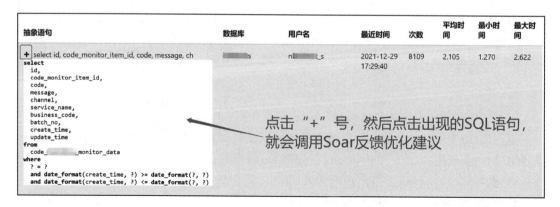

图 10-10　调用 Soar 反馈优化建议的界面

详细的慢SQL语句是：

```
/* ApplicationName=DataGrip 2018.3.3 */
SELECT
    t.*
FROM
    ▓▓▓▓▓▓▓▓▓▓ t
ORDER BY
    create_time ASC,
    update_time DESC,
    id ASC
LIMIT
    501
```

执行计划：

id	select_type	table	type	possible_keys	key	key_len	ref	rows	Extra
1	SIMPLE	t	ALL					12345535	Using filesort

Query: 23712FFE398C7E59

★ ★ ☆ ☆ ☆ 45分

```
SELECT
    t.*
FROM
    ▓▓▓▓▓▓▓▓▓▓ t
ORDER BY
    create_time ASC,
    update_time DESC,
    id ASC
LIMIT
```

图 10-11　Explain 执行计划的界面截图

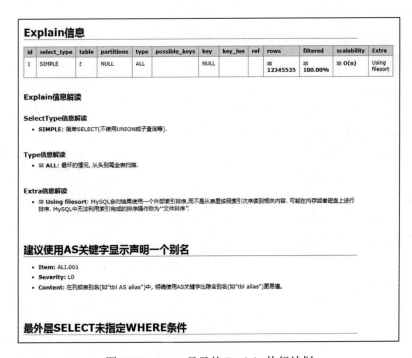

Explain信息

id	select_type	table	partitions	type	possible_keys	key	key_len	ref	rows	filtered	scalability	Extra
1	SIMPLE	t	NULL	ALL		NULL			※ 12345535	※ 100.00%	※ O(n)	Using filesort

Explain信息解读

SelectType信息解读
- **SIMPLE**: 简单SELECT(不使用UNION或子查询等).

Type信息解读
- ※ **ALL**: 最坏的情况, 从头到尾全表扫描.

Extra信息解读
- ※ **Using filesort**: MySQL会对结果使用一个外部索引排序,而不是从表里按照索引次序读到相关内容. 可能在内存或者磁盘上进行排序. MySQL中无法利用索引完成的排序操作称为"文件排序".

建议使用AS关键字显示声明一个别名

- **Item**: ALI.001
- **Severity**: L0
- **Content**: 在列或表别名(如"tbl AS alias")中, 明确使用AS关键字比隐含别名(如"tbl alias")更易懂.

最外层SELECT未指定WHERE条件

图 10-12　Soar 显示的 Explain 执行计划

将定时任务 crontab 设置为每 3 小时推送一次慢查询报警，命令如下：

```
0 */3 * * * cd /var/www/html/slowquery/alarm_mail;/usr/bin/php \
/var/www/html/slowquery/alarm_mail/sendmail.php > /dev/null 2>&1
```

慢日志邮件报警推送界面如图 10-13 所示。

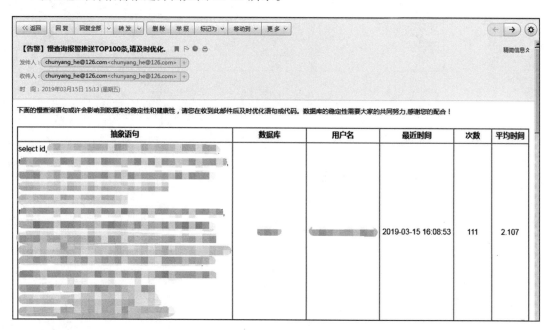

图 10-13　慢日志邮件报警推送界面截图

MySQL Monitor 和 MySQL Slowquery 是笔者开发的数据库监控平台，由 PHP 实现数据采集和告警，并实现 Web 展示和管理，目前可以监控 MySQL 和 MongoDB 等数据库。使用这两个监控平台时，无须安装任何 Agent，即可远程监控云中的数据库。MySQL Monitor 可对数据库的健康状态和性能状态进行实时监控，并能在数据库偏离设定的正常运行阈值（如数据库宕机、连接异常、进程异常、复制异常或延迟）时发送告警微信和邮件，通知数据库管理人员和研发人员进行处理。它还可以将历史数据归档，通过图表展示出数据库近期的状态，以便数据库管理人员和研发人员能对遇到的问题进行分析和诊断。MySQL Slowquery 实现了慢查询自动推送报告功能，数据库管理人员无须登录系统，即可通过邮件定时收取相关报告，比如数据库的监控报告和性能报告等。

更多日常的 MySQL 运维工具包，请参考笔者的 GitHub，地址为 https://github.com/hcymysql。

推荐阅读

推荐阅读